一．打开光盘

1.将光盘放入光驱中，几秒钟后光盘会自动运行。如果没有自动运行，可通过打开【计算机】窗口，右击光驱所在盘符，在弹出的快捷菜单中选择 【自动播放】命令来运行光盘。

2.光盘主界面中有几个功能图标按钮，将鼠标放在某个图标按钮上可以查看相应的说明信息，单击则可以执行相应的操作。

二．学习内容

1.单击主界面中的【学习内容】图标按钮后，会显示出本书配套光盘中学习内容的主菜单。

2.单击主菜单中的任意一项，会弹出该项的一个子菜单，显示该章各小节内容。

3.单击子菜单中的任一项，可进入光盘的播放界面并自动播放该节的内容。

三．进入播放界面

1.在内容演示区域中，将以聪聪老师和慧慧同学的对话结合实例演示的形式，生动地讲解各章节的学习内容。

2.选中此区域中的按钮可自行控制播放，读者可以反复观看、模拟操作过程。单击【返回】按钮可返回到主界面。

3.像电视节目一样，此处字幕同步显示解说词。

四．跟我学

单击【跟我学】按钮，会弹出一个子菜单，列出本章所有小节的内容。单击子菜单中的任一选项后，可以在播放界面中自动播放该节的内容。

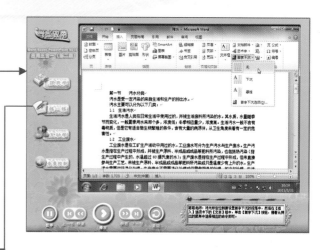

该播放界面与单击主界面中各节子菜单项后进入的播放界面作用相同。【跟我学】的特点就是在学习当前章节内容的情况下，可直接选择本章的其他小节进行学习，而不必再返回到主界面中选择本章的其他小节。

五．练一练

单击播放界面中的【练一练】按钮，播放界面将被隐藏，同时弹出一个【练一练】对话框。读者可以参照其中的讲解内容，在自己的电脑中进行同步练习。另外，还可以通过对话框中的播放控制按钮实现快进、快退、暂停等功能，单击【返回】按钮则可返回到播放窗口。

六．互动学

1. 单击【互动学】按钮后，会弹出一个子菜单，显示详细的互动内容。

2. 单击子菜单中的任一项，可以在互动界面中进行相应模拟练习的操作。

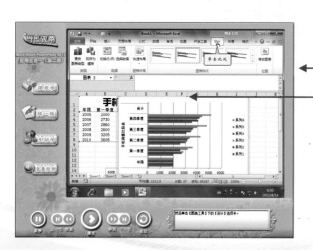

3. 在互动学交互操作环节，必须根据给出的提示用鼠标或键盘执行相应的操作，方可进入下一步操作。

Word/Excel/PowerPoint 2010 应用三合一

(第二版)

科教工作室 编著

清华大学出版社

北　京

内 容 简 介

本书内容是在分析初、中级用户学用电脑的需求和困惑上确定的。它基于"快速掌握、即查即用、学以致用"的原则，根据日常工作和生活中的需要取材谋篇，以应用为目的，用任务来驱动，并配以大量实例。通过学习本书，读者可以轻松、快速地掌握 Word/Excel/PowerPoint 2010 的实际应用技能，得心应手地使用这三款最常用的办公自动化软件。

本书共分 19 章，详尽地介绍了初识 Word/Excel/PowerPoint 2010、Word 2010 基本操作、美化 Word 文档、制作与编辑表格、图形处理与文档高级排版、巧用样式与主题、Word 2010 应用实例、Excel 2010 基本操作、编辑单元格与工作表、用公式与函数计算数据、数据管理与表格打印、应用图表分析数据、Excel 2010 应用实例、PowerPoint 2010 基本操作、丰富幻灯片内容、设计动感幻灯片、幻灯片的放映与打印、PowerPoint 2010 应用实例、Word/Excel/PowerPoint 协同工作等内容。

本书及配套的多媒体光盘面向初级和中级电脑用户，适用于电脑入门、电脑爱好者、电脑培训人员、退休人员和希望尽快掌握 Word、Excel、PowerPoint 应用的办公人员，也可以作为大中专院校师生学习的辅导和培训用书。

图书在版编目(CIP)数据

Word/Excel/PowerPoint 2010 应用三合一/科教工作室编著. --2 版. --北京：清华大学出版社，2011.7
(学以致用系列丛书)
ISBN 978-7-302-25902-2

Ⅰ. ①W…　Ⅱ. ①科…　Ⅲ. ①文字处理系统，Word 2011 ②表处理软件，Excel 2011 ③图形软件，PowerPoint 2011　Ⅳ. ①TP391

中国版本图书馆 CIP 数据核字(2011)第 110193 号

责任编辑：章忆文　杨作梅
封面设计：子时文化
版式设计：北京东方人华科技有限公司
责任校对：李玉萍
责任印制：何　芊

出版发行：清华大学出版社　　　　　　　　　　地　　　址：北京清华大学学研大厦 A 座
　　　　　http：//www. tup. com. cn　　　　　邮　　　编：100084
　　　　　社　总　机：010-62770175　　　　　邮　　　购：010-62786544
　　　　　投稿与读者服务：010-62776969，c-service@tup. tsinghua. edu. cn
　　　　　质　量　反　馈：010-62772015，zhiliang@tup. tsinghua. edu. cn
印　刷　者：清华大学印刷厂
装　订　者：三河市新茂装订有限公司
经　　　销：全国新华书店
开　　　本：210×285　印　张：21.25　字　数：833 千字
　　　　　　附 DVD1 张
版　　　次：2011 年 7 月第 2 版　印　　次：2011 年 7 月第 1 次印刷
印　　　数：1～4000
定　　　价：46.00 元

产品编号：041229-01

出版者的话

第二版言 ★

首先，感谢您阅读本丛书！正因为有了您的支持和鼓励，"学以致用"系列丛书第二版问世了。

臧克家曾经说过：读过一本好书，就像交了一个益友。对于初学者而言，选择一本好书则显得尤为重要。"学以致用"是一套专门为电脑爱好者量身打造的系列丛书。翻看它，您将不虚此"行"，因为它将带给您真正"色、香、味"俱全、营养丰富的电脑知识的"豪华盛宴"！

本系列丛书的内容是在仔细分析和认真总结初、中级用户学用电脑的需求和困惑的基础上确定的。它基于"快速掌握、即查即用、学以致用"的原则，根据日常工作和娱乐中的需要取材谋篇，以应用为目的，用任务来驱动，并配以大量实例。学习本丛书，您可以轻松快速地掌握计算机的实际应用技能，得心应手地使用电脑。

丛书书目 ★

本系列丛书第二版首批推出 13 本，书目如下：

(1) Access 2010 数据库应用
(2) Dreamweaver CS5 网页制作
(3) Office 2010 综合应用
(4) Photoshop CS5 基础与应用
(5) ***Word/Excel/PowerPoint 2010 应用三合一***
(6) 电脑轻松入门
(7) 电脑组装与维护
(8) 局域网组建与维护
(9) 实用工具软件
(10) 五笔飞速打字与 Word 美化排版
(11) 笔记本电脑选购、使用与维护
(12) 网上开店、装修与推广
(13) 数码摄影轻松上手

丛书特点 ★

本套丛书基于"快速掌握、即查即用、学以致用"的原则，具有以下特点。

一、内容上注重"实用为先"

本系列丛书在内容上注重"实用为先"，精选最需要的知识、介绍最实用的操作技巧和最典型的应用案例。例如：①在《Office 2010 综合应用》一书中以处理有用的操作为例(例如：编制员工信息表)，来介绍如何使用 Excel，让您在掌握 Excel 的同时，也学会如何处理办公上的事务；②在《电脑组装与维护》一书中除介绍如何组装和维护电脑外，还介绍了如何选购和整合当前最主流的电脑硬件，让 Money 花在刀刃上。真正将电脑使用者的技巧和心得完完全全地传授给读者，教会您生活和工作中真正能用到的东西。

二、方法上注重"活学活用"

本系列丛书在方法上注重"活学活用"，用任务来驱动，根据用户实际使用的需要取材谋篇，以应用为目的，将软件的功能完全发掘给读者，教会读者更多、更好的应用方法。如《电脑轻松入门》一书在介绍卸载软件时，除了介绍一般卸载软件的方法外，还介绍了如何使用特定的软件(如优化大师)来卸载一些不容易卸载的软件，解决您遇到的实际问题。同时，也提醒您学无止境，除了学习书面上的知识外，自己还应该善于发现和学习。

三、讲解上注重"丰富有趣"

本系列丛书在讲解上注重"丰富有趣"，风趣幽默的语言搭配生动有趣的实例，采用全程图解的方式，细致地进行分步讲解，并采用鲜艳的喷云图将重点在图上进行标注，您翻看时会感到兴趣盎然，回味无穷。

在讲解时还提供了大量"提示"、"注意"、"技巧"的精彩点滴，让您在学习过程中随时认真思考，对初、中级用户在用电脑过程中随时进行贴心的技术指导，迅速将"新手"打造成为"高手"。

四、信息上注重"见多识广"

本系列丛书在信息上注重"见多识广"，每页底部都有知识丰富的"长见识"一栏，增广见闻似地扩充您的电脑知识，让您在学习正文的过程中，对其他的一些信息和技巧也了如指掌，方便更好地使用电脑来为自己服务。

五、布局上注重"科学分类"

本系列丛书在布局上注重"科学分类"，采用分类式的组织形式，交互式的表述方式，翻到哪儿学到哪儿，不仅适合系统学习，更加方便即查即用。同时采用由易到难、由基础到应用技巧的科学方式来讲解软件，逐步提高应用水平。

图书每章最后附"思考与练习"或"拓展与提高"小节，让您能够针对本章内容温故而知新，利用实例得到新的提高，真正做到举一反三。

光盘特点 ★

本系列丛书配有精心制作的多媒体互动学习光盘，情景制作细腻，具有以下特点。

一、情景互动的教学方式

通过"聪聪老师"、"慧慧同学"和俏皮的"皮皮猴"三个卡通人物互动于光盘之中，将会像讲故事一样来讲解所有的知识，让您犹如置身于电影与游戏之中，乐学而忘返。

二、人性化的界面安排

根据人们的操作习惯合理地设计播放控制按钮和菜单的摆放，让人一目了然，方便读者更轻松地操作。例如，在进入章节学习时，有些系列光盘的"内容选择"还是全书的内容，这样会使初学者眼花缭乱、摸不着头脑。而本系列光盘中的"内容选择"是本章节的内容，方便初学者的使用，是真正从初学者的角度出发来设计的。

三、超值精彩的教学内容

光盘具有超大容量，每张播放时间达 8 小时以上。光盘内容以图书结构为基础，并对它进行了一定的延伸。除了基础知识的介绍外，更以实例的形式来进行精彩讲解，而不是一个劲儿地、简单地说个不停。

读者对象 ★

本系列丛书及配套的多媒体光盘面向初、中级电脑用户，适用于电脑入门者、电脑爱好者、电脑培训人员、退休人员和各行各业需要学习电脑的人员，也可以作为大中专院校师生学习的辅导和培训用书。

互动交流 ★

为了更好地服务于广大读者和电脑爱好者，如果您在使用本丛书时有任何疑难问题，可以通过 xueyizy@126.com 邮箱与我们联系，我们将尽全力解答您所提出的问题。

作者团队 ★

本系列丛书的作者和编委会成员均是有着丰富电脑使用经验和教学经验的 IT 精英。他们长期从事计算机的研究和教学工作，这些作品都是他们多年的感悟和经验之谈。

本系列丛书在编写和创作的过程中，得到了清华大学出版社第三事业部总经理章忆文女士的大力支持和帮助，在此深表感谢！本书由科教工作室组织编写，陈迪飞、陈胜尧、崔浩、费容容、冯健、黄纬、蒋鑫、李青山、罗晔、倪震、谭彩燕、汤文飞、王佳、王经谊、杨章静、于金彬、张蓓蓓、张魁、周慧慧、邹晔等人(按姓名拼音顺序)参与了创作和编排等事务。

关于本书 ★

Word、Excel、PowerPoint 是目前使用最广泛的电脑办公自动化软件，绝大部分的行业都需要使用 Word 来实现文字处理、Excel 来进行表格处理、PowerPoint 来制作演示文稿。

为了让大家能够更好地掌握 Word、Excel、PowerPoint 的应用技能，我们编写了《Word/Excel /PowerPoint 2010 应用三合一》一书。本书共分 19 章，内容新颖、实例丰富、操作性强，分别从软件入门描述、基础知识讲解、综合案例应用、软件资源共享等方面进行阐述，包罗了 Word/Excel/PowerPoint 2010 的新增功能，并用实例讲解的方式教会读者最有用的知识和操作。

除此之外，本书的每个章节都采用了分门别类的编写方式，方便您即时查询和使用，能够让您快速解决所遇到的问题，轻松跨越 Word、Excel、PowerPoint 学习的大门！

科教工作室

学以致用系列丛书

目　录

学以致用系列丛书

第 1 章

三分天下——Word/Excel/PowerPoint 快速入门

随着科技的发展，熟练使用办公软件已经成为办公人员必备的能力。为此，从本章开始，将为大家重点介绍Word、Excel 和 PowerPoint 软件的使用方法，下面先来认识一下它们吧。

学习要点

- ❖ 了解 Word/Excel/PowerPoint 组件
- ❖ 安装 Word/Excel/PowerPoint 组件
- ❖ 启动 Word/Excel/PowerPoint
- ❖ 了解 Word/Excel/PowerPoint 工作界面
- ❖ 退出 Word/Excel/PowerPoint

学习目标

通过对本章的学习，读者首先应该掌握 Word、Excel 和 PowerPoint 软件的安装方法；其次要求掌握启动与退出 Word、Excel 和 PowerPoint 软件的方法；最后应熟悉 Word、Excel 和 PowerPoint 软件的工作界面，为以后的学习打下基础。

1.1 盘点 Word/Excel/Power Point 2010 新花样

Microsoft Office 是目前最受欢迎的办公套件之一，主要包括 Word、Excel 和 PowerPoint 等组件。目前最新的 Office 软件版本是 Office 2010，下面分别介绍 Office 2010 各组件的主要功能。

1. Word 2010 新增功能简介

随着计算机技术的发展，用纸和笔来进行文字处理的时代即将成为过去。文字处理软件经过多年的发展和完善，已经成为目前应用最广泛的软件产品之一。而 Word 作为 Office 系列产品的重要组件之一，则是众多文字处理软件中的佼佼者。使用它，不仅可以轻松地编排出规整的报告、信函和计划书，还可以快速地审阅、修订和管理文档。就算您没有亲手使用过它，想必也早已对它的大名如雷贯耳了吧。

新版的 Word 2010 在用户界面上进行了较大的改进，采用了淡蓝与渐变的结合，布局更加紧凑。新的选项卡采用了圆角边沿设计，玻璃质感，清爽、简洁的蓝色界面让用户感受到全新的视觉冲击，如下图所示。

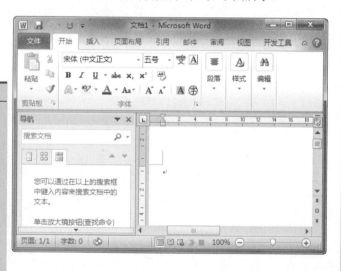

与旧的 Word 版本相比，Word 2010 提供了一系列新增和改进的工具，例如，令人印象深刻的格式效果(如渐变填充和映像)、改进的图片编辑工具以及许多可自定义的 Office 主题等，使用户可以更轻松地创建具有视觉冲击力的文档。

与此同时，Word 2010 还新增了博客发布功能，响应了博客广泛普及的潮流。整合了博客发布功能的 Word，对于经常写博的用户来说是不是更具吸引力？

当然，新版的 Word 2010 不仅仅局限于这些，更多、更方便的功能用户可以去慢慢探索和体验。

2. Excel 2010 新增功能简介

Excel 是一个非常优秀的电子表格制表软件，不仅广泛应用于财务部门，有些用户也使用 Excel 来处理和分析他们的业务信息。从 1992 年 Microsoft Office 问世至今，Excel 已经经历了多个版本，每一个版本的升级都在用户界面和功能上有很大的改进，下图所示的是最新版 Excel 2010 的工作界面。

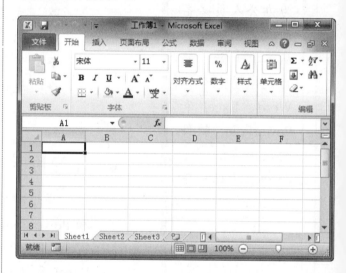

新版 Excel 2010 提供了更专业的表格应用模板与格式设置。加强了数据处理的能力，主要体现在更强大的数据排序与过滤功能，新增了丰富的格式设置功能、更容易使用的数据透视表、丰富的数据导入功能等。并且在打印的设置上也下了一番工夫，让用户感受到了更好的打印体验。

Excel 提供了工作表、二维图表、三维图表、迷你图、切片器等功能，不仅可以帮助用户完成一系列专业化程度比较高的科学和工程任务，还可以处理一些日常的工作，如报表设计、数据分析和数据统计等。现在，Excel 已经广泛应用于财务、统计和数据分析领域，为用户提供了极大的方便。

3. PowerPoint 2010 新增功能简介

当读者需要向观众表达某一个想法，或介绍某一种产品，或向上司说明您的投资计划时，是否在为如何更

除了 Word 2010、Excel 2010 和 PowerPoint 2010 三个常用组件外，Office 2010 中还包括 Microsoft Access 2010、Microsoft Outlook 2010、Microsoft InfoPath 2010、Microsoft OneNote 2010、Microsoft Publisher 2010、Microsoft Groove 2010 以及 Microsoft Office 2010 工具等组件。

好、更形象、更生动地表达而烦恼？现在使用 PowerPoint 2010 就可以轻松地做到这一点。PowerPoint 是一个演示文稿图形程序，使用它可以制作出丰富多彩的幻灯片，使所要展现的信息可以更漂亮地 Show 出来，吸引观众的眼球。下图所示的是最新版 PowerPoint 2010 的工作界面。

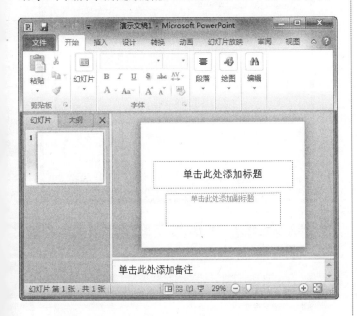

PowerPoint 2010 增加了很多新的特性，如支持 Online 的功能，使用该功能，用户可以自由地上传、下载资源，而且有更多模板可以选择。再如在幻灯片切换效果设置上，新版本增加了图例展示列表，让用户在使用时可以更加容易进行选择。诸如此类的新特性还有很多，将会在后面的章节中详细说明。

1.2 安装 Word/Excel/PowerPoint 2010

要想充分感受 Word/Excel/Powerpoint 2010 的魅力，我们必须要先将其安装。

Office 提供了两种不同的安装模式：【立即安装】和【自定义】安装。【立即安装】方式将把常用选项安装到默认目录中，并且只安装最常用的组件；【自定义】安装允许用户自己选择安装的位置及指定要安装的选项。下面就来介绍自定义安装。

操作步骤

❶ 双击 Office 2010 安装程序，弹出如右上图所示的对话框，输入产品密钥，开始验证输入的密钥。当密钥验证成功后，单击【继续】按钮。

❷ 进入【阅读 Microsoft 软件许可证条款】界面，阅读许可协议，然后选中【我接受此协议的条款】复选框，再单击【继续】按钮，如下图所示。

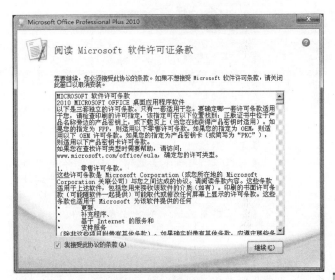

❸ 弹出【选择所需的安装】界面，选择安装类型，这里单击【自定义】按钮，如下图所示。

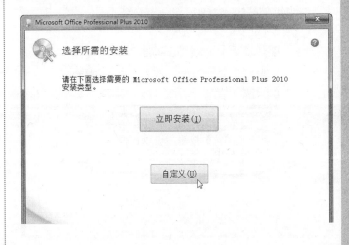

Office 2010 共有 6 个版本，分别是 Office 小型企业版 2010、Office 家庭和学生版 2010、Office 专业版 2010、Office 专业增强版 2010、Office 标准版 2010 和 Office Mobile 2010。

3

❹ 在弹出的对话框中切换到【安装选项】选项卡，自定义 Office 程序中各组件的运行方式，如下图所示。

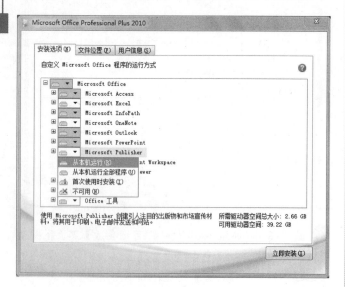

❓提示

❖ 【从本机运行】选项：该组件及其子组件的程序文件按设置复制到用户计算机的硬盘上。

❖ 【从本机运行全部程序】选项：将该组件及其所有子组件的程序复制到用户计算机硬盘上。

❖ 【首次使用时安装】选项：只复制必要的系统文件，在需要时才复制其他程序文件到计算机中。

❖ 【不可用】选项：不安装这个组件。

❺ 切换到【文件位置】选项卡，设置文件的安装位置，这里使用默认安装位置，如下图所示。

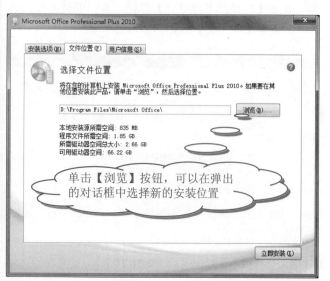

单击【浏览】按钮，可以在弹出的对话框中选择新的安装位置

❻ 单击【用户信息】选项卡，键入用户名、缩写、公司/组织等信息，再单击【立即安装】按钮，如下图所示。

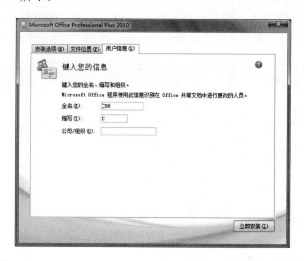

❼ 开始安装程序，并弹出如下图所示的进度对话框，稍等片刻。

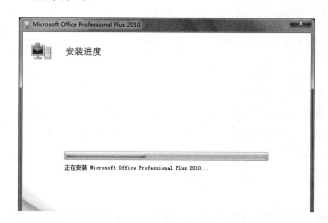

❽ 程序安装完成后，将会弹出如下图所示的对话框，单击【关闭】按钮，重新启动计算机即可使其生效。

长见识　　Office 小型企业版 2010 有助于家庭用户和小型企业用户更加快速、轻松地完成任务，使您几乎可以在任意位置自由工作。

1.3 初识 Word/Excel/PowerPoint

软件安装完成后，该如何启动、关闭它们呢？它们的工作界面又是什么样子的呢？这就是本节要介绍的内容，下面一起来学习。

1.3.1 启动 Word/Excel/PowerPoint

启动是使用软件首要的操作，下面将介绍三种启动软件的方法供用户选择。

1. 通过【开始】按钮启动程序

【开始】按钮集合了电脑中的所有程序，单击相应的程序图标即可启动程序。

操作步骤

❶ 单击【开始】按钮，然后从打开的【开始】菜单中选择【所有程序】命令，如下图所示。

❷ 打开【所有程序】列表，接着选择 Microsoft Office 命令，如下图所示。

❸ 打开 Microsoft Office 列表，选择要启动的程序命令，这里选择 Microsoft Word 2010 命令，如右上图所示。

注意

为了方便以后的叙述，把诸如"单击【开始】按钮，然后从打开的【开始】菜单中选择【所有程序】命令，接着选择 Microsoft Office 命令，再选择 Microsoft Word 2010 命令"的一连串相关联操作简化为"选择【开始】|【所有程序】|Microsoft Office|Microsoft Word 2010 命令"。

❹ 启动 Word 2010 程序，并弹出如下图所示的窗口。

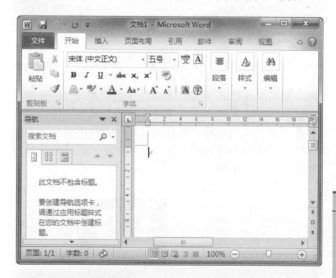

2. 通过桌面快捷方式图标启动

快捷方式图标是一种链接，双击即可打开链接的程序窗口。不过在使用之前，需要先将程序的快捷方式图标添加到桌面上，下面以创建 Excel 2010 程序的快捷图标为例进行介绍。

操作步骤

❶ 选择【开始】|【所有程序】|Microsoft Office 命令，然后在打开的列表中右击 Microsoft Excel 2010 命令，从弹出的快捷菜单中选择【发送到】|【桌面快

捷方式】命令，如下图所示。

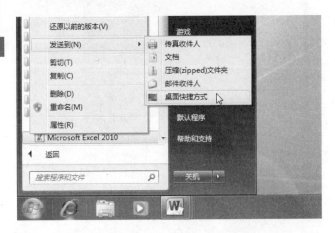

2 这时，Excel 2010 程序的快捷方式图标就被添加到桌面上了，如下图所示，以后双击即可启动 Excel 2010 程序。

新创建的 Excel 2010 快捷方式图标

技巧

除了使用上述方式创建快捷方式图标外，还可以通过以下方法来完成：在【所有程序】列表中单击要创建快捷方式的程序，然后按住鼠标左键不放，将其拖动到桌面后松开鼠标，即可在桌面上创建该程序的快捷方式，如下图所示。

拖动所选程序至桌面

3．通过快速启动栏启动

如果读者觉得双击启动程序还是有些小麻烦，不妨将程序图标放入快速启动栏中，这样以后通过单击就可以启动程序。

操作步骤

1 选择【开始】|【所有程序】|Microsoft Office 命令，

然后在打开的列表中右击 Microsoft PowerPoint 2010 命令，从弹出的快捷菜单中选择【锁定到任务栏】命令，如下图所示。

2 这时，PowerPoint 程序图标就被添加到快速启动栏中了，如下图所示，以后单击即可启动 PowerPoint 2010 程序。

技巧

如果桌面上已经有 PowerPoint 2010 程序的快捷方式图标，可以通过拖动的方法将其添加到快速启动栏中，方法是将鼠标指针移动到 PowerPoint 2010 程序的快捷图标上，然后按住鼠标左键不放，拖动鼠标到快速启动栏，如下图所示，再释放鼠标左键即可。

将程序快捷方式图表拖动到快速启动栏

1.3.2 了解 Word/Excel/PowerPoint 工作界面

下面再来了解一下 Word/Excel/PowerPoint 的工作界面，为以后的学习打下基础。

1. 认识 Word 2010 工作界面

有没有发现 Word 2010 窗口中有很多命令按钮？是的，这就是 Word 2010 更人性化的表现。那么，这么多按钮怎么记忆呢？下面先来认识一下 Word 2010 的窗口组成吧。

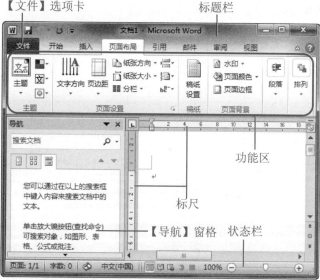

接下来介绍 Word 2010 文档窗口中各组成部分及其功能。

1) 标题栏

标题栏位于窗口的顶部，用于显示文档名称。最右侧是控制按钮区，包括【最小化】按钮、【还原】按钮和【关闭】按钮，单击【还原】按钮，拖动标题栏就可以移动整个窗口。在标题栏左侧是程序图标和快速访问工具栏，只要在相应的图标上单击就可以实现相应的操作。

2)【文件】选项卡

【文件】选项卡位于窗口左上角，在窗口中单击【文件】选项卡，然后通过选择一些命令可以执行新建文档，或是保存、打印文档等操作。

3) 功能区

功能区位于标题栏下方，它替代了旧版本 Word 窗口中的菜单和工具栏。为了便于浏览，功能区包含若干个围绕特定方案或对象进行组织的选项卡，并把每个选项卡细化为几个组，如下图所示。

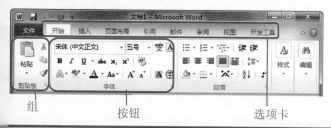

❖　选项卡：选项卡将各种命令分门别类地放在一起，只要单击即可，该选项卡中所有的命令按钮都将按组显示。

❗ 注意

在 Word 2010 窗口中，有些选项卡只会在对用户当前正在执行的任务类型有所帮助的时候才会出现，例如在 Word 2010 窗口中插入一个图片，然后单击选中该图片，则会在功能区中出现【图片工具】选项卡，它包括一个【格式】选项卡，如下图所示。

❓ 提示

在选项卡右侧有一个【帮助】按钮，单击该按钮，则会打开【Word 帮助】窗口，这里列出了一些帮助的内容，如下图所示。用户也可以在【搜索】文本框中输入要搜索的内容，再单击【搜索】按钮寻求帮助。

❖　组：每个选项卡中的组都将一个任务分成多个子任务。

❖　按钮：单击每个组中的按钮都将执行一个命令或显示一个命令菜单。

4) 标尺

标尺的作用是设置制表位、缩进选定的段落。水平标尺上提供了首行缩进、悬挂缩进/左缩进、右缩进三个不同的滑块，选中其中的某个滑块，然后拖动鼠标，就可以快速实现相应的缩进操作，单击【标尺】按钮就可在文档中显示或隐藏标尺，如下图所示。

5）【导航】窗格

使用新增的【导航】窗格和搜索功能可以轻松地应对长文档，通过拖放文档结构图的各个部分可以轻松地重新组织文档。除此以外，还可以使用渐进式搜索功能查找内容。

6）状态栏

在窗口的最下边是状态栏，其左边是光标位置显示区，用于当前光标所在页面、文档字数总和、Word 2010下一步准备要做的工作和当前的工作状态等。右边是视图按钮、显示比例按钮等。

2. 认识 Excel 2010 工作界面

下面了解一下 Excel 2010 的工作环境，如下图所示。

有没有觉得 Excel 2010 的工作环境和 Word 2010 的工作环境很像啊！呵呵，这样学起来就轻松多了。下面来认识一下与 Word 窗口中不同的部分。

1）地址栏

地址栏用来定位和选中单元格。但是如果选取多个单元格，则会在进行选取时显示选取的范围，选中后只会显示起始单元格的位置。

2）编辑栏

编辑栏用于编辑所选单元格中的数据。如果是直接在单元格中进行编辑，此处会显示单元格中的内容。

3）活动单元格

单元格是表格的最小组成部分。活动单元格表示当前被选中的、处于活动状态的单元格。可以编辑活动单元格中的数据，也可以进行移动或复制单元格等操作。

4）全选框

单击全选框可以快速选取整个工作表，其快捷键是Ctrl+A。

5）工作表标签

工作表标签用来显示一个工作簿中的各个工作表的名称。单击不同工作表的名称，可以切换到不同的工作表。当前工作表以白底显示，其他的以银灰色底纹显示，如下图所示。

3. 认识 PowerPoint 2010 工作界面

PowerPoint 窗口主要包含标题栏、功能区、工作区以及状态栏等内容，如下图所示。

PowerPoint 2010 的界面与 Word 和 Excel 的很相似，下面我们一起看看它们的不同之处。

1）工作区

工作区就是我们用来创建和编辑演示文稿的区域，在这里可以直观地对演示文稿进行制作。演示文稿的工作区种类繁多，读者可以根据自己的需要选择合适的工作区。

2）【幻灯片】窗格

一篇演示文稿都会有多张幻灯片，每张幻灯片都会

在默认情况下，Word 2010 窗口中的标尺是不显示的。用户可以通过在【视图】选项卡下的【显示】组中选中【标尺】复选框来显示标尺。

在【幻灯片】窗格中有一个图标，单击【幻灯片】窗格中相应的图标可以快速定位该幻灯片。

3）【备注】窗格

在【备注】窗格中显示有关幻灯片的注释内容，在此区域中单击按钮可以输入备注，如果已有备注，则单击【备注】窗格即可修改和编辑备注，如下图所示。

4）状态栏

状态栏位于应用程序窗口的底部。在 PowerPoint 中的状态栏与其他 Office 软件中略有不同，而且在 PowerPoint 的不同运行阶段，状态栏会显示不同的信息，如下图所示。

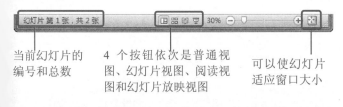

当前幻灯片的编号和总数　　4 个按钮依次是普通视图、幻灯片视图、阅读视图和幻灯片放映视图　　可以使幻灯片适应窗口大小

1.3.3　退出 Word/Excel/PowerPoint

如果用户现在想退出 Word/Excel/PowerPoint 软件窗口，可通过下述几种方法实现。

1．通过【文件】选项卡退出

这里以退出 Word 2010 程序为例进行介绍，具体操作如下。

操作步骤

❶ 切换到【文件】选项卡，并在打开的 Backstage 视图中选择【退出】命令，如右上图所示。

技巧

在 Word、Excel 或 PowerPoint 窗口中，通过双击标题栏中的程序图标也可以退出程序。

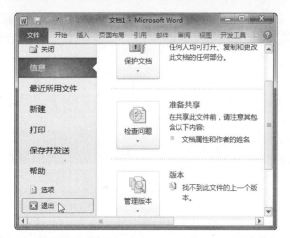

❷ 弹出 Microsoft Word 提示对话框，提示是否保存文档，单击【不保存】按钮，直接退出 Word 程序，如下图所示。

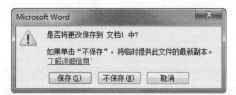

2．通过【关闭】按钮退出

如果打开的 Word、Excel 或 PowerPoint 窗口只有一个，可以通过在窗口中单击【关闭】按钮来退出程序。例如在 Excel 2010 窗口中单击窗口右上角的【关闭】按钮，即可退出 Excel 2010 程序，如下图所示。

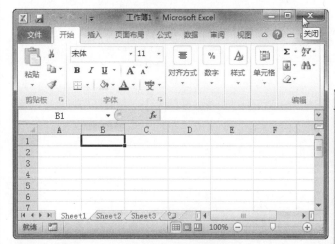

注意

细心的用户会发现打开的 Excel 2010 窗口中有两个【关闭】按钮，单击标题栏中的【关闭】按钮可以退出所有打开的 Excel 2010 程序；而单击功能区中的【关闭】按钮 ✕，则是退出当前选中的 Excel 2010 程序，留下如下图所示的 Excel 2010 程序窗口。

新版 Office2010 的云共享功能包括跟企业 SharePoint 服务器的整合，让 PowerPoint、Word、Excel 等 Office 文件皆可通过 SharePoint 平台，同时间供多位员工编辑、浏览，提升文件协同作业效率。

9

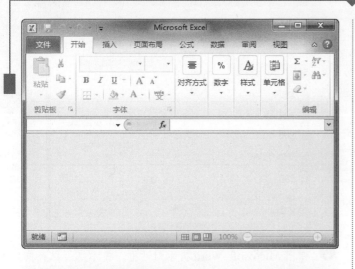

1.4　思考与练习

选择题

1．在安装 Office 2010 软件时，用户可以采用的安装方式有_____。

　　A．自定义安装

　　B．立即安装

　　C．AB

2．下面关于自定义安装 Office 2010 软件的说法错误的是_____。

　　A．可以设置软件的安装位置

　　B．可以选择要安装的 Office 组件

　　C．可以设置软件的用户信息

　　D．以上说法都不正确

3．在安装方式的各选项中，对首次使用时安装的效果描述正确的是_____。

　　A．根据安装设置，复制文件到用户计算机的硬盘上

　　B．所有程序都复制到用户计算机硬盘上

　　C．只复制必要的系统文件，在需要时才将其他程序文件复制到计算机中

　　D．只复制必要的系统文件，其他文件则在运行时从安装盘上获取

操作题

1．安装 Office 2010 软件。

2．在桌面上添加 Word 2010、Excel 2010 和 PowerPoint 2010 的程序快捷方式图标，然后启动 Excel 2010 程序。

Microsoft Office 2010 和 Microsoft Office 2007 在打印预览上有一定的区别，新版的 Office 2010 没有单独的【打印预览】选项卡，而是包含在【打印】选项卡中。

第 2 章

奋笔疾书——Word 2010 基本操作

在无纸化办公环境中，Word 是使用人数最多的一款文字处理软件，办公人员可以在文档中快速编写公司公文、会议资料或公司合同等内容。从本章开始，将为大家介绍 Word 2010 的使用方法。

学习要点

- ❖ 掌握文档的基本操作
- ❖ 掌握文档的编辑操作
- ❖ 选中视图与排列方式
- ❖ 设置页面
- ❖ 添加页眉和页脚
- ❖ 插入分页符与分节符
- ❖ 插入页码
- ❖ 打印文档

学习目标

通过对本章的学习，读者首先应该掌握文档的基本操作，包括文档的新建、保存以及关闭等操作；其次要求掌握文档的编辑操作，包括文本的输入、修改、查找与替换操作等；最后要求掌握一些页面设置方法，并能够把编辑好的文档打印出来。

2.1　文档的基本操作

使用 Word 2010 可以编排出专业的文档，方便地编辑和发送电子邮件，制作精美的网页等。下面先来学习一下文档的基本操作。

2.1.1　新建文档

启动 Word 程序后，系统会自动创建一个空白文档供用户使用。对于有特殊需要的用户，可以根据模板快速创建需要的文档。

1. 通过【文件】选项卡新建

使用【文件】选项卡新建文档时，可以选择的文档格式非常丰富。具体操作步骤如下。

操作步骤

❶ 切换到【文件】选项卡，并在打开的 Backstage 视图中选择【新建】命令，如下图所示。

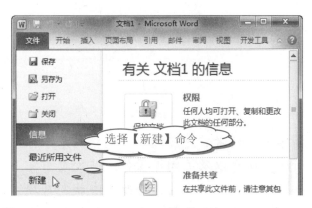

❷ 接着在中间窗格中选择要使用的模板，再单击【创建】按钮，如下图所示。

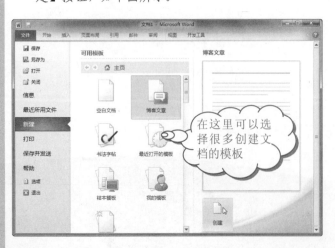

2. 通过快速访问工具栏新建

通过快速访问工具栏新建文档是一种常用的创建空白文档的方法。具体操作步骤如下。

操作步骤

❶ 单击标题栏上的【自定义快速访问工具栏】按钮，从打开的菜单中选择【新建】命令，如下图所示。

❷ 这时，【新建】按钮就被添加到快速访问工具栏中了，如下图所示。单击【新建】按钮即可创建空白文档。

✓技巧❄

最简单、方便的新建文档的方法是使用快捷方式，即按 Ctrl +N 组合键。

在标题栏中单击【自定义快速访问工具栏】按钮，然后从打开的菜单中选择【其他命令】命令，可以在弹出的对话框中添加其他命令。

2.1.2　保存文档

当完成文档的输入、编辑和排版等工作后，需要将文档保存起来，以便以后使用。下面将介绍如何保存文档以及文档的命名。

在 Word 窗口中右击快速访问工具栏，从弹出的快捷菜单中选择【在功能区下方显示快速访问工具栏】命令，可以将快速工具栏置于功能区下方。

1. 保存新文档

对于没有保存过的文档第一次保存时可进行如下操作。

操作步骤

❶ 在快速访问工具栏上单击【保存】按钮🖫，或者切换到【文件】选项卡，并在打开的 Backstage 视图中选择【保存】命令，如下图所示。

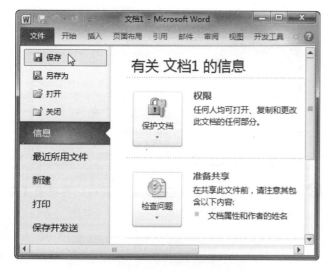

❓提示

如果文档已经保存过，现在要保存为其他格式，可以在 Backstage 视图中选择【另存为】命令，然后在打开的【另存为】对话框中进行设置。

❷ 弹出【另存为】对话框，选择保存文件的位置，默认情况下保存在【文档】文件夹中，然后在【文件名】文本框中输入文档名称，再单击【保存】按钮，如下图所示。

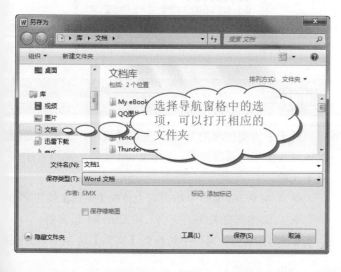

选择导航窗格中的选项，可以打开相应的文件夹

⚠ 注意

❖ 完成文档的第一次保存之后，下次再进行保存操作时，就不会弹出【另存为】对话框，Word 2010 会将修改后的文档内容直接覆盖以前的文件。

❖ 在执行保存操作时，一定要注意所保存的文件是否在需要的文件夹中，这是初学者最容易忽视的地方，否则日后可能会一时找不着该文件。

❖ 在文档编辑过程中，应养成随时保存的好习惯，以免突然停电或电脑死机等意外而使你的工作付之东流。最顺手的保存操作就是按 Ctrl +S 组合键。

2. 保存可在 Word 早期版本中打开的文档

为了便于在其他版本中打开新版本的 Word 文档，可以将其保存为可以在 Word 早期版本中打开的文档格式，其操作方法如下。

操作步骤

❶ 单击【文件】选项卡，并在打开的 Backstage 视图中选择【另存为】命令，如下图所示。

❷ 打开【另存为】对话框，在【保存类型】下拉列表框中选择【Word 97-2003 文档】选项，如下图所示，再单击【保存】按钮即可。

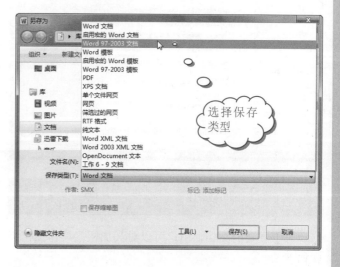

选择保存类型

Word 2010 支持的文件格式有：Word 文档(.docx)、启用宏的 Word 文档(.docm)、Word 97-2003 文档(.doc)、Word 模板(.dotx)、启用宏的 Word 模板(.dotm)、Word 97-2003 模板(dot)、PDF (.pdf)、XPS 文档(.xps)、单个文件网页(.mht)、网页(.htm)、筛选过的网页(.htm)、RTF 格式(.rtf)、纯文本(.txt)、Word XML 文档(.xml)、Word 2003 XML 文档(.xml)、OpenDocument 文本(.odt)、工作 6-9 文档(.wps)。

3. 自动保存文档

通过设置，用户还可以让 Word 程序自动保存文档。这样，当电脑意外关闭后，再次开机启动 Word 程序，则会在【文档恢复】窗格列出上次关机时无法保存的文档，单击文档的自动恢复版本，可以最大限度地恢复用户对文件所做的更改。

操 作 步 骤

❶ 切换到【文件】选项卡，并在打开的 Backstage 视图中选择【选项】命令，如下图所示。

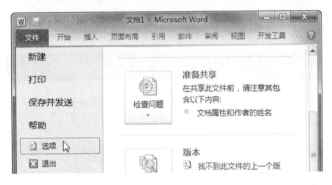

❷ 弹出【Word 选项】对话框，然后在左侧窗格中单击【保存】选项，接着在右侧窗格中单击【将文件保存为此格式】下拉列表框右侧的下拉按钮，从弹出的列表中选择【Word 文档(*.docx)】选项，再选中【保存自动恢复信息时间间隔】复选框，并调整自动保存时间间隔，如下图所示。最后单击【确定】按钮即可。

2.1.3　保护文档

对于重要的文档，用户可以对其加密，具体操作步骤如下。

操 作 步 骤

❶ 在 Word 文档窗口中切换到【文件】选项卡，并在打开的 Backstage 视图中选择【信息】命令，接着在右侧窗格单击【保护文档】选项，从打开的菜单中选择【用密码进行加密】命令，如下图所示。

❷ 弹出【加密文档】对话框，输入密码，再单击【确定】按钮，如下图所示。

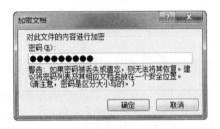

❸ 弹出【确认密码】对话框，再次输入密码，并单击【确定】按钮，如下图所示。

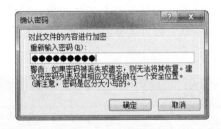

2.1.4　关闭文档

对于不需要使用的 Word 文档，建议用户关闭该文档以释放其占用的系统资源。关闭 Word 文档的常用方法有以下几种。

❖　在 Word 窗口中单击右上角的【关闭】按钮 ✕。

❖　切换到要关闭的文档，按 Ctrl+F4 组合键。

❖　在 Word 窗口中切换到【文件】选项卡，并在

Office Excel 2010 新增了 Sparklines 特性，可根据用户选择的数据直接在单元格内画出折线图、柱状图等，并配有 Sparklines 设计面板供自定义样式。

打开的 Backstage 视图中选择【关闭】命令。

❖ 在标题栏中单击 Word 程序图标，从弹出的快捷菜单中选择【关闭】命令，如下图所示。

❖ 在 Word 窗口中右击标题栏空白处，从弹出的快捷菜单中选择【关闭】命令，如下图所示。

2.1.5　打开文档

打开已有文档最简单的方法就是在文档的存储位置处双击 Word 文档图标。除此之外，下面再来介绍一些打开文档的方法供用户选择。

1. 通过【文件】选项卡打开

通过【文件】选项卡打开文档的操作方法如下。

操作步骤

❶ 切换到【文件】选项卡，从打开的菜单中选择【打开】命令，如下图所示。

❷ 弹出【打开】对话框，选择要打开的文件，再单击【打开】按钮即可打开文件了，如下图所示。

2. 通过快速访问工具栏打开

第二种打开方式是通过快速访问工具栏打开，这种方式操作简单，使用较多。

操作步骤

❶ 单击标题栏上的【自定义快速访问工具栏】按钮，从打开的菜单中选择【打开】命令，如下图所示。

❷ 这时，【打开】按钮 被添加到快速访问工具栏中，如下图所示。单击【打开】按钮，将会弹出【打开】对话框，选择需要打开的文件，再单击【打开】按钮即可。

3. 通过【最近所用文件】列表打开文件

在默认情况下，Word 程序允许在【最近所用文件】列表中记录最近打开的 25 个文件，如下图所示，单击相应的文件链接，即可将其打开。

在 Word 2010 程序中，无法将文件保存为 JPEG (.jpg) 或 GIF (.gif) 格式。

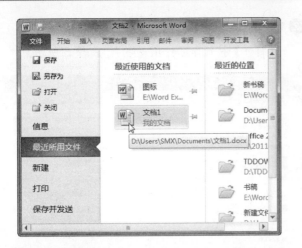

2.2 文档的编辑操作

前面讲述了文档的基本操作，接下来介绍文档的编辑操作，包括输入文本、选定文本、修改文本以及复制文本等操作。

2.2.1 输入文本

文档创建完成后，就可以向文档中输入文本内容了，下面一起来研究一下吧。

1. 英文和汉字的输入

在文档中输入英文和汉字的方法如下。

操作步骤

① 单击语言栏中的输入法图标，从打开的菜单中选择适合的输入法，这里选择【微软拼音-新体验 2010】命令，如下图所示。

② 在工作区单击，将光标定位到文档中，如下图所示。

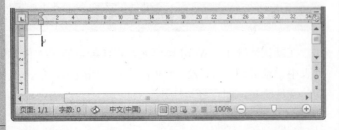

③ 然后向文档中输入文本内容，再按 Enter 键换行，如下图所示。

④ 按 Shift 键切换到英文输入状态，即可输入英文字母，如下图所示。

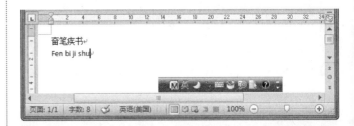

⑤ 若输入了错误字符，可以将光标定位到该字符的右侧，然后按 BackSpace 键将其删除，接着输入正确字符即可。

2. 输入带拼音的汉字

在使用 Word 进行编辑的过程中，为了方便读者，可以为一些生僻字添加拼音标注。其操作步骤如下。

操作步骤

① 选中需要添加拼音的汉字，然后在【开始】选项卡下的【字体】组中单击【拼音指南】按钮，如下图所示。

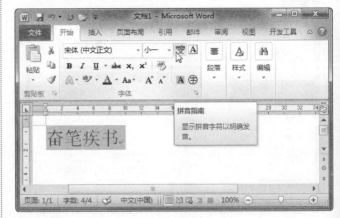

学以致用系列丛书

❷ 弹出【拼音指南】对话框，然后设置拼音字母的大小、字体以及对齐方式等参数，最后单击【确定】按钮，如下图所示。

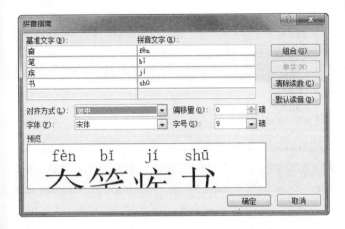

❸ 这时，拼音就被添加到汉字上方了，如下图所示。

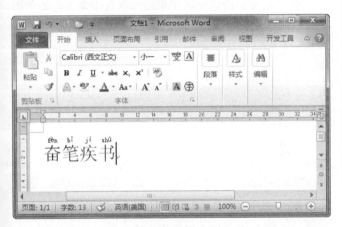

注意

汉字的大小应该在添加拼音之前进行调整，加注拼音后再调整字号将很不方便。

3. 输入拼音音调

如果不想将拼音添加到汉字的上方，而是添加到汉字两旁，就需要用户动手输入拼音了。那么，该如何给拼音添加音调呢？下面一起来看看吧。

操作步骤

❶ 首先输入汉字的拼音字母，然后选中要标注音调的字母，接着在【插入】选项卡下的【符号】组中，单击【符号】按钮，从打开的菜单中选择【其他符号】命令，如右上图所示。

❷ 弹出【符号】对话框，然后在【符号】选项卡下设置【字体】和【子集】选项，接着在列表框中选择需要的音调，再单击【插入】按钮，如下图所示。

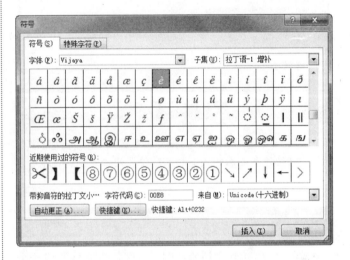

❸ 这时即可发现选中的字母被添加了音调，如下图所示，再按照要求调整字体格式即可。

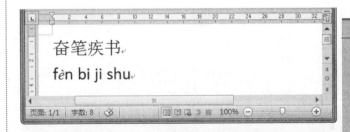

2.2.2 选中文本

在前面添加拼音和音调时，都提到了要选择文本，那么，如何快速选中需要的文本呢？下面一起来研究吧。

1. 通过鼠标选取文本

鼠标是常用的输入工具，借助鼠标，读者可以选择任意文本内容，其操作步骤如下。

操作步骤

1 将光标定位到要选定文本的开始位置，如下图所示。

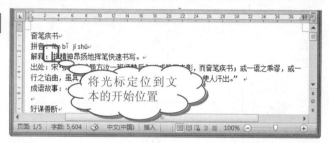

2 按下 Shift 键，在要选定文本的末尾位置处单击即可选中需要的文本，如下图所示。

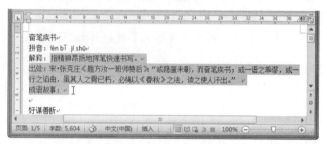

✓ 技巧

单击需要选定文本的开始位置，按住鼠标左键不放，拖动到需要选定文本的末尾位置处松开鼠标，即可选中文本。

2. 选取行

将光标移动到文档的左侧选定区，当光标变成一个斜向上方的箭头形状时，单击即可选中这一行，如下图所示。

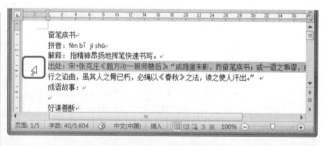

✓ 技巧

把光标定位到一行文字的任意位置(行首与行尾除外)，然后按 Shift+End(Home)组合键，可以选中光标所在位置到行尾(行首)的文字。

3. 选取段

如果要选取段落，可以将光标移动到段落的左侧选定区，当光标变成一个斜向上方的箭头形状时，单击两次即可选中该段。除此之外，在要选取段落的任意位置处单击三次也可以选中该段落，如下图所示。

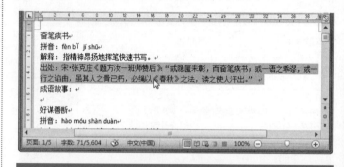

4. 选取全文

选取全文有以下四种操作方法。

❖ 使用 Ctrl +A 组合键快速选中全文。

❖ 在左侧的选定区中单击三次选中全文，如下图所示。

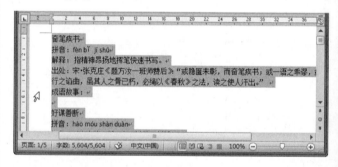

❖ 先将光标定位到文档的开始位置，再按 Shift+Ctrl +End 组合键选取全文。

❖ 按住 Ctrl 键，在左边的选定区中单击也可以选取全文。

2.2.3 查找与替换文本

如果书稿中错误的文本太多，一个个地查找修正是非常麻烦的。这时，用户可以使用查找与替换功能来查找错误文本，再进行替换。

1. 查找文本

1) 使用【导航】窗格查找文本

操作步骤

1 把光标定位在文档中，在【开始】选项卡下的【编辑】组中单击【查找】按钮，如下图所示。

在 Word 2010 中，如果双击某个文档启动 Word，则 Word 2010 将自动根据所双击的文档类型作兼容模式的操作。若打开一个后缀名为 .doc 的 Word 2003 创建的文档，编辑后将文档保存，则文档仍为 doc 格式，不会因经过了 Word 2010 编辑而保存为 Word 2010 的新格式 docx。

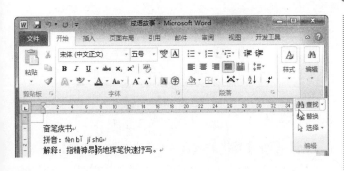

② 打开【导航】窗格，然后在文本框中输入搜索内容，如输入"抒写"，并单击【搜索】按钮，搜索的结果会在文档中以黑字黄底显示出来，如下图所示。

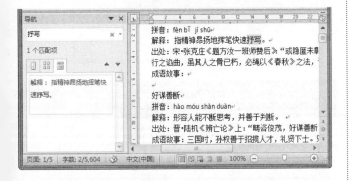

2) 高级查找

操作步骤

① 在【开始】选项卡下的【编辑】组中，单击【查找】按钮旁边的下拉按钮，从打开的菜单中选择【高级查找】命令，如下图所示。

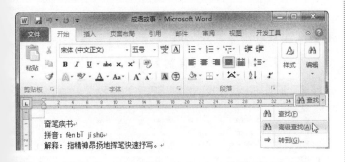

② 弹出【查找和替换】对话框，并切换到【查找】选项卡，接着在【查找内容】下拉列表框中输入"抒写"，再单击【查找下一处】按钮，如下图所示。

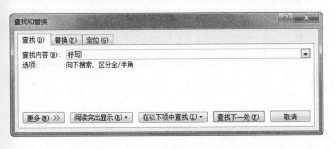

③ 这时在文档中符合条件的文本会以黑色蓝底显示出来，如下图所示。继续单击【查找下一处】按钮，系统将会继续查找符合条件的文本。

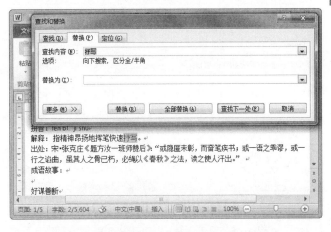

注意

如果要查找的文本有特殊格式，单击【更多】按钮，然后在【搜索选项】选项组中进行设置；或是单击【格式】按钮，并在打开的菜单中选择需要的命令，接着在弹出的对话框中进行设置即可，如下图所示。

2. 替换文本

找到错误文本后，下面进行替换，其操作步骤如下。

操作步骤

① 在【开始】选项卡下的【编辑】组单击【替换】按钮，如下图所示。

在 Word 2010 文档中，按下 Alt+Shift+D 组合键可以快速插入当前系统日期，而按下 Alt+Shift+T 组合键则插入系统当前时间。

❷ 弹出【查找和替换】对话框，并切换到【替换】选项卡，然后在【查找内容】文本框中输入要查找的内容，例如"抒写"，接着在【替换为】文本框中输入要替换的内容，如下图所示。

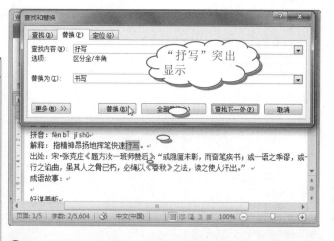

提示

如果要删除查找的内容，只要不在【替换为】文本框中输入内容，直接进行替换即可。

❸ 单击【查找下一处】按钮，系统自动查找第一个符合条件的文本，并以黑字蓝底显示出来，如下图所示。

❹ 单击【替换】按钮，Word 会自动替换，并查找下一处。当文档中找不到"抒写"后，则会弹出 Microsoft Word 提示对话框，提示 Word 已完成对文档的搜索，此时单击【确定】按钮即可，如右上图所示。

技巧

如果在【替换】选项卡中单击【全部替换】按钮，Word 全部替换完毕后会弹出 Microsoft Word 提示对话框，提示完成替换的次数，如下图所示。单击【确定】按钮，Word 程序将从头开始复查一遍。

2.2.4　移动与复制文本

在 Word 文档中，用户可以通过复制的方法快速输入相同的文本内容，通过移动的方法调整文本位置。

1. 使用按钮移动/复制文本

在【开始】选项卡下的【剪贴板】组中，有【复制】按钮、【剪切】按钮和【粘贴】按钮，移动或复制文本就是通过这三个按钮来完成的。下面以复制文本内容为例进行介绍。

操作步骤

❶ 选中要复制的文本，然后在【开始】选项卡下的【剪贴板】组中，单击【复制】按钮，如下图所示。

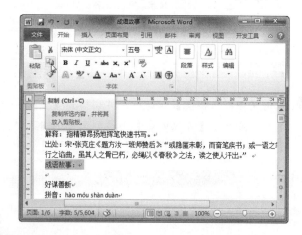

❷ 将光标插入需要粘贴的位置，然后在【开始】选项卡下的【剪贴板】组中单击【粘贴】按钮，即可将复制的文本粘贴过来，如下图所示。

在【查找和替换】对话框中的【查找】选项卡下，单击【查找下一处】按钮是搜索下一处与【查找内容】文本框中指定的字符相匹配的内容。若要查找上一处匹配内容，可以按住 Shift 键并单击【查找下一处】按钮。

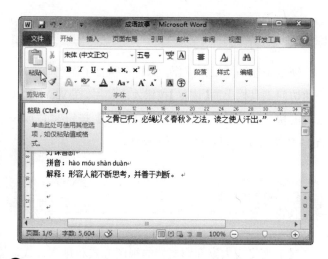

❸ 这时会出现一个【粘贴选项】图标，单击该图标，从打开的菜单中单击【保留源格式】图标，如下图所示。

2. 使用【剪贴板】窗格移动/复制文本

如果有多个文本需要复制，也可以像单个文本那样一个一个地复制。当然，用户也可以利用剪贴板快速复制多个文本，其操作方法如下。

操作步骤

❶ 在【开始】选项卡下的【剪贴板】组中，单击对话框启动器按钮 🔲，如下图所示。

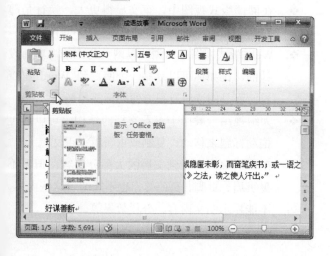

❷ 打开【剪贴板】窗格，如下图所示。同时会在任务栏的通知区中出现一个粘贴图标【剪贴板】图标 📋。

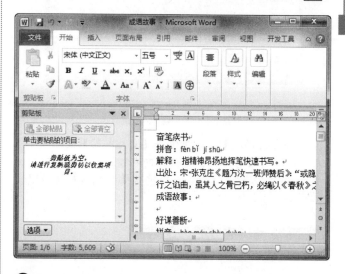

❸ 选择需要复制的文本，然后单击【复制】按钮，此时剪贴板中就含有已经复制的内容了，如下图所示。

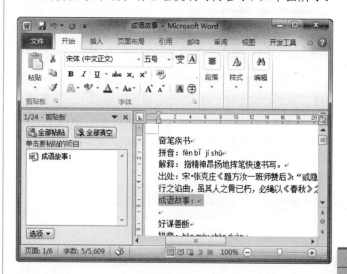

❹ 继续复制同一个文件或其他文件中的文本内容，直到收集了需要的所有项目。当剪贴板每收集一个项目时，桌面上就会出现一个提示框，如下图所示。

❺ 将鼠标指针移动到【剪贴板】窗格中要粘贴的项目上，然后单击右侧的下拉按钮，从打开的菜单中选择【粘贴】命令，即可将文本粘贴到文档中的光标处，如下图所示。

Office 剪贴板允许从 Office 文档或其他程序复制多个文本和图形项目，并将其粘贴到另一个 Office 文档中。例如，用户可以复制电子邮件中的文本，工作簿或数据表中的数据和演示文稿中的图形，然后将其全部粘贴到一个文档中。

学以致用系列丛书

技巧

在【剪贴板】窗格中单击【全部粘贴】按钮，可以一次性将【剪贴板】窗格中的内容粘贴到文档中，单击【全部清除】按钮，可以清除【剪贴板】窗格中的内容。

2.2.5 撤销与恢复操作

撤销和恢复是专为防止用户误操作而设计的"反悔"机制，撤销可以取消前一步(或几步)的操作，而恢复可以取消刚做的撤销操作。

1. 撤销

在 Word 2010 窗口的快速访问工具栏中，单击【撤销】按钮，或按 Ctrl +Z 组合键可以撤销上一步操作。如果要撤销多步操作，单击【撤销】按钮右侧的下三角按钮，从弹出的菜单中选择要撤销的步骤即可，如下图所示。

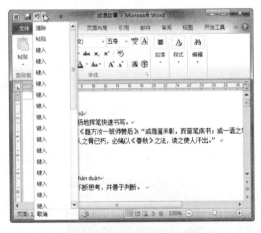

注意

【撤销】按钮的屏幕提示名称随上次操作不同而发生变化。单击【撤销】按钮右侧的下拉按钮，在下拉列表中显示了此前执行的所有可撤销的操作，时间越近，位置越靠上，向下移动鼠标指针，然后单击可以将选中的操作一次性撤销。

2. 恢复

恢复是撤销的反向操作，只有在执行了撤销命令后，快速访问工具栏上的【恢复】按钮才能使用。在 Word 2010 窗口的快速访问工具栏中，单击【恢复】按钮，或按 Ctrl +Y 组合键可以撤销上一步操作。

2.3 文档的视图与排列方式

接下来将为大家介绍文档的视图方式和排列方式，以方便用户浏览文档。

2.3.1 选择视图模式

Word 2010 提供了五种视图模式，分别是：页面视图、阅读版式视图、Web 版面视图、大纲视图和草稿。用户只需要在【视图】选项卡下的【文档视图】组中，根据实际需要选择相应的命令即可，如下图所示。

- ❖ 在页面视图中，可以查看到与打印效果一致的文档，同时还可以看到设置的页眉、页脚、页边距等。在编辑文档时一般都使用这个视图方式。
- ❖ 在阅读版式视图中，正文显得更大，换行是随窗口大小而变化的，不是显示实际的打印效果。
- ❖ Web 版式视图是为浏览以网页为主的内容而设计的，比如你可以复制一个网页到 Word 里查看，而且阅读时有很方便的标签导航。
- ❖ 大纲视图一般用于查看文档的结构，可以通过拖动标题来移动、复制或重新组织正文。
- ❖ 在草稿中，可看到文档的大部分内容，但看不见页眉、页脚、页码等，也不能编辑这些内容，不能显示图文内容、分栏效果等。

在【剪贴板】窗格中最多可以保留 24 个项目。如果复制了第25个项目，系统就会自动删除剪贴板中已复制的第一个项目。

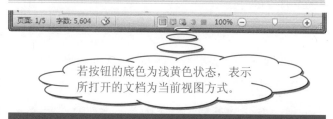
2.3.2　新建文档窗口

若编辑的文档很长，前后翻页会很麻烦。这时，可以为文件新建一个窗口，然后在新窗口中浏览其他位置的文本。

操作步骤

❶ 首先打开"成语故事"文档，然后在【视图】选项卡下的【窗口】组中，单击【新建窗口】按钮，如下图所示。

❷ 这时将会新建一个名称为"成语故事：2"的文档，如下图所示。

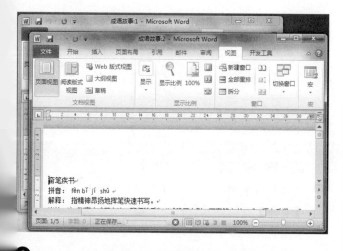

❸ 在【视图】选项卡下的【窗口】组中，单击【全部

重排】按钮，将会按堆叠方式显示窗口，效果如下图所示。

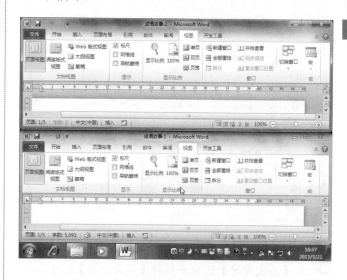

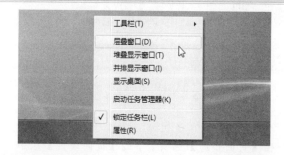
2.4　设置文档外观

在使用 Word 软件时，文档的页面格式将应用于整个文档。通过设置页面格式，用户可以改变整个文档的外观，使文档的布局更加合理、美观。

2.4.1　设置页面

页面设置主要包括设置纸张大小、设置页面方向以及调整页边距等内容，具体操作方法如下。

操作步骤

❶ 在【页面布局】选项卡下的【页面设置】组中，单击【纸张大小】按钮，从打开的菜单中选择【纸张大小】选项，如下图所示。

学以致用系列丛书

选择【纸张大小】

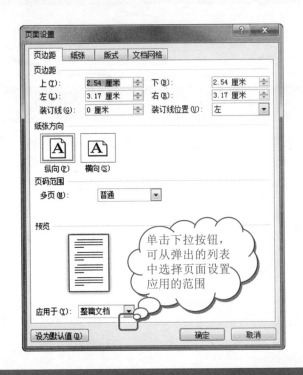

技巧

如果在步骤 3 中选择【自定义边距】命令，则会弹出【页面设置】对话框，在【页边距】选项卡中调整页边距值，最后单击【确定】按钮进行保存即可，如下图所示。

单击下拉按钮，可从弹出的列表中选择页面设置应用的范围

❷ 在【页面布局】选项卡下的【页面设置】组中，单击【纸张方向】按钮，从打开的菜单中选择纸张方向，如下图所示。

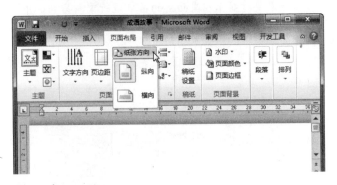

❸ 在【页面布局】选项卡下的【页面设置】组中，单击【页边距】按钮，从打开的菜单中选择页边距选项，如下图所示。

2.4.2 添加页眉和页脚

页眉和页脚是文档中每个页面的顶部、底部和两侧页边距中的区域，如下图所示。用户可以通过在页眉和页脚区域插入文本或图形来美化文档外观。下面以添加页眉为例进行介绍。

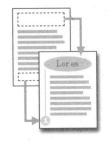

操作步骤

❶ 在【插入】选项卡下的【页眉和页脚】组中，单击【页眉】按钮，从弹出的下拉列表中选择要使用的页眉样式，如下图所示。

在【页眉和页脚工具】下的【设计】选项卡中，单击【导航】组中的【链接到前一节页眉】按钮，可以断开新节中的页眉和页脚与前一节中的页眉和页脚之间的链接。

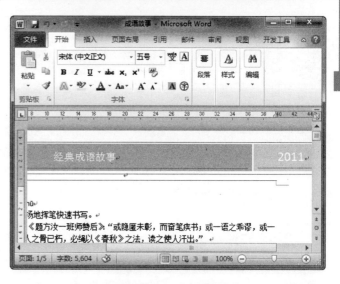

❷ 这时会在页眉区域插入选择的页眉样式，如下图所示，在【键入文档标题】提示框中输入文档标题。

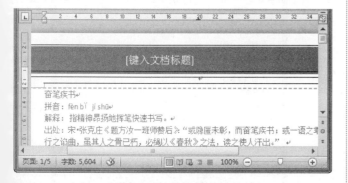

❸ 单击【选择日期】提示框，从弹出的列表中选择要插入的日期，如下图所示。

❹ 页眉设置完毕后，在文档编辑区双击，退出页眉/页脚编辑区，如右上图所示。

技巧

如果要对奇偶页使用不同的页眉(或页脚)，可以双击页眉(或页脚)区，进入页眉(或页脚)区域，然后在【页眉和页脚工具】下的【设计】选项卡中，选中【选项】组中的【奇偶页不同】复选框，如下图所示，接着对奇数页和偶数页分别设置页眉(或页脚)内容，设置完毕后单击【关闭】组中的【关闭页眉和页脚】按钮即可。

2.4.3　插入分页符与分节符

如果在包含很多页的文档中插入手动分页符，在编辑文档时可能需要频繁地重新分页。为了避免手动重新分页的困难，用户可以通过设置来控制 Word 放置自动分页符的位置。

1．插入分页符

在文档中的任何位置都可以插入分页符，其操作步骤如下。

操作步骤

❶ 将光标定位到新页开始位置，然后在【插入】选项卡

在【开始】选项卡下的【段落】组中，单击【显示/隐藏编辑标记】按钮，可以在文档中显示出插入的分页符(或分栏符)位置。

下的【页】组中，单击【分页】按钮，如下图所示。

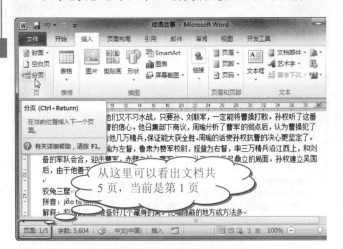

从这里可以看出文档共5页，当前是第1页

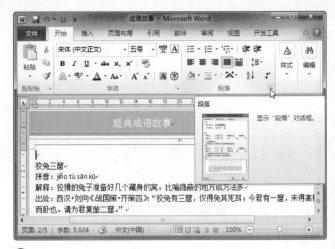

④ 弹出【段落】对话框，切换到【换行和分页】选项卡中，然后在【分页】选项组中选中【段中不分页】复选框，再单击【确定】按钮，如下图所示。

技巧

在指定新页开始位置后，还可以通过在【页面布局】选项卡下的【页面设置】组中单击【分隔符】按钮，接着从打开的下拉列表中选择【分页符】命令来添加分页符，如下图所示。

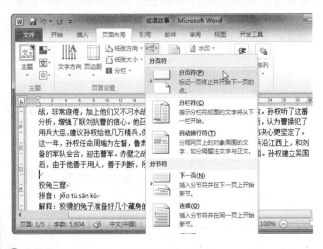

② 这时在光标位置处插入一个分页符，光标后的内容变成第2页的内容了，如下图所示。

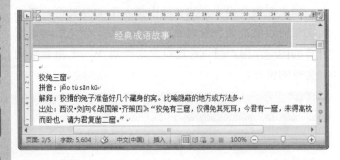

③ 为了防止在一段中间分页，可以在【开始】选项卡下的【段落】组中，单击段落对话框启动器按钮，如右上图所示。

提示

【分页】选项组中各选项的含义如下。

❖ 【孤行控制】：选择要防止出现孤行的段落，然后选中该复选框，可以防止在页面的末尾仅显示新段的第一行，或是在新页的开头仅显示上页段落的最后一行。

❖ 【与下段同页】：选中该复选框，可以防止在一页上的段落之间出现分页符。

❖ 【段中不分页】：选中该复选框，可以防止在段落中间出现分页符。

❖ 【段前分页】：单击要位于分页符后的段落，然后选中该复选框，可以在段落前指定分页符。

如果在页面顶部仅显示段落的最后一行，或者在页面底部仅显示段落的第一行，则将这样的行称为孤行。

2. 插入分节符

使用分节符，可以改变文档中一个或多个页面的版式或格式。例如，可以将单列页面的一部分设置为双列页面；或是分隔文档中的各章，以便每一章的页码编号都从 1 开始；也可以为文档的某节创建不同的页眉或页脚。插入分页符的操作非常简单，首先将光标定位到要插入分节符的位置，然后在【页面布局】选项卡下的【页面设置】组中，单击【分节符】按钮，接着从打开的下拉列表中的【分节符】区域中选择需要的分节符类型即可，如下图所示。

在【分节符】区域中，各命令的含义如下。

❖ 【下一页】命令：用于插入一个分节符，并在下一页开始新的节，如下图所示。该类型的分节符主要适用于在文档中开始新章。

双虚线代表一个分节符

❖ 【连续】命令：用于插入一个分节符，并在同一页上开始新节，如右上图的左图所示。连续分节符适用于在一页中实现一种格式更改。

❖ 【偶数页】或【奇数页】命令：用于插入一个分节符，并在下一个偶数页或奇数页开始新节。如果要使文档的各章始终在奇数页或偶数页开始，可使用【偶数页】或【奇数页】分节符命令，如右上图的右图所示为插入【偶数页】分

页符后的效果。

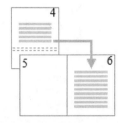

2.4.4　插入页码

页码与页眉和页脚相关联，用户可以将页码添加到文档的顶端、底端或页边距中。下面以在页面低端插入页码为例进行介绍，具体操作方法如下。

❓ 提示 ❋

如果用户对文档的页眉和页脚设置了奇偶页不同，在插入页码时，也要针对奇偶页分别插入页码样式。

操作步骤

❶ 在【插入】选项卡下的【页眉和页脚】组中，单击【页码】按钮，从打开的菜单中选择页码位置，这里选择【页面底端】命令，接着在弹出的下拉列表中选择页码样式，如下图所示。

✅ 技巧 ❋

如果在上图中找不到喜欢的页码样式，可以选择【设置页码格式】命令，接着在弹出的【页码格式】对话框中设置页码的编号格式和页码编号，最后单击【确定】按钮，如下图所示。

学以致用系列丛书

分节符控制它前面的文本节的格式。删除某分节符会同时删除该分节符之前的文本节的格式。该段文本将成为后面的节的一部分并采用该节的格式。

2.5 文档的预览和打印

文档编辑完成后，为了方便阅读，可以将文档打印出来。不过在打印之前，最好先预览一下设置的效果，及时对不满意的地方进行调整。

2.5.1 打印预览文档

在 Word 2010 中预览文档的方法如下。

操作步骤

❷ 选中页码中的图形，然后在【绘图工具】下的【格式】选项卡中，单击【形状样式】组中的【形状填充】按钮，从打开的下拉列表中选择填充颜色，如下图所示。

❶ 单击【文件】选项卡，并在打开的 Backstage 视图中选择【选项】命令，打开【Word 选项】对话框。

❷ 在左侧窗格中单击【快速访问工具栏】选项，接着在右侧的【从下列位置选择命令】下拉列表框中选择【不在功能区中的命令】选项，接着在列表框中选择【打印预览和打印】命令，再单击【添加】按钮，最后单击【确定】按钮进行保存，如下图所示。

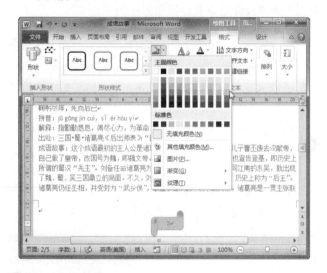

❸ 页码设置完毕后，在文本编辑区双击，退出页眉/页脚区域，添加的页码效果如下图所示。

❸ 在快速访问工具栏中单击【打印预览和打印】按钮，如下图所示。

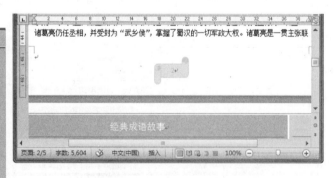

❹ 这时将会切换至 Backstage 视图，在右侧窗格即可预览文档内容了，如下图所示。

提示

保存在页眉/页脚或页边距中的信息显示为灰色，并且不能与文档正文信息同时进行更改。要更改页眉/页脚或页边距中的信息，可以双击页眉或页脚区，然后在【页眉和页脚工具】下的【设计】选项卡中，通过【页眉和页脚】组中的命令进行修改。

新版的 Word 2010 提供了一系列新增和改进的工具，令人印象深刻的格式效果(如渐变填充和映像)、改进的图片编辑工具以及许多可自定义的 Office 主题等。

2.5.2　打印文档

如果对预览效果非常满意，下面就来打印文档吧。

操 作 步 骤

❶ 切换到【文件】选项卡，并在打开的 Backstage 视图中选择【打印】命令，如下图所示。

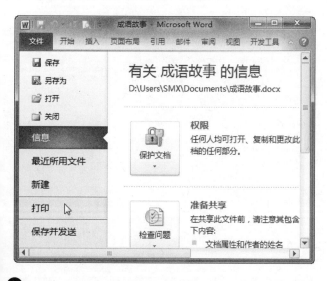

❷ 接着在中间窗格设置打印参数，设置完毕后单击【打印】按钮，即可开始打印文档了，如右上图所示。

2.6　思考与练习

选择题

1. 在编辑 Word 2010 文档中，Ctrl+A 组合键可以_____。

　　A. 选定整个文档　　　　B. 选定一段文字

　　C. 选定一个句子　　　　D. 选定多行文字

2. 新建空白文档的快捷键是_____。

　　A. Ctrl+ Y　　　　　　B. Ctrl+Z

　　C. Ctrl+O　　　　　　D. Ctrl+ N

3. 在 Word 2010 中，如果要将文档中的所有"电脑"一词修改成"计算机"，可能使用的功能是_____。

　　A. 查找　　　　　　　B. 替换

　　C. 自动替换　　　　　D. 改写

4. 在【页面布局】选择卡中，不能进行_____操作。

　　A. 插入分页符　　　　B. 插入分节符

　　C. 插入页码　　　　　D. 设置页面

学以致用系列丛书

删除某分节符的方法是在【视图】选项卡下的【文档视图】组中，单击【普通视图】按钮，切换到普通视图模式，这时会显示出文档中的所有分页符(双虚线)，然后选中要删除的分页符，按 Delete 键即可删除。

29

5. 在 Word 文档中，可以将页码插入文档的_____。

    A. 页眉区　　　　　　　　B. 页脚区

    C. 页边距　　　　　　　　D. ABC

操作题

1. 新建一个名称为"心情日记.docx"的文档，然后在该文档中写一篇日记。

2. 打开"心情日记.docx"文档，然后将当天日期、和天气状况等信息添加到页眉中。

3. 将"心情日记.docx"文档打印出来。

打印特定章节的文档内容的方法是：在文档窗口中选择【文件】|【打印】命令，接着在中间窗格中的【设置】组中单击【打印所有页】选项，从打开的菜单中选择【打印自定义范围】命令，再在【页数】文本框中输入要打印的页或节，再……

第 3 章

富丽堂皇——排版文档

爱美之心，人皆有之。整齐美观的文档不仅具有很强的可读性，更能给人以视觉上的享受。本章将重点介绍排版美化文档的各种方法与技巧，以帮助用户制作各种图文并茂的文档。

 学习要点

- ❖ 设置字体与段落格式
- ❖ 设置项目符号和编号
- ❖ 添加边框和底纹
- ❖ 添加图片
- ❖ 添加文本框
- ❖ 添加艺术字
- ❖ 分栏

 学习目标

通过对本章的学习，读者首先应该掌握一些文字排版方法，包括设置文字格式、设置段落格式、添加项目符号和编号、设置边框和底纹等操作；其次要求掌握图片、文本框以及艺术字等内容的添加及设置方法；最后要求掌握分栏排版的技巧。

3.1　设置字体与段落格式

Word 2010 中提供了多种设置文本属性的方法，比如设置字体格式与段落格式，操作起来非常方便。

3.1.1　设置字体格式

字体格式包括字体样式、大小、粗细以及颜色等参数，下面将为大家介绍两种方法。

1. 使用【字体】组中的按钮设置字体格式

通过【字体】组中的按钮，可以逐项设置字体的外观效果，具体操作方法如下。

操作步骤

❶ 打开"成语故事"文档，位置在光盘中的"图书素材\第3章"文件夹中。然后在文档中选中需要设置字体格式的文本，接着在【开始】选项卡下的【字体】组中单击【字号】下拉列表框右侧的下拉按钮，并从弹出的下拉列表中选择字号大小，如下图所示。

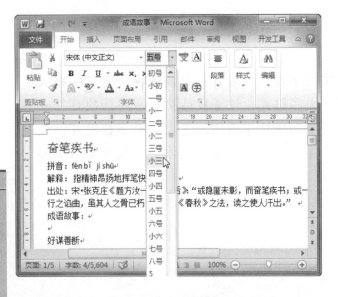

✓ **技巧**

选中要设置的文本，然后在【开始】选项卡的【字体】组中，直接在【字号】下拉列表框中输入数值，按 Enter 键确认后，也可以调整字体的大小。

❷ 接着在【字体】组中单击【字体】下拉列表框右侧的下拉按钮，从弹出的下拉列表中选择一种字体样式(例如选择【黑体】选项)，如右上图所示。

❸ 在【字体】组中单击【字体颜色】按钮旁边的下三角按钮，从弹出的下拉列表中选择一种字体颜色，如下图所示。

❹ 选择要加粗的文本，然后在【字体】组中单击【加粗】按钮 **B**，可对文字加粗，如下图所示。再次单击【加粗】按钮，可取消对文本的加粗效果。

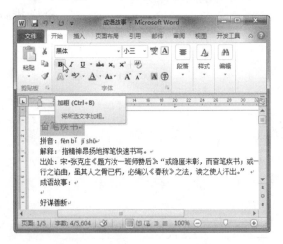

❺ 选择要倾斜的文本，然后在【字体】组中单击【倾斜】按钮 *I*，可使文字倾斜，如下图所示。再次单击【倾斜】按钮，可取消设置的文本倾斜效果。

 要使字体更大，可以通过在【字体】组中单击【增大字体】按钮 A˄ 或按 Ctrl+Shift+>组合键来调整；要使字体更小，则是在【字体】组中单击【缩小字体】按钮 A˅ 或按 Ctrl+Shift+<组合键。

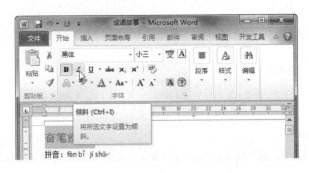

6 选择要添加下划线的文字，然后在【字体】组中单击【下划线】按钮旁边的下三角按钮，从弹出的下拉列表中选择线条样式，如下图所示。

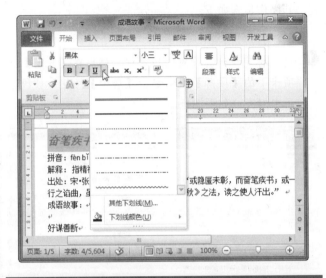

2. 使用【字体】对话框设置字体格式

利用【字体】对话框可以快速设置字体格式，具体操作如下。

操作步骤

1 首先选择要设置的文本，然后在【开始】选项卡下的【字体】组中单击对话框启动器按钮，如下图所示。

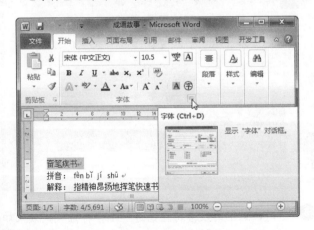

2 弹出【字体】对话框，然后在【字体】选项卡中设

置字体格式，如下图所示。

3 切换到【高级】选项卡，然后在【间距】下拉列表框中选择【加宽】选项，接着设置【磅值】为【4磅】，最后单击【确定】按钮，如下图所示。

4 设置后的效果如下图所示。

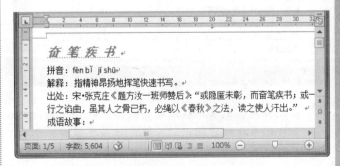

Word 2010 的界面非常人性化，只要把箭头移动到按钮上，就会出现一个解释该按钮的文本框。动手移动鼠标看看吧，熟悉各种按钮的用途对以后更加熟练地使用 Word 2010 是非常有利的。

3.1.2 设置段落格式

如果要创建一个排版美观、大方的文档，设置段落格式是必不可少的操作。段落格式包括段落缩进、对齐方式以及行间距等参数。

1. 通过水平标尺设置段落缩进

通过水平标尺可以快速设置段落缩进。水平标尺中有首行缩进、左缩进、右缩进和悬挂缩进四种标记，如下图所示。

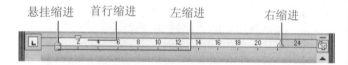

下面简要介绍这四种标记的作用。

❖ 首行缩进：拖动该标记，可以设置段落首行第一个字的位置，在中文段落中一般采用这种缩进方式，默认缩进两个字符。

❖ 悬挂缩进：拖动该标记，可以设置段落中除第一行以外的其他行左边的起始位置。

❖ 左缩进：设置左缩进时，首行缩进标记和悬挂缩进标记会同时移动。左缩进可以设置整个段落左边的起始位置。

❖ 右缩进：拖动该标记，可以设置段落右边的缩进位置。

下面以设置首行缩进和悬挂缩进为例进行讲解。

操作步骤

❶ 把光标定位到要设置缩进的段落的段首位置，然后拖动首行缩进标记，设置首行缩进，如下图所示。

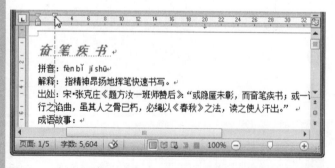

❷ 将光标定位到要悬挂缩进的段落的段首位置，然后拖动悬挂缩进标记，设置段落悬挂缩进，如右上图所示。

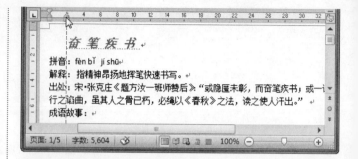

2. 通过按钮设置段落格式

下面介绍如何通过【段落】组中的按钮设置段落格式，其操作步骤如下。

操作步骤

❶ 将光标定位到要设置的段落中，然后在【开始】选项卡下的【段落】组中单击【居中】按钮，让段落居中对齐，如下图所示。

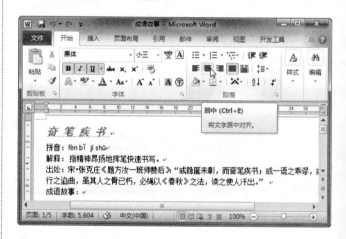

❷ 选择要进行缩进的段落，然后在【段落】组中单击【增加缩进量】按钮，如下图所示。

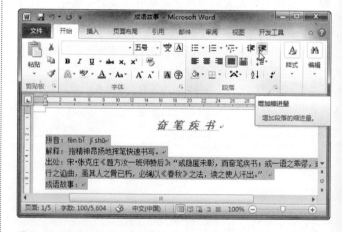

❸ 这时，选中的段落将左缩进一个字符位置，效果如下图所示。

缩进决定了段落到左右页边距的距离。在页边距内，可以增加或减少一个段落或一组段落的缩进，还可以创建反向缩进(即凸出)，使段落超出左边的页边距。

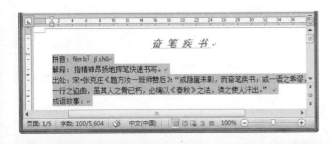

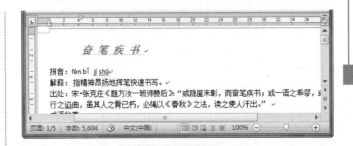

3. 通过【段落】对话框设置段落缩进

如果要进行比较精确的设置，可以通过【段落】对话框来设置段落格式。

操作步骤

❶ 将光标定位到要设置的段落中，然后在【开始】选项卡下的【段落】组中，单击对话框启动器按钮，如下图所示。

❷ 弹出【段落】对话框，并切换到【缩进和间距】选项卡，然后设置【对齐方式】为【左对齐】，并从【特殊格式】下拉列表框中选择【首行缩进】选项，接着单击【行距】下拉列表框右侧的下拉按钮，从弹出的下拉列表中选择【1.5 倍行距】选项，如下图所示，再设置【段前】、【段后】值为【0.5 行】。

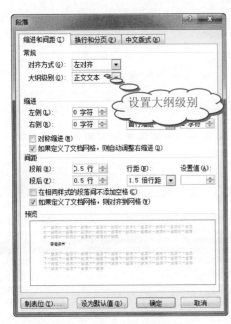

❸ 设置完毕后单击【确定】按钮，最终效果如右上图所示。

3.2 设置项目符号与编号

在排版文档的过程中，如果需要强调某些段的层次结构，可以使用项目符号和编号。下面一起来研究一下吧。

3.2.1 设置项目符号

在文档中使用项目符号的操作方法如下。

操作步骤

❶ 选择要添加项目符号的段落，然后在【开始】选项卡下的【段落】组中单击【项目符号】按钮旁边的下三角按钮，从弹出的列表中选择需要的项目符号，如下图所示。

技巧

如果在步骤 1 中找不到需要的项目符号，可以单击【定义新项目符号】命令，弹出【定义新项目符号】对话框，如下图所示。然后单击【符号】按钮，接着从弹出的对话框中选择需要的符号即可。

学以致用系列丛书

行距决定段落中各行文字之间的垂直距离。段落间距决定段落上方和下方的空间。默认情况下，各行之间是单倍行距，每个段落后的间距会略微大一些。

❷ 添加项目符号后的效果如下图所示。

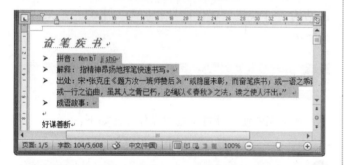

3.2.2　使用项目编号

使用项目编号的操作类似于项目符号的操作，其操作方法如下。

操作步骤

❶ 选择要添加编号的段落，然后在【段落】组中单击【编号】按钮旁边的下三角按钮，从弹出的列表中选择需要的编号形式，如下图所示。

❷ 添加编号后的效果如右上图所示。

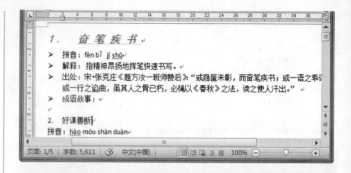

3.2.3　设置多级列表

多级列表通过不同级别来显示列表项。用户可以从库中选择多级列表样式。

操作步骤

❶ 选择要设置多级列表的段落，然后在【开始】选项卡下的【段落】组中单击【多级列表】按钮旁边的下三角按钮，从弹出的列表中选择需要的多级列表样式，如下图所示。

❷ 添加多级列表后的效果如下图所示。

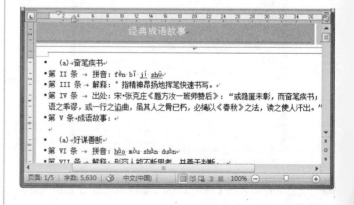

在对段落设置缩进或间距值时，除了可以使用字符作为单位外，还可以使用【厘米】、【磅】作为单位，例如【首行缩进】为"0.74厘米"，则表示将首行缩进0.74厘米的距离。

3.3　添加边框与底纹

在 Word 2010 中，边框可以加强文档各部分的效果，使其更有吸引力。

3.3.1　添加文本边框

添加文本边框，可以将文本与文档的其余部分区分开。

操作步骤

❶ 选择要添加边框的段落，然后在【开始】选项卡下的【段落】组中单击【边框】按钮旁边的下三角按钮，从打开的菜单中选择【边框和底纹】命令，如下图所示。

技巧

在上图中的【边框】下拉菜单中，用户可以通过单击列表框中【外侧框线】命令来添加段落边框。

❷ 弹出【边框和底纹】对话框，并切换到【边框】选项卡，然后在【设置】列表中选择【方框】选项，接着在【样式】列表框中选择线条样式，并设置【颜色】为【橙色】，再单击【应用于】下拉列表框右侧的下拉按钮，从弹出的列表中选择【段落】选项，如右上图所示。

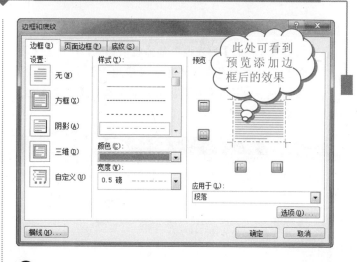

此处可看到预览添加边框后的效果

❸ 设置完毕后，单击【确定】按钮，效果如下图所示。

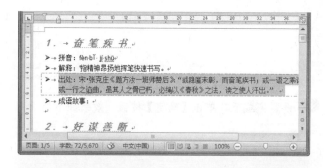

3.3.2　添加页面边框

用户可以在文档中向每个页面的任何一边或所有边添加边框，也可以只向某节中的页面、首页或除首页之外的所有页面添加边框，它们的操作方法是相同的。

操作步骤

❶ 在【页面布局】选项卡下的【页面背景】组中单击【页面边框】按钮，如下图所示。

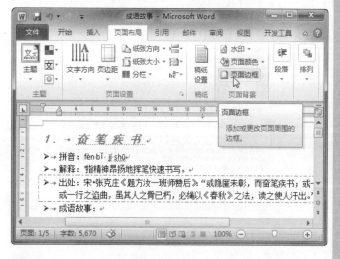

❷ 弹出【边框和底纹】对话框，并切换到【页面边框】

如果要删除边框的一边，例如，删除上边框之外的所有边框，可以在【边框和底纹】对话框下的【边框】选项卡的【预览】选项组中单击图表中要删除的边框按钮即可。

学以致用系列丛书

选项卡，然后在【设置】列表中选择【方框】选项，接着在【样式】列表框中选择线条样式，并设置【颜色】为【水绿色】，再单击【应用于】下拉列表框右侧的下拉按钮，从弹出的列表中选择【整篇文档】选项，如下图所示。

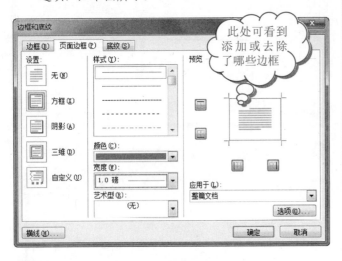

③ 设置完成后，单击【确定】按钮，效果如下图所示。

3.3.3　添加底纹

对段落或者文档设置底纹，可以起到很好的强调效果。下面以给段落设置底纹为例进行讲解。

操作步骤

❶ 选择要设置底纹的段落，然后在【页面布局】选项卡下的【页面背景】组中单击【页面边框】按钮。

❷ 弹出【边框和底纹】对话框，并切换到【底纹】选项卡，然后单击【填充】下拉列表框右侧的下拉按钮，从弹出的下拉列表中选择【水绿色】选项，如下图所示。

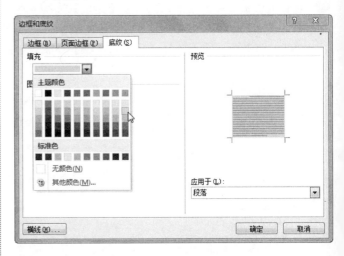

❸ 单击【确定】按钮，设置底纹后的效果如下图所示。

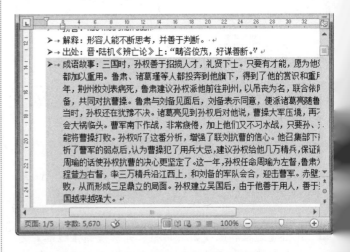

✔技巧❄

选择要设置底纹的段落后，在【开始】选项卡下的【段落】组中单击【底纹】按钮旁边的下三角按钮，接着从打开的菜单中选择需要的颜色，也可以为段落添加底纹效果。

Microsoft PowerPoint 和 Excel 2010 可以使用相同的 Office 主题，以便方便地为所有文档赋予一致、专业的外观

3.4　添加图片

美观的文档，当然不仅是靠字体与段落设置，在文档中插入图片，会让文档锦上添花。

3.4.1　插入与编辑图片

用户可以在 Word 2010 中插入图片，其操作方法如下。

1. 插入图片

插入图片的操作步骤如下。

操作步骤

❶ 将光标定位到要插入图片的位置，然后在【插入】选项卡下的【插图】组中单击【图片】按钮，如下图所示。

❷ 弹出【插入图片】对话框，选择需要的图片，再单击【插入】按钮，如下图所示。

❸ 图片插入文档中的效果如右上图所示。

2. 调整图片的大小和位置

在插入图片后，需要对图片进行格式设置，其操作方法如下。

操作步骤

❶ 右击图片，从弹出的快捷菜单中选择【大小和位置】命令，如下图所示。

❷ 弹出【布局】对话框，在【大小】选项卡下调整图片的【高度】和【宽度】值，再单击【确定】按钮，如下图所示。

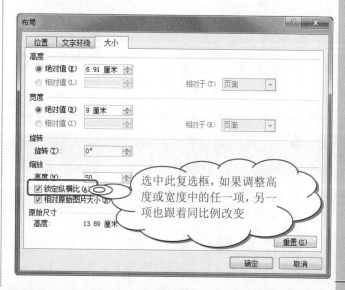

选中此复选框，如果调整高度或宽度中的任一项，另一项也跟着同比例改变

单击选中图片，把鼠标移到图片的控点上，这时指针变为双箭头形状。按住鼠标左键不放，移动鼠标可以改变图片的宽度或高度。

✅ **技巧** ❄

　　选中图片，然后在【图片工具】下的【格式】选项卡中的【大小】组中调整【宽度】和【高度】值，也可以调整图片大小，如下图所示。

❸ 在【图片工具】下的【格式】选项卡中，单击【排列】组中的【位置】按钮，从弹出的下拉列表中选择【底端居左，四周型文字环绕】选项，如下图所示。

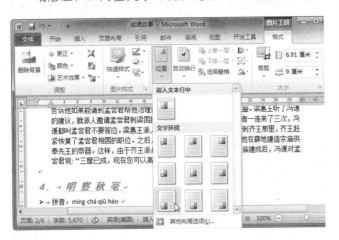

❹ 其效果如下图所示。

3.4.2 　插入与编辑剪贴画

　　在 Word 2010 中内置了很多剪贴画，下面介绍一下如何将它们插入到文档中，其操作步骤如下。

操作步骤

❶ 将光标定位到要插入剪贴画的位置，然后在【插入】

选项卡下的【插图】组中单击【剪贴画】按钮，如下图所示。

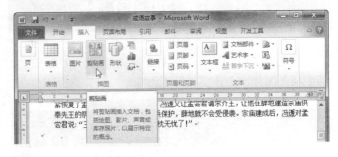

❷ 打开【剪贴画】窗格，在【搜索文字】文本框中输入关键字，并单击【搜索】按钮，接着在列表框中单击要插入的剪贴画，如下图所示。

❸ 这时，选中的剪贴画就被插入文档中了，如下图所示。

❹ 单击剪贴画，然后在【图片工具】下的【格式】选项卡中，单击【图片样式】组中的【其他】按钮▼，从弹出的下拉列表中选择【矩形投影】选项，如下图所示。

　　要查看 Word 中某些文字应用的格式，可以按 Shift+F1 组合键，然后单击该文字，查看完毕后，再按一下 Shift+F1 组合键就可退出这种状态。

⑤ 在【图片工具】下的【格式】选项卡中，单击【调整】组中的【颜色】按钮，从弹出的下拉列表中选择需要的颜色，如下图所示。

⑥ 在【格式】选项卡下的【调整】组中，单击【更正】按钮，从弹出的下拉列表中选择亮度，如下图所示。

⑦ 右击剪贴画，从弹出的快捷菜单中选择【自动换行】|【衬于文字下方】命令，如下图所示。

⑧ 这时即可发现图片被置于文字下方了，效果如下图所示。

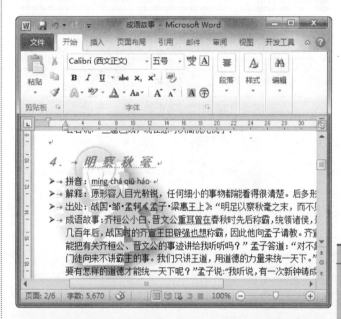

3.4.3　插入与编辑自选图形

　　除了插入图片和剪贴画外，用户也可以在文档中绘制需要的图形图像，其操作非常简单。

1. 绘制自选图形

　　下面以在文档中绘制竖卷形图形为例进行介绍。

操作步骤

❶ 在【插入】选项卡下的【插图】组中单击【形状】按钮，从弹出的下拉列表中选择【竖卷形】选项，

在默认情况下，插入文档中的图片、剪贴画、艺术字等内容的环绕方式都是嵌入型。

如下图所示。

❷ 这时鼠标指针会变成加号形状,在文档中按下鼠标左键拖动绘制竖卷形图形,如下图所示。

❸ 松开鼠标,绘制的自选图形如下图所示。

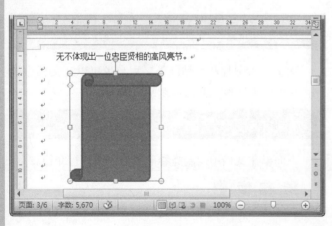

2. 美化自选图形

插入的自选图形没有经过任何修饰,看起来非常单调。下面就来美化一下自选图形吧。

操作步骤

❶ 右击自选图形,从弹出的快捷菜单中选择【添加文字】命令,如下图所示。

❷ 这时光标将被插入自选图形中,然后输入文本内容,如下图所示。

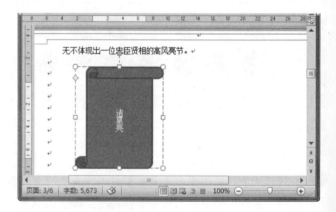

❸ 使用【开始】选项卡下的【字体】组中的命令,设置自选图形中文本的字体格式为【华文行楷】、【三号】,效果如下图所示。

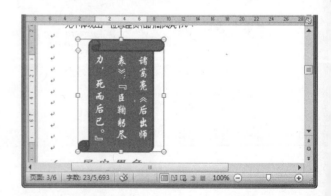

嵌入就是将某程序创建的信息(例如图表或公式)插入其他程序中。嵌入对象后,该信息即成为文档的一部分,对该对象所做的任何更改都将在文档中反映出来。

④ 选中自选图形，然后在【绘图工具】下的【格式】选项卡中，单击【形状样式】组中的【形状填充】按钮，从打开的菜单中选择【橄榄色】选项，如下图所示。

⑤ 在【绘图工具】下的【格式】选项卡中，单击【形状样式】组中的【形状轮廓】按钮，从打开的菜单中选择【黄色】选项，如下图所示。

✅技巧❄

　　右击自选图形，从弹出的快捷菜单中选择【设置形状格式】命令，然后在弹出的【设置形状格式】对话框中设置【填充】、【线条颜色】、【线型】等选项的参数，也可以美化自选图形，如右上图所示。

3.4.4　插入屏幕截图

　　屏幕截图是 Word 2010 的新增功能，利用屏幕截图可以随时随地截取当前正在编辑的窗口的图片。

操作步骤

① 在【插入】选项卡下的【插图】组中单击【屏幕截图】按钮，从打开的菜单中选择【屏幕剪辑】命令，如下图所示。

② 这时即可发现桌面已被冻结，在需要剪辑的位置按住鼠标左键拖动，如下图所示。

　　通过链接到图片，可以减小文件的大小，方法是在【插入图片】对话框中，单击【插入】旁边的下三角按钮，然后选择【链接到文件】命令。

❸ 拖到合适位置后释放鼠标，刚才选中的图片就被添加到文档中了，效果如下图所示。

3.5 添加文本框

文本框作为存放文本的容器，可以放置在页面上的任何位置，并可任意调整其大小。

3.5.1 插入文本框

插入文本框可以实现文字的混排，做出各种奇妙效果。

操作步骤

❶ 在【插入】选项卡下的【文本】组中，单击【文本框】按钮，从弹出的下拉列表中选择文本框样式，如下图所示。

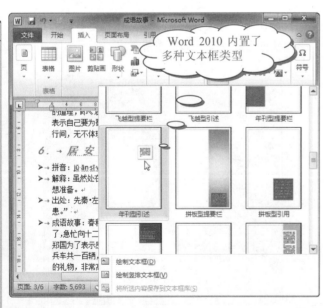

❷ 这时会在文档中插入选中的文本框，如右上图所示，

然后修改文本框值的内容。

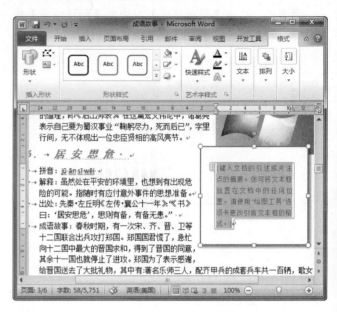

✓ 技巧

在【插入】选项卡下的【插图】组中单击【形状】按钮，从弹出的下拉列表中选择【文本框】(或【垂直文本框】)选项，可以在文档中插入简单样式的文本框，如下图所示。

3.5.2 编辑文本框

下面再来介绍如何编辑文本框，使它变得更漂亮。

操作步骤

❶ 选中已创建的文本框，然后在【绘图工具】下的【格式】选项卡中，单击【形状样式】组中的【其他】按

插入文本框时，既可以插入横排文本框，也可以插入竖排文本框。实际上任何一段文本都可以在选取后改变其文字方向。

钮 ，从弹出的列表中选择形状样式，如下图所示。

② 在【格式】选项卡下的【形状样式】组中，单击【形状轮廓】按钮，从弹出的列表中选择轮廓颜色，如下图所示。

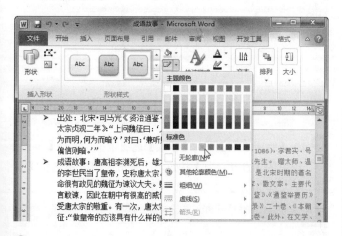

③ 在【格式】选项卡下的【形状样式】组中，单击【形状轮廓】按钮，从子菜单中选择【粗细】|【1.5磅】命令，如下图所示。

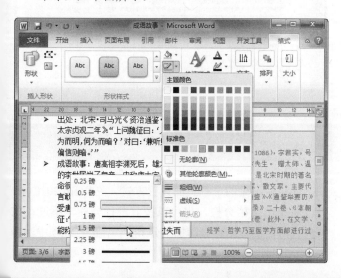

3.6 添加艺术字

艺术字是一个文字样式库，用户可以使用艺术字来强调一些特殊的文本内容。

3.6.1 插入艺术字

在文档中插入艺术字的方法如下。

操作步骤

① 在【插入】选项卡下的【文本】组中，单击【艺术字】按钮，从弹出的下拉列表中选择艺术字样式，如下图所示。

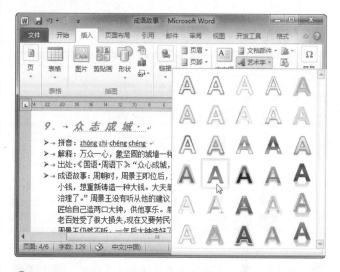

② 这时将会出现"请在此放置您的文字"字符，如下图所示。

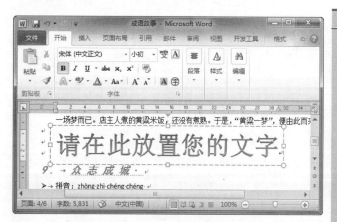

③ 接着输入文本内容，效果如下图所示。

设置自选图形中的文字居中显示的方法：选中自选图形，然后单击鼠标右键，并从弹出的快捷菜单中选择【设置自选图形格式】命令，在弹出的【设置自选图形格式】对话框中的【文本框】选项卡的【垂直对齐方式】组中单击【居中】按钮

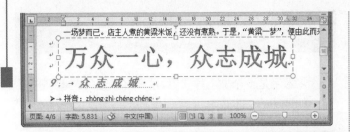

3.6.2 编辑艺术字

为了使插入的艺术字与众不同，下面来设置艺术字的格式。

操作步骤

❶ 在【绘图工具】下的【格式】选项卡中，单击【形状样式】组中的【其他】按钮 ，从弹出的列表中选择形状样式，如下图所示。

❷ 在【格式】选项卡下的【形状样式】组中，单击【形状效果】按钮，从弹出的列表中选择【三维旋转】命令，接着从子菜单中选择旋转效果，如下图所示。

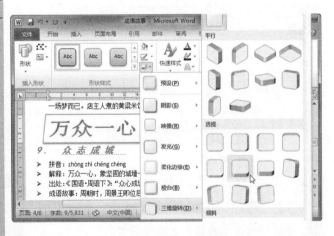

❸ 在【格式】选项卡下的【艺术字样式】组中单击【文本轮廓】按钮，从弹出的列表中选择轮廓颜色，如右上图所示。

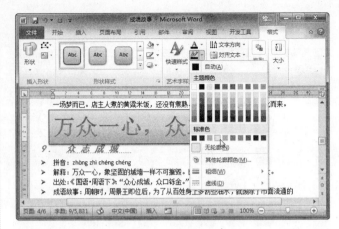

❹ 在【绘图工具】下的【格式】选项卡中，单击【排列】组中的【对齐】按钮，从弹出的列表中选择【左右居中】命令，如下图所示。

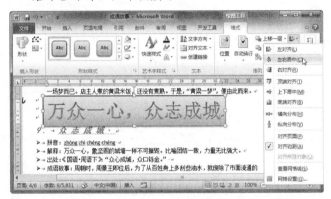

❺ 在【绘图工具】下的【格式】选项卡中，单击【排列】组中的【自动换行】按钮，从弹出的列表中选择【衬于文字下方】命令，如下图所示。

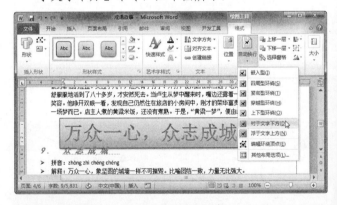

3.7 分 栏

分栏是常见的一种页面设置方式。在 Word 2010 中，可以对整个文档分栏，也可以按节进行分栏，不过在按节分栏时需要在两栏之间加上分节符，在分栏选项中选择应用于节即可。

在制作艺术字时，既可以选择艺术字样式后再输入艺术字的内容；也可以选中已有的文字，然后将其转变为艺术字

3.7.1 设置分栏

在文档中插入艺术字的方法如下。

操作步骤

❶ 选择要分栏的内容，然后在【页面布局】选项卡下的【页面设置】组中单击【分栏】按钮，从打开的菜单中选择想要划分的栏数，这里选择【两栏】命令，如下图所示。

❷ 这时，选中的段落将以两栏形式排版，效果如下图所示。

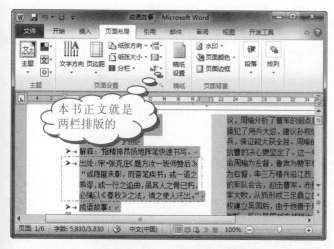

本书正文就是两栏排版的

技巧

如果在步骤 1 中选择【更多分栏】命令，则会弹出【分栏】对话框，在这里可以自定义栏数、分栏的宽度、栏与栏之间的间距等参数，最后单击【确定】按钮保存记录，如右上图所示。

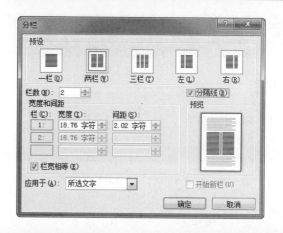

3.7.2 设置通栏标题

设置通栏标题的方法如下。

操作步骤

❶ 选择标题，然后在【页面布局】选项卡下的【页面设置】组中单击【分栏】按钮，从打开的菜单中选择【一栏】命令，如下图所示。

❷ 设置后的效果如下图所示。

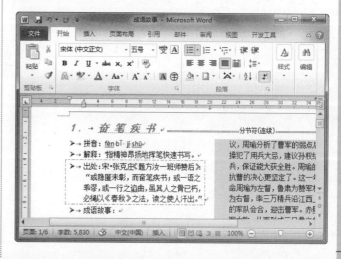

如果要在已经分栏的整篇文章中添加分隔线，在【分栏】对话框中选中【分隔线】复选框，则分栏之间将会添加分隔线。

学以致用系列丛书

3.8 思考与练习

选择题

1. Word 中共有＿＿＿＿种段落对齐方式。
   A. 4   B. 5
   C. 3   D. 6

2. 在 Word 文档中，可以设置的字体格式包括＿＿＿＿。
   A. 字体样式   B. 字号
   C. 字体颜色   D. ABC

3. 在 Word 的＿＿＿＿视图方式下，可以显示分页效果。
   A. 大纲   B. 页面
   C. Web 版式   D. 阅读版式视图

4. Word 具有插入功能，下列关于插入的说法中错误的是＿＿＿＿。
   A. 可以插入多种类型的图片
   B. 插入后的对象无法更改
   C. 可以插入声音文件
   D. 可以插入超级链接

5. 图片和剪贴画的插入是在＿＿＿＿选项卡中进行的。
   A. 【开始】   B. 【布局】
   C. 【设计】   D. 【插入】

6. 插入自选项图形时，单击＿＿＿＿按钮。
   A. 【图片】   B. 【剪贴画】
   C. 【形状】   D. 【图表】

7. 系统默认图片插入的版式是＿＿＿＿。
   A. 嵌入型   B. 浮于文字上方
   C. 四周环绕型   D. 紧密型

操作题

1. 找一篇喜欢的文章输入 Word 文档中，然后设置段落的行间距为单倍行距，设置段前段后均为"0.5 行"。

2. 在文档中插入一张图片，大小设置为原来的 60%。

3. 打开在操作题 1 中创建的文档，设置文档为两栏排列。

长见识　使用【开始】选项卡下的【剪贴板】组中的【格式刷】按钮，可以在文档中快速复制文本的字体格式和段落格式，但是不能复制艺术字文本的字体和字号。

第 4 章

一清二楚——制作与编辑表格

表格是增强文档条理性的常用手段，在文档中插入表格，可以增强文档的可读性、逻辑性及条理性，同时使文档内容上下融汇贯通、一目了然。如果您还不会在 Word 文档中使用表格，快翻开本书，一起来学习吧。

 学习要点

- ❖ 创建表格
- ❖ 合并或拆分单元格
- ❖ 调整表格的行高与列宽
- ❖ 绘制斜线表头
- ❖ 添加与删除行、列
- ❖ 调整表格内容的对齐方式
- ❖ 调整表格本身的水平对齐方式
- ❖ 文字与表格之间的相互转换
- ❖ 设置表格的边框和底纹
- ❖ 套用表格样式
- ❖ 处理表格中的数据

学习目标

通过对本章的学习，读者首先应该掌握表格的绘制方法；其次要求掌握表格的编辑操作，包括合并和拆分单元格，调整表格的行高与列宽，以及绘制斜线表头等操作；最后要求掌握一些美化表格的方法。

4.1 创建表格

Word 2010 为用户提供了丰富的表格处理功能，下面先来学习如何在 Word 2010 文档中创建表格。

4.1.1 快速创建表格

如果用户要创建的表格的行列数不是很多，可以通过【表格】命令快速创建需要的表格，其操作步骤如下。

操作步骤

❶ 新建一个名为"项目调查"的文档，然后在【插入】选项卡下的【表格】组中单击【表格】按钮，在弹出的下拉列表中选择要插入表格的行列数，如下图所示。

❷ 选择好行列数后单击鼠标左键确认，这时会在文档中插入表格，如下图所示。

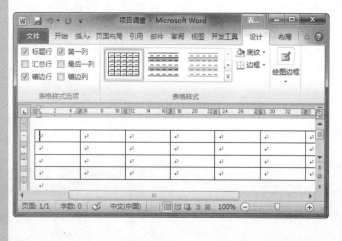

技巧

还可以使用表格模板插入基于一组预先设好格式的表格，方法是在【插入】选项卡下的【表格】组中，单击【表格】按钮，从弹出的下拉列表中选择【快速表格】命令，接着在打开的子菜单中选择需要的表格模板，如下图所示。

各种模板可供选择

4.1.2 使用【插入表格】对话框创建表格

使用【表格】命令最多可以创建 10×8 的表格，如果要创建的表格的行列数过多，可以通过【插入表格】对话框来创建表格，其操作步骤如下。

操作步骤

❶ 在【插入】选项卡下的【表格】组中单击【表格】按钮，从弹出的下拉列表中选择【插入表格】命令，如下图所示。

在 Word 2010 文档中创建的表格最多可达到 63 列，如果需要编辑更大的表格最好在 Excel 中进行。

❷ 弹出【插入表格】对话框，然后在【表格尺寸】选
项组中设置表格的列数和行数，再单击【确定】按
钮即可插入表格，如下图所示。

4.1.3 手动绘制表格

如果要创建的表格比较复杂，该怎么创建表格呢？
这时，用户可以自己动手绘制表格，其操作步骤如下。

操作步骤

❶ 在【插入】选项卡下的【表格】组中，单击【表格】
按钮，从弹出的下拉列表中选择【绘制表格】命令，
如下图所示。

❷ 绘制边框。这时，鼠标指针变为铅笔形状 🖉，在文
档编辑区中按住鼠标左键拖动，绘制表格边框，如
右上图所示。

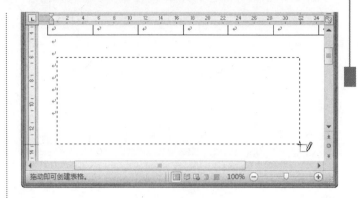

❸ 绘制横线。将鼠标指针移动到刚才绘制的矩形的左
边框上，按下鼠标左键并向右拖动到边框的另一边，
添加表格横线，如下图所示。

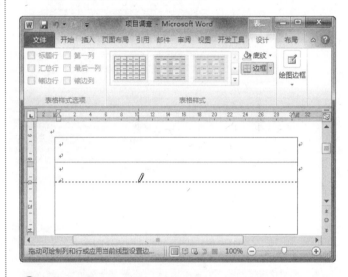

❹ 绘制竖线。绘制竖线与绘制横线的方法相似，将光
标移动到表格的上边框上，按住鼠标左键向下拖动
到边框的另一边，添加表格竖线，如下图所示。

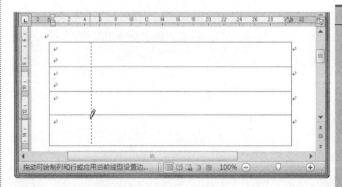

❺ 绘制斜线。将鼠标指针移动到要绘制斜线的起始端，
然后按住鼠标左键，并沿对角线方向拖动，到达另
一端时释放鼠标，即可在单元格中绘制斜线了，如
下图所示。

在【插入表格】对话框中，如果选中【根据内容调整表格】单选按钮，则当在单元格中输入过长的文本时，系统将会
自动调整表格的宽度。

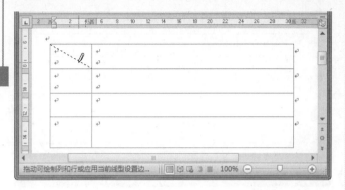

❻ 如果绘制的表格线太多了，还可以进行擦除。方法是在【表格工具】下的【设计】选项卡中，单击【绘制边框】组中的【擦除】按钮，如下图所示。

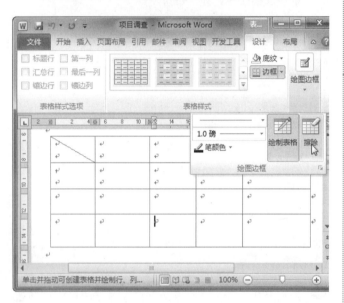

❼ 这时鼠标指针会变成橡皮擦形状 ✎，将其移动到要擦除的表格线上，再单击鼠标左键即可擦除该条表格线，如下图所示。

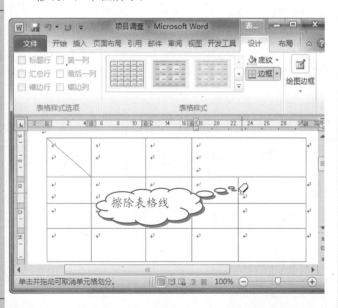

4.2 编辑表格

　　表格创建完成后，就可以对表格进行编辑操作了，包括选中单元格、合并与拆分单元格、插入与删除单元格、调整表格的行高和列宽等。

　　在对表格进行编辑之前，需要先选中单元格，然后才能进行其他操作。

操作步骤

❶ 将鼠标指针移动到要选中单元格的左侧边框线上，当指针变成指向右上方的箭头 ➚ 时，单击鼠标左键即可选中该单元格，如下图所示。

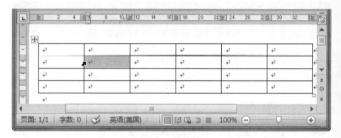

技巧

　　如果在步骤 1 中单击鼠标左键后，按住鼠标左键向上/下/左/右方向拖动鼠标，可以选中多个单元格。如下图所示是向右拖动鼠标选中多个单元格。

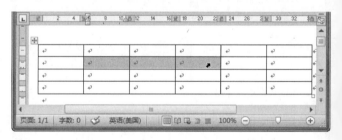

❷ 将鼠标指针移动到要选中列的上方，当指针变成向下箭头形状 ⬇ 时，单击鼠标左键即可选中该列，如下图所示。

❸ 将鼠标指针移动到要选中行的左侧，当指针变成 ⬈ 形状时，单击鼠标左键即可选中该行，如下图所示。

　　在手动绘制表格的过程中，无论是画横线还是竖线或斜线，不必在意是否精确地将开始位置定在边框或拐角上，只要在框附近，Word 2010 会自动识别位置。

④ 在表格的左上角有一个 ⊞ 图标，单击该图标即可选中整个表格，如下图所示。

② 文本输入完毕后，按向右方向键(→)，光标将移动到右侧的单元格中，可以接着向单元格中输入文本，如下图所示。如果按向下方向键(↓)，光标将被移动到下方的单元格中。

③ 如果输入了错误的内容，可以将光标定位到该单元格中，然后按 Delete 键或 BackSpace 键进行删除。

4.2.2 合并/拆分单元格

在 Word 文档中，用户可以将同一行或同一列中的两个或多个表格单元格合并为一个单元格，也可以将单个单元格拆分成多个单元格。

1. 合并单元格

合并单元格的操作步骤如下。

操作步骤

① 选中要合并的连续单元格，然后在【表格工具】下的【布局】选项卡中，单击【合并】组中的【合并单元格】按钮，如下图所示。

技巧

除此之外，还可以通过命令来选中需要的单元格，方法是：将光标定位到要选中的单元格中，然后在【表格工具】下的【布局】选项卡中，单击【表】组中的【选择】按钮，再从打开的菜单中选择需要的命令，如下图所示。

4.2.1 输入数据

看到这里，也许有些用户会问，表格还是空的，怎么向表格中输入数据呢？别急，这就是本节要介绍的内容，一起来学习吧。

操作步骤

① 将光标定位到要输入数据的单元格中，然后按 Ctrl+Shift 组合键选择需要的输入法，接着即可输入数据了，这里输入"计划投资"文本，如右上图所示。

选定整个或部分表格并右击，从弹出的快捷菜单中选择【边框和底纹】命令，然后在弹出的对话框中切换到【边框】选项卡，接着在【设置】栏中选择【无】选项，再单击【确定】按钮即可隐藏表格线。

53

❷ 这时，选中的连续单元格将被合并为一个单元格，如下图所示。

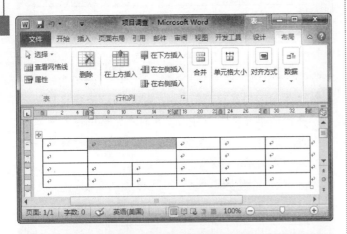

2．拆分单元格

拆分单元格的操作步骤如下。

操作步骤

❶ 将光标定位到要拆分的单元格中，然后在【表格工具】下的【布局】选项卡中，单击【合并】组中的【拆分单元格】按钮，如下图所示。

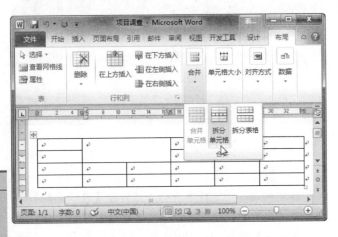

❷ 弹出【拆分单元格】对话框，设置要拆分成的列数和行数，再单击【确定】按钮，如下图所示。

❸ 这时，选中的单元格变成两个了，如右上图所示。

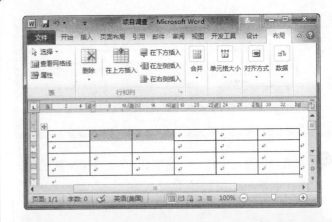

4.2.3　调整行高与列宽

下面再来研究一下如何调整表格中的行高和列宽。

1．调整表格的行高

在 Word 文档中，调整行高最简单的方法就是将鼠标指针移动到要调整行的下边框线上，当指针变成 ÷ 形状时，按下鼠标左键向上(或向下)拖动即可调整表格的行高，如下图所示。

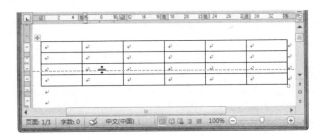

如果用户需要指定表格的行高为具体数值，则可以通过【表格属性】对话框来实现。其具体操作步骤如下。

操作步骤

❶ 右击需要调整的行，从弹出的快捷菜单中选择【表格属性】命令，如下图所示。

在表格中右击，从弹出的快捷菜单中选择【自动调整】|【根据内容调整表格】命令，可以看到表格中单元格的大小发生了变化。

❷ 弹出【表格属性】对话框，切换到【行】选项卡，然后在【尺寸】组中选中【指定高度】复选框，并在右侧的文本框中输入行高值，再单击【行高值是】下拉列表框右侧的下拉按钮，从弹出的下拉列表中选择【固定值】选项，如下图所示，最后单击【确定】按钮。

❸ 调整行高后的效果如下图所示。

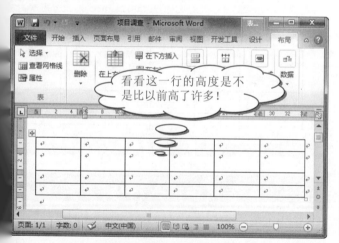

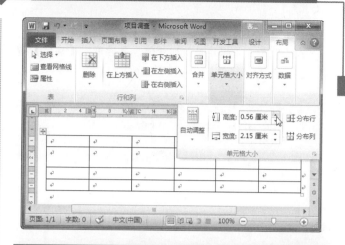

2．调整表格的列宽

调整表格列宽的方法与调整行高的方法类似，也可以将鼠标指针移动到要调整宽度的列的右侧边框线上，当鼠标指针变成 ✛ 形状时，按住鼠标左键向左(或右)拖动即可调整表格的列宽，如下图所示。

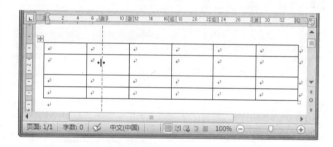

除此之外，还可以通过【表格属性】对话框来设置列宽。其具体操作步骤如下。

操作步骤

❶ 将鼠标指针定位到要调整宽度的列的任一单元格中，然后在【表格工具】下的【布局】选项卡中，单击【表】组中的【属性】按钮，如下图所示。

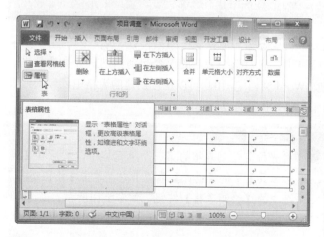

❷ 弹出【表格属性】对话框，切换到【列】选项卡，

✔技巧❄

将光标定位到要调整高度的行的任一单元格中，然后在【表格工具】下的【布局】选项卡的【单元格大小】组中单击【高度】文本框右侧的微调按钮，也可以调整表格行高，如右上图所示。

然后在【字号】选项组中选中【指定宽度】复选框，在右侧的文本框中输入列宽值，最后单击【确定】按钮，如下图所示。

❸ 调整列宽后的效果如下图所示。

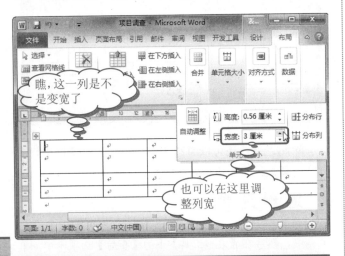

瞧，这一列是不是变宽了

也可以在这里调整列宽

4.2.4　绘制斜线表头

斜线表头一般在表格的第一行、第一列的第一个单元格中，它对整个表格的内容起到归纳、分类的效果。在 Word 文档中，用户可以在已创建的表格中绘制斜线表头，具体操作方法如下。

操作步骤

❶ 将光标定位到表格的第一个单元格中，然后在【表格工具】下的【设计】选项卡中，单击【绘图边框】组中的【绘制表格】按钮，如右上图所示。

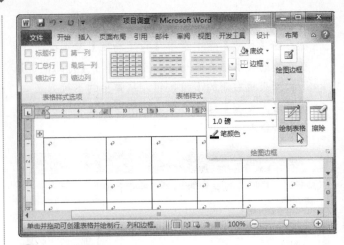

❷ 接着在单元格中绘制斜线，如下图所示。

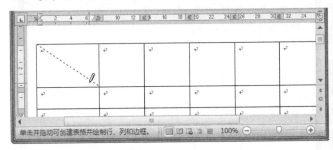

❸ 参考前面的方法，在第一个单元格中插入文本框，并输入文本内容，接着设置文本框的填充颜色为【无填充颜色】、轮廓颜色为【无轮廓】，效果如下图所示。

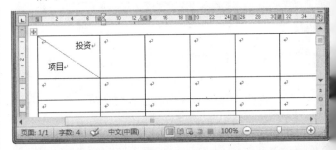

4.2.5　在表格中插入行/列

如果在创建表格之前没有计算需要的表格行列数，现在发现表格的行列数不够用，该怎么办呢？其实很简单，在创建好的表格中插入需要的行或列即可。

1. 添加列

下面以在表格右侧末尾处添加列为例，介绍如何在创建好的表格中添加新列，其操作步骤如下。

操作步骤

❶ 将光标定位在表格最后一列的任一单元格中，然后

将光标移到表格的第 1 行的第 1 个单元格内，按 Enter 键即可在表格上方插入一空行。将光标移到表格右侧换行符前，按 Enter 键可在下方插入一行单元格。

在【表格工具】下的【布局】选项卡中，单击【行和列】组中的【在右侧插入】按钮，如下图所示。

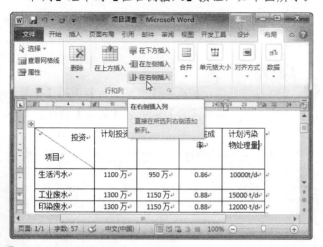

❷ 这时会在表格末尾处添加一新列，如下图所示。

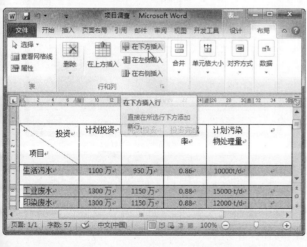

2．添加行

添加行的操作与添加列的操作类似，下面以一次性添加多行为例进行介绍，具体操作如下。

操作步骤

❶ 在已有的表格中选择与要添加行数相同的行，这里选中表格的最后三行，然后在【表格工具】下的【布局】选项卡中，单击【行和列】组中的【在下方插入】按钮，如下图所示。

❷ 这时会在表格下方插入三空行，如下图所示。

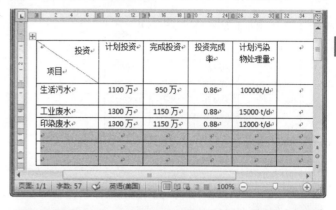

4.2.6 删除行、列与单元格

如果添加的行或列太多了怎么办？当然，用户可以使用表格工具中的橡皮擦来擦除多余的行列。如果要删除的行列过多，这个方法就显得麻烦了，下面告诉大家一个快速删除表格中多余行、列或单元格的方法，其操作步骤如下。

操作步骤

❶ 将光标定位到要删除行/列的任一单元格中，然后在【表格工具】下的【布局】选项卡中，单击【行和列】组中的【删除】按钮，从打开的菜单中选择需要的命令，如下图所示。

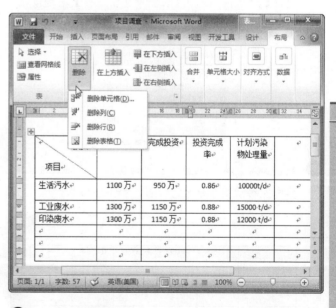

❷ 如果选择【删除列】命令，则会删除单元格所在的列，结果如下图所示。

Word 的表格两侧不能插入其他表格，不过可以把一个表格"一分为二"，间接得到双表。方法是选定表格中间作为"分"的某列后，通过【边框和底纹】对话框中的预览图取消所有的横边框，就可得到"双表"了。

3 如果选择【删除行】命令，则会删除单元格所在的行，结果如下图所示。

4 如果选择【删除表格】命令，则会删除整个表格。

5 如果选择【删除单元格】命令，则会弹出【删除单元格】对话框，选中【右侧单元格左移】单选按钮，再单击【确定】按钮，如下图所示。

6 这时，光标所在的单元格将被删除，同时右侧单元格向左移动一个单元格位置，如下图所示。

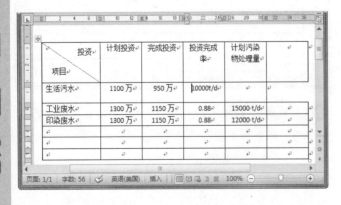

4.2.7 调整表格的对齐方式

下面再来介绍如何调整表格本身的对齐方式，其操作步骤如下。

操作步骤

1 选中整个表格，然后在【表格工具】下的【布局】选项卡中，单击【表】组中的【属性】按钮，如下图所示。

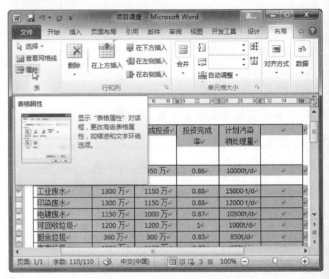

2 弹出【表格属性】对话框，切换到【表格】选项卡，然后在【对齐方式】选项组中选择对齐方式，这里单击【居中】选项，再单击【确定】按钮即可将表格水平居中对齐了，如下图所示。

4.2.8 调整表格内容的对齐方式

接下来将为大家介绍如何调整表格内容的对齐方式，具体操作如下。

 按住 Alt 键的同时，单击表格中的任一单元格，可以选中这个单元格所在的列。在按住 Alt 键的同时，双击表格中的任一单元格，可以选中整个表格。

58

操作步骤

❶ 在表格中选中要调整对齐方式的单元格，然后在【开始】选项卡下的【段落】组中，单击【左对齐】按钮，如下图所示。

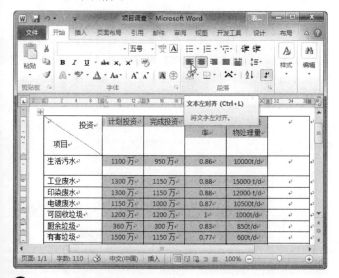

❷ 瞧，单元格中的内容左对齐了，效果如下图所示。

❸ 如果要在垂直方向设置表格内容的对齐方法，可以先选中单元格并右击，从弹出的快捷菜单中选择【表格属性】命令，如下图所示。

❹ 弹出【表格属性】对话框，切换到【单元格】选项卡，然后在【垂直对齐方式】选项组中选中【居中】选项，再单击【确定】按钮，如右上图所示。

❺ 这时，选中的单元格中的内容就垂直居中显示了，效果如下图所示。

技巧

还可以在【表格工具】下的【布局】选项卡中，单击【对齐方式】组中的相应按钮来设置表格内容的对齐方式，如下图所示。

通过这些按钮，可以快速设置表格内容的对齐方式

选中整个表格，按 Delete 键，可以将表格中的所有内容全部删除。注意，Delete 键是用来删除文字的，而 Backspace 键则是用来删除表格的单元格。

4.2.9　文字与表格之间的相互转换

在文档的编辑过程中，也许用户会遇到需要将表格转换成文本，或是将文本转换成表格的情况，该怎么实现呢？下面一起来探寻一下吧。

1. 将表格转换成文本

将表格转换成文本的操作步骤如下。

操作步骤

① 选中要转换成文本的表格，然后在【表格工具】下的【布局】选项卡中，单击【数据】组中的【转换为文本】按钮，如下图所示。

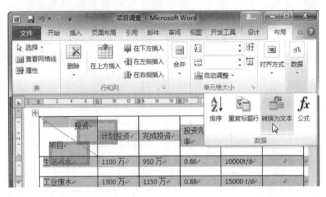

② 弹出【表格转换成文本】对话框，然后在【文字分隔符】选项组中选择需要的分隔符，这里选中【制表符】单选按钮，再单击【确定】按钮，如下图所示。

③ 这时，表格将被转换成文本，效果如下图所示。

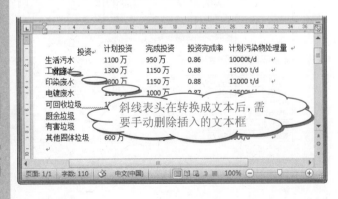

斜线表头在转换成文本后，需要手动删除插入的文本框

2. 将文本转换成表格

下面再来介绍如何将文本转换成表格，其操作步骤如下。

操作步骤

① 在文档中选择要转换为表格的文本内容，然后在【插入】选项卡下的【表格】组中单击【表格】按钮，从弹出的下拉列表中选择【文本转换成表格】命令，如下图所示。

② 弹出【将文字转换成表格】对话框，然后在【表格尺寸】选项组中设置表格的列数，接着在【"自动调整"操作】选项组中选中【固定列宽】单选按钮，再在【文字分隔位置】选项组中选中【制表符】单选按钮，最后单击【确定】按钮即可，如下图所示。

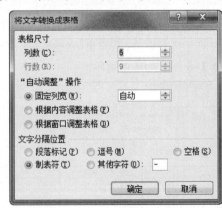

③ 这时，表格又"变"回来了，如下图所示。然后调整首行高度，再绘制斜线表头即可将表格恢复原样。

表格模板包含示例数据，可以帮助用户想象添加数据时表格的外观。

4.3 美化表格

表格编辑完成后，下面再来美化一下表格。

4.3.1 给表格增加边框与底纹

在 Word 2010 文档中，用户也可以像对文本一样，给表格添加边框和底纹，其操作步骤如下。

操作步骤

❶ 选中整个表格，然后在【表格工具】下的【设计】选项卡中的【表格样式】组中单击【边框】按钮右侧的下三角按钮，从打开的菜单中选择【边框和底纹】命令，如下图所示。

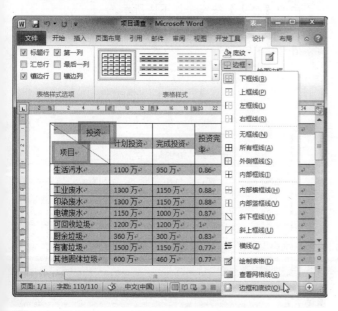

❷ 弹出【边框和底纹】对话框，切换到【边框】选项卡。然后在【设置】栏中选择【自定义】选项，接着在【样式】下拉列表框中选择需要的线条样式，并设置【宽度】为"0.5 磅"，接着在【预览】区域

单击相应的表格位置按钮，设置表格外边框线，应用该线条，如下图所示。同理设置表格内边框线。

❸ 切换到【底纹】选项卡，单击【填充】下拉列表框右侧的下拉按钮，从弹出的下拉列表中选择需要的颜色，如下图所示。

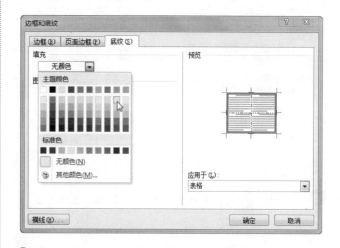

❹ 单击【确定】按钮，其效果如下图所示。

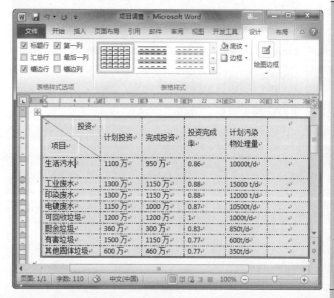

与复制文本的方法一样，表格可以全部或者部分地复制。选中要复制的单元格，单击【复制】按钮，把光标定位到要复制单元格的地方，单击【粘贴】按钮，刚才复制的单元格就形成了一个独立的表格。

4.3.2 套用表格样式

Word 2010 中内置了一些现成的表格样式外观，用户可以通过套用这些表格样式来快速美化表格，其操作步骤如下。

操作步骤

❶ 选中整个表格，然后在【表格工具】下的【设计】选项卡中，单击【表格样式】组中的【其他】按钮，从弹出的下拉列表中选择需要的表格样式，如下图所示。

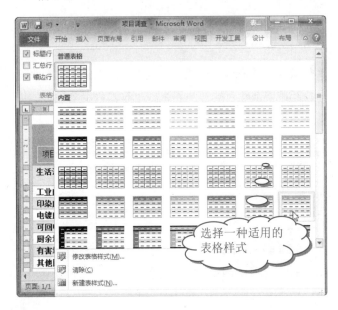

❷ 单击样式可将其应用到表格，效果如下图所示。

提示

在【表格工具】下【设计】选项卡的【表格样式选项】组中，选中或清除选中某个复选框，以应用或删除对应行或列的样式。如右上图所示为删除镶边行的效果。

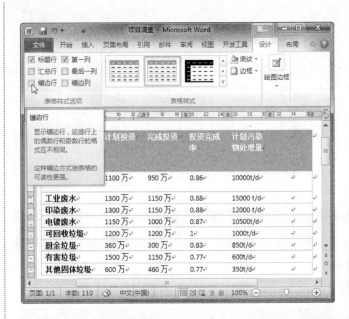

4.4 处理表格中的数据

至此，表格就调整得差不多了，下面就来计算"投资完成率"一列的数值吧，其操作步骤如下。

操作步骤

❶ 将光标定位到要进行计算的单元格中，然后在【表格工具】下的【布局】选项卡中，单击【数据】组中的【公式】按钮，如下图所示。

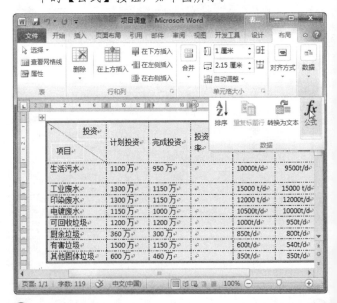

❷ 弹出【公式】对话框，然后在【公式】文本框中输入计算公式，接着单击【编号格式】下拉列表框右侧的下拉按钮，从弹出的下拉列表中选择公式结算的数据格式，再单击【确定】按钮，如下图所示。

在使用【绘制斜线表头】对话框编辑表头时，新的表头将会代替原有的表头。如果表格单元格容纳不下输入的标题，会看到提示警告，并且容纳不下的字符会被截掉。

技巧

除了手动编写公式外，用户也可以使用函数进行计算，方法是在【公式】对话框中单击【粘贴函数】下拉列表框右侧的下拉按钮，从弹出的下拉列表中选择需要的函数，如下图所示。这时函数将被插入【公式】文本框中，设置函数参数，再单击【确定】按钮即可。

❸ 得到公式计算结果，如下图所示。

选择题

1. 利用【插入表格】按钮可以快速插入一个最大为_____的表格。

A. 8行、10列　　　　B. 10行、10列
C. 7行、7列　　　　 D. 10行、8列

2. 合并与拆分操作一般在_____选项卡中进行。

A. 【开始】　　　　　B. 【插入】
C. 【布局】　　　　　D. 【引用】

3. 给表格添加边框和底纹是在_____选项卡中进行的。

A. 【页面布局】　　　B. 【布局】
C. 【设计】　　　　　D. 【插入】

4. 在【将文字转换成表格】对话框中的【文字分隔位置】选项组中，应选择_____单选按钮。

A. 【制表符】　　　　B. 【空格】
C. 【逗号】　　　　　D. 【段落标记】

操作题

1. 使用【插入表格】按钮创建一个8行、8列的表格，再插入1行、1列使之变成9行、9列的表格。合并第1行与第2行，再将合并后的单元格删除。

2. 创建如下图所示的表格。

	姓名		性别		出生日期	
	民族		学历		专业	
教育经历						
爱好						
个人评价						

除了水平对齐以外，在表格中还经常用到中部两端对齐，特别是在同一行中不同单元格的文字高度不一致时。选定单元格并右击，从弹出的快捷菜单中选择【单元格对齐方向】|【中部两端对齐】命令即可。

第 5 章

卓尔不群——文档高级美

通过前面的学习，相信用户已经可以制作出图文并茂的文档了。但是对于一些特殊用户，这些知识还不够用。为此，本章将为大家介绍一些文档的高级美化方法，全面提高用户对 Word 2010 的应用能力。

学习要点

- ❖ 首字下沉
- ❖ 添加书签与批注
- ❖ 添加 SmartArt 图形
- ❖ 添加数据图表
- ❖ 用大纲视图创建并编辑长文档
- ❖ 创建目录

学习目标

通过对本章的学习，读者首先应该掌握首字下沉的设置方法；其次要求掌握添加书签与批注、SmartArt 图形以及数据图表的方法；最后要求掌握用大纲视图创建、编辑长文档的方法，并能够生成目录。

5.1　首字下沉

简单地说，首字下沉是加大字号的首字符，可用于文档或章节的开头，也可用于为新闻稿或请柬增添趣味。

操作步骤

① 将光标定位到要设置首字下沉的段落中，然后在【插入】选项卡下的【文本框】组中，单击【首字下沉】按钮，接着从弹出的菜单中选择相应的命令，如下图所示。

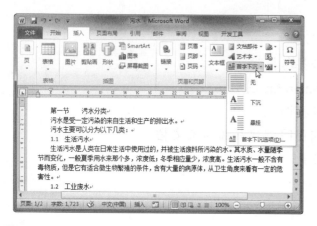

② 如果选择【首字下沉选项】命令，则会弹出【首字下沉】对话框，然后在【位置】选项组中选择首字下沉的位置，接着在【选项】组中设置首字的字体样式和下沉行数以及距正文的距离等内容，最后单击【确定】按钮，如下图所示。

③ 设置首字下沉后的效果如下图所示。

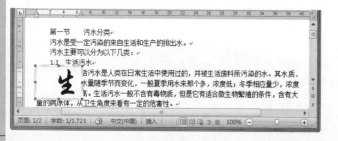

5.2　添加书签与批注

书签用于标识由用户指定的文本位置，以供将来引用，而批注主要是审阅者为文档添加批示或修改以及修改意见等内容，下面一起来研究一下吧。

5.2.1　使用书签

可以用书签标识需要进行修订的文本，以后修改文本时可以直接定位到书签位置，不需要在文档中上下滚动。

操作步骤

① 选择要为其指定书签的文本或项目，这里选中"生活"字符，然后在【插入】选项卡下的【链接】组中单击【书签】按钮，如下图所示。

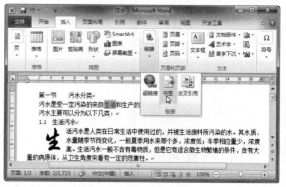

② 弹出【书签】对话框，然后在【书签名】文本框中输入书签名称，接着在【排序依据】选项组中选中【位置】单选按钮，再单击【添加】按钮，如下图所示。

⚠ **注意**

书签名必须以字母开头，可包含数字但不能有空格。可以用下划线字符来分隔文字。

缩进决定了段落到左右页边距的距离。在页边距内，可以增加或减少一个段落或一组段落的缩进，也可以创建反向缩进，使段落超出左边的页边距。还可以创建悬挂缩进，即段落中的首行文本不缩进，但是下面的行缩进。

❸ 为文本块添加书签后，Word 程序将会用方括号将相应文本括起来，如下图所示。

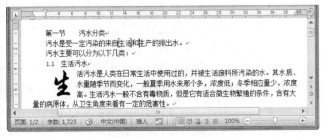

技巧

如果用户发现添加书签的文本没有被方括号括起来，可以通过下述设置让方括号显示出来：在【Word 选项】对话框的左侧导航窗格中单击【高级】选项，接着在右侧窗格的【显示文档内容】选项组中选中【显示书签】复选框，再单击【确定】按钮，如下图所示。

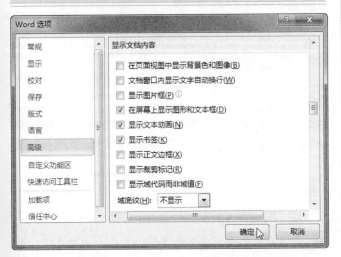

❹ 如果要快速定位特定书签，可以在【书签】对话框的列表框中选中要定位的书签，再单击【定位】按钮，如下图所示。如果单击【删除】按钮，则可以删除选中的书签。

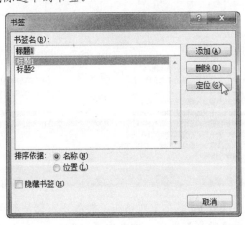

5.2.2 添加批注

批注又称注释，是作者或审阅者为文档添加的注释。

1. 添加与删除批注

下面先来介绍如何在文档中添加与删除批注，其操作步骤如下。

操作步骤

❶ 选择要对其进行批注的文本，或将光标定位到文本的末尾，然后在【审阅】选项卡下的【批注】组中单击【新建批注】按钮，如下图所示。

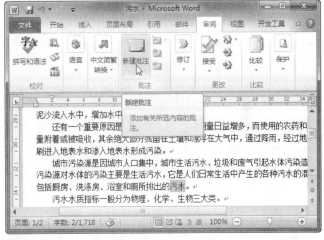

❷ 这时会出现一个批注框，如下图所示，在此键入批注文本。

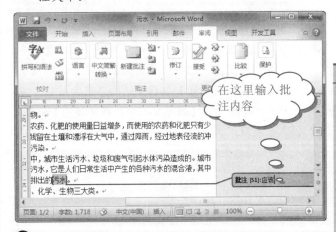

❸ 如果要删除批注，可以右击该批注，从弹出的快捷菜单中选择【删除批注】命令，如下图所示。

在【行距】下拉列表框中，【多倍行距】选项的设置是按指定的百分比增大或减小行距。例如，将行距设置为 1.2，就会在单倍行距的基础上增加 20%。

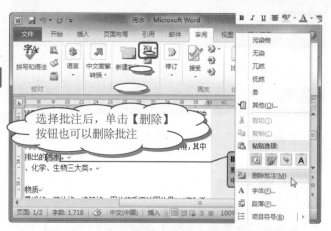

选择批注后，单击【删除】按钮也可以删除批注

删除特定审阅者的批注：在【审阅】选项卡下的【修订】组中单击【显示标记】按钮，从打开的菜单中选择【审阅者】|【所有审阅者】命令，如下图所示。再次单击【显示标记】按钮，从打开的菜单中选择【审阅者】命令，接着单击要删除其批注的审阅者的姓名，最后在【批注】组中单击【删除】按钮旁边的下三角按钮，从打开的菜单中选择【删除所有的显示批注】命令。

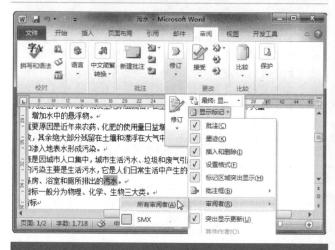

提示

如果在文档中没有显示批注，可以在【审阅】选项卡下的【修订】组中单击【显示标记】按钮，从打开的菜单中选择【批注】命令，即可显示文档中的批注，如下图所示。

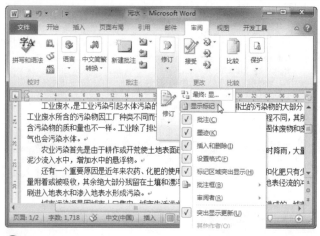

2. 更改批注中使用的姓名

若要更改批注中使用的批注者的姓名，可以通过下述操作实现。

操作步骤

❶ 在【审阅】选项卡下的【修订】组中单击【修订】按钮旁边的下三角按钮，从打开的菜单中选择【更改用户名】命令，如下图所示。

❹ 如果要删除文档中的所有批注，可以先单击文档中的任意一个批注，然后在【审阅】选项卡下的【批注】组中单击【删除】按钮旁边的下三角按钮，从打开的菜单中选择【删除文档中的所有批注】命令，如下图所示。

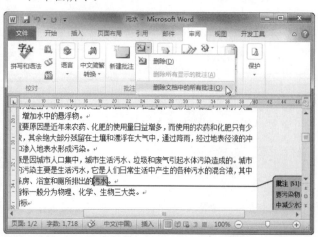

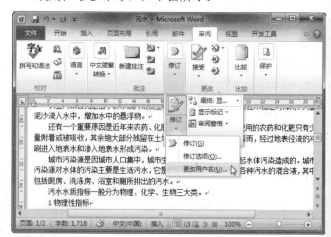

❷ 弹出【Word选项】对话框，然后在左侧导航窗格中单击【常规】选项，接着在【对Microsoft Office进行个性化设置】选项组中设置用户名和用户名缩写，

学以致用系列丛书

行距决定段落中各行文字之间的垂直距离。段落间距决定段落上方和下方的间距。默认情况下，各行之间是单倍行距，每个段落后的间距会略微大一些。

再单击【确定】按钮，如下图所示。

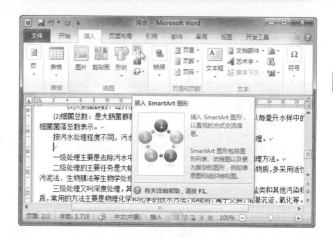

注意

在步骤 2 中设置的用户名和缩写将由所有 Microsoft Office 程序使用。如果对已经设置好的用户名和缩写进行任何的更改都会影响其他的 Office 程序。当对要用于用户自己的批注的用户名或缩写进行更改时，仅会对更改之后的批注产生影响。不会对在更改用户名和缩写之前文档中已存在的批注进行更新。

5.3　添加 SmartArt 图形

SmartArt 图形是信息和观点的视觉表现形式。可以通过从多种不同布局中进行选择来创建 SmartArt 图形，从而快速、轻松、有效地传达信息。

5.3.1　插入 SmartArt 图形

在 Word 2010 中使用 SmartArt 图形和其他新功能，只需单击几下鼠标，即可创建具有设计师水准的插图。

操作步骤

1 将光标定位到要插入 SmartArt 图形的位置，然后在【插入】选项卡下的【插图】组中单击 SmartArt 按钮，如右上图所示。

2 弹出【选择 SmartArt 图形】对话框，在左侧窗格中选择【流程】选项，接着在中间窗格中选择需要使用的流程图，再单击【确定】按钮，如下图所示。

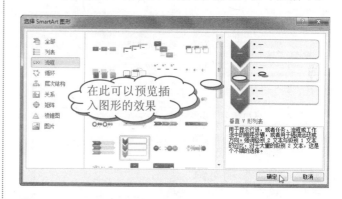

3 插入的 SmartArt 图形结构如下图所示。

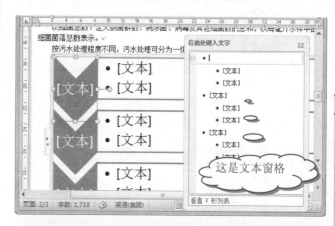

5.3.2　编辑 SmartArt 图形

下面来编辑插入的 SmartArt 图形吧。

操作步骤

1 在文本窗格中单击要编辑的 "文本" 字符，接着输入 "一级处理"，这时会在 SmartArt 图形中显示出添加的文字，如下图所示。

"SmartArt 样式" 是各种效果的组合，可应用于 SmartArt 图形中的形状，以创建独特且具专业设计效果的外观。

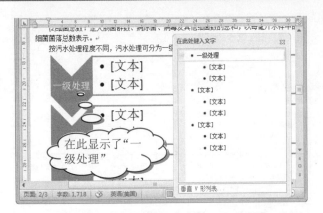

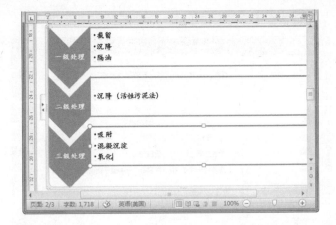

4 如果 SmartArt 图形中的形状不够用，可以再添加。
方法是在要添加图形的位置处右击，从弹出的快捷
菜单中选择【添加图形】|【在后面添加形状】命令，
如下图所示。

提示

如果文本窗格没有显示出来，可以通过在【SmartArt
工具】下的【设计】选项卡中，单击【创建图形】组中
的【文本窗格】按钮将其显示出来，如下图所示。

2 选中输入的文本，然后设置其字体格式为【华文楷
体】、【11 号】、并加粗文本，效果如下图所示。

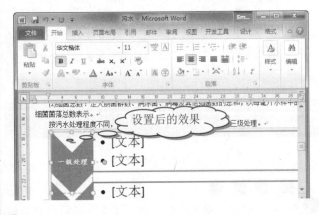

3 参考步骤 1、2 的操作，设置其他形状的文本内容，
结果如右上图所示。

提示

Word 2010 提供了 5 种添加图形的方式，其含义
分别如下。

❖ 【在后面添加形状】：选择该命令，在该形
状后面插入一个与当前所选形状同级别的
形状。

❖ 【在前面添加形状】：选择该命令，在该形
状前面插入一个与当前所选形状同级别的
形状。

❖ 【在上方添加形状】：选择该命令，在所选
形状的上一级别插入一个形状。新形状将占
据所选形状的位置，而所选形状及直接位于
其下的所有形状均降一级。

❖ 【在下方添加形状】：选择该命令，在所选
形状的下一级别插入一个形状。新形状将添
加在同级别的其他形状之后。

❖ 【添加助理】：选择该命令，添加助手形状。

学以致用系列丛书

SmartArt 图形包含的形状比更改形状库中的多，因此，如果用户更改 SmartArt 图形的形状后，希望恢复原始形状，
请在更改的 SmartArt 图形的形状上右击，并选择【重设形状】命令。

也可以通过下述方法添加图形：选择要添加图形的位置，然后在【SmartArt 工具】下的【设计】选项卡中，在【创建图形】组中单击【添加形状】按钮旁边的下三角按钮，从打开的菜单中选择需要的命令，如下图所示。

8 更换布局后的效果如下图所示。

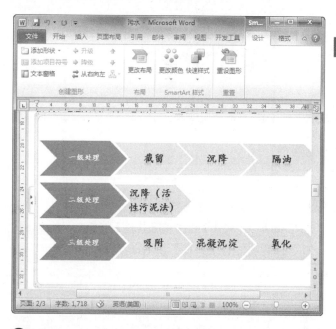

5 这时会在选择的图形后面添加一个新形状，效果如下图所示。

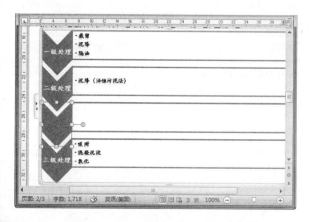

6 选中某一形状，按 Delete 键可以将其删除。

7 选中 SmartArt 图形，然后在【SmartArt 工具】下的【设计】选项卡中，单击【布局】组中的【其他】按钮，从弹出的列表中选择【V 型列表】选项，如下图所示。

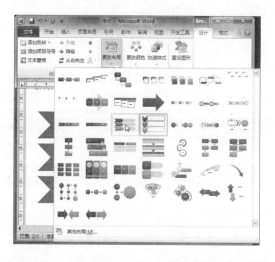

9 在【SmartArt 工具】下的【设计】选项卡中，单击【SmartArt 样式】组中的【更改颜色】按钮，从弹出的下拉列表中选择需要的颜色样式，这里选择【彩色范围-强调文字颜色 5 至 6】选项，如下图所示。

如果要对单个形状设置颜色，可以右击该形状，从弹出的快捷菜单中选择【设置形状格式】命令，然后在弹出的对话框中的左侧窗格中单击【填充】选项，接着在右侧窗格中设置填充颜色，如下图所示，最后单击【关闭】按钮。

学以致用系列丛书

如果插入的 SmartArt 图形包含许多形状，当要单个更改所有形状的颜色时，可以右击该形状并选择【设置形状格式】命令，然后在弹出的对话框中的左侧窗格中单击【填充】选项，接着在右侧窗格中设置形状的填充颜色。

⑩ 在【SmartArt 工具】下的【设计】选项卡中，单击【SmartArt 样式】组中的【其他】按钮▾，从弹出的下拉列表中的【三维】区域中选择【嵌入】选项，如下图所示。

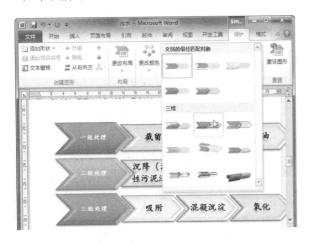

⑪ 在【SmartArt 工具】下的【格式】选项卡中，单击【艺术字样式】组中的【其他】按钮▾，从弹出的下拉列表中选择要使用的文字样式，如下图所示。

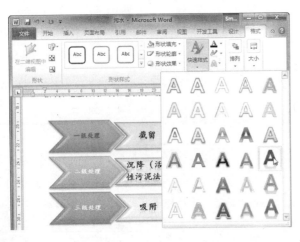

⑫ 右击 SmartArt 图形，从弹出的快捷菜单中选择【其他布局选项】命令，如右上图所示。

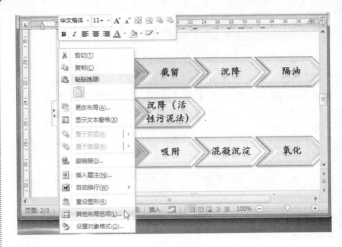

⑬ 弹出【布局】对话框，然后在【大小】选项卡中设置 SmartArt 图形的大小，再单击【确定】按钮，如下图所示。

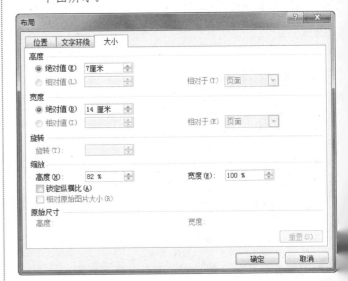

◆技巧◆

还可以通过在【SmartArt 工具】下的【格式】选项卡中，调整【大小】组中的【高度】和【宽度】数值框来调整 SmartArt 图形的大小，如下图所示。

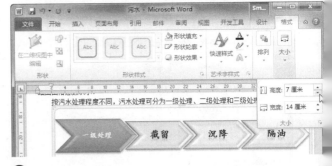

⑭ 如果对设置的效果不满意，可以在【SmartArt 工具】下的【设计】选项卡中，单击【重置】组中的【重

在 SmartArt 图形的一些布局中，如果更改形状的几何结构(例如将矩形替换为三角形)，则文本可能不再适合形状。

设图形】按钮来快速清除图形的设置效果，如下图
所示。

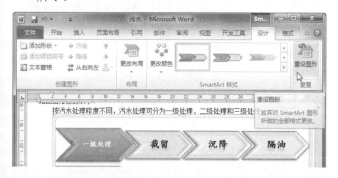

5.4 添加数据图表

Word 2010 中提供了很多不同类型的图表和图形，使用它们可以向观众传达有关库存水平、组织更改、销量图以及其他方面的信息。

5.4.1 插入图表

在 Word 2010 中，图表与文档是完全集成的。如果用户已经安装了 Excel 程序，则可以通过下述方法在 Word 中创建 Excel 图表。

操作步骤

1 将光标定位到要插入图表的位置，然后在【插入】选项卡下的【插图】组中单击【图表】按钮，如下图所示。

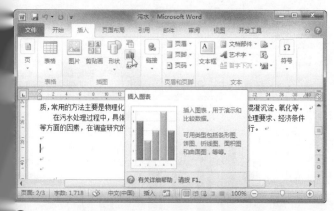

2 弹出【插入图表】对话框，然后在左侧窗格中选择图表类型，这里选中【柱形图】选项，接着在右侧窗格中选择子图表类型，例如选择【三维簇状柱形图】图标，再单击【确定】按钮，如右上图所示。

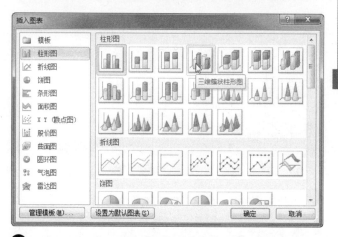

3 在文档中插入三维簇状柱形图，如下图所示。

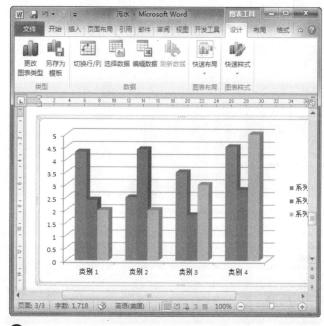

4 在插入图表的同时，会弹出如下图所示的 Excel 窗口，用于显示图表的数据源，如下图所示。

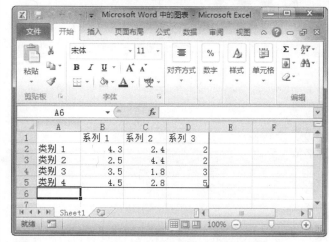

5 修改 Excel 窗口中的数据源，结果如下图所示。

如果设置的自选图形是线条或连接符，则不能对其进行填充操作，但可以进行样式和大小的设置。

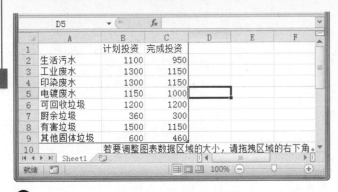

❻ 这时，Word 文档中的图表会随着改变，如下图所示。

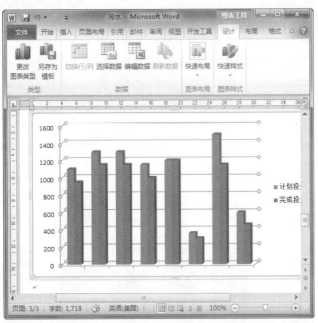

5.4.2 编辑与美化图表

下面来美化一下插入 Word 文档中的图表。

操作步骤

❶ 单击图表任意位置，然后在【图表工具】下的【设计】选项卡中，单击【类型】组中的【更改图表类型】按钮，如下图所示。

❷ 弹出【更改图表类型】对话框，选择其他图表类型，再单击【确定】按钮，如右上图所示。

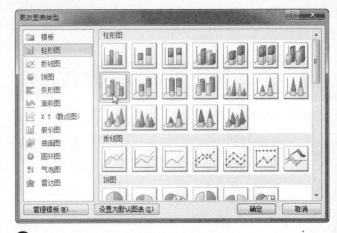

❸ 更换图表类型后的效果如下图所示。

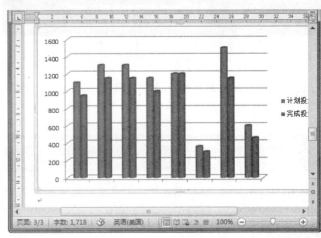

❹ 在【图表工具】下的【设计】选项卡中，单击【图表布局】组中的【其他】按钮，从弹出的下拉列表中选择图表布局样式，这里选择【布局 5】选项，如下图所示。

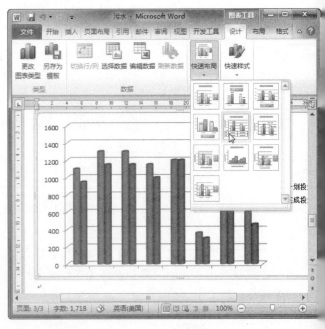

在页眉和页脚编辑区中，如果按 Ctrl+A 组合键，再按 Delete 键，可一次删除所有的页眉和页脚，而不需要对页眉页脚分别进行删除操作。

⑤ 应用【布局 5】样式后的效果如下图所示。

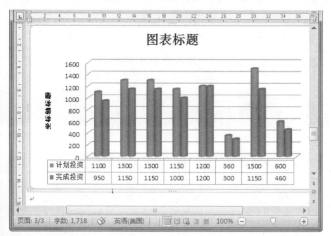

⑥ 在【图表工具】下的【设计】选项卡中，单击【图表样式】组中的【其他】按钮，从弹出的下拉列表中选择图表样式，如下图所示。

⑦ 应用图表样式后的效果如下图所示。

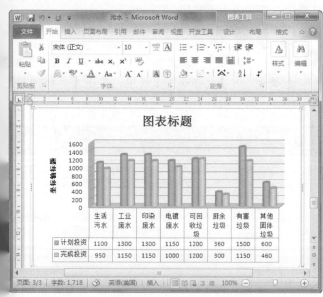

⑧ 右击图表，从弹出的快捷菜单中选择【设置图表区域格式】命令，如右上图所示。

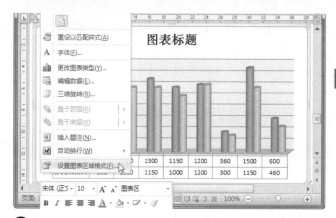

⑨ 弹出【设置图表区格式】对话框，在左侧导航窗格中单击【填充】选项，接着在右侧窗格中选中【渐变填充】单选按钮，再单击【预设颜色】按钮，并从弹出的下拉列表中选择【雨后初晴】选项，如下图所示。

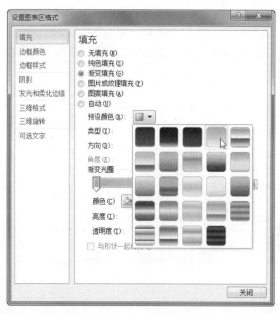

⑩ 单击【边框颜色】选项，然后在右侧窗格中选中【实线】单选按钮，接着单击【颜色】按钮，从弹出的下拉列表中选择【橄榄色】选项，如下图所示。

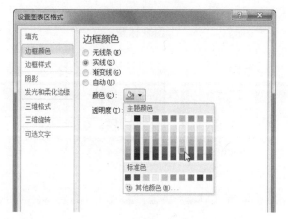

使用 Microsoft Word 2010 可查找和替换文本、格式、段落标记、分页符以及其他项目，还可以查找和替换名词或形容词的各种形式或动词的各种时态。

⑪ 单击【边框样式】选项，然后在右侧窗格中设置【宽度】为"1.25 磅"，接着单击【短划线类型】按钮，从弹出的下拉列表中选择【划线-点】选项，如下图所示。

⑫ 单击【三维格式】选项，然后在右侧窗格中的【棱台】选项组中单击【顶端】按钮，从弹出的下拉列表中选择三维棱台样式，如下图所示。

⑬ 设置完毕后，单击【关闭】按钮，效果如下图所示。

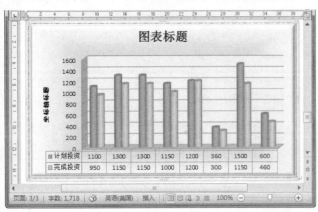

⑭ 然后修改图表标题内容，并设置其字体样式为【华文楷体】、字体大小为【18号】，如下图所示。

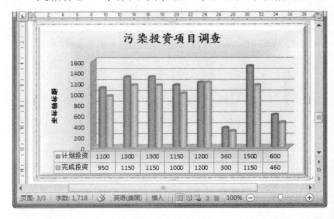

5.5 用大纲视图创建并编辑主控文档

主控文档是一组单独的文档的容器，包含与一系列子文档相联系的链接。使用主控文档可以管理多个文件。

5.5.1 创建主控文档

如果要创建主控文档需要从大纲开始，将大纲中的标题制定为子文档。当然也可以将当前文档添加到主控文档中，使其成为子文档。

操作步骤

❶ 新建一个名称为"主文档"的文档，然后在【视图】选项卡下的【文档视图】组中，单击【大纲视图】按钮，如下图所示。

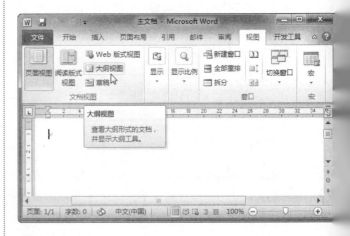

❷ 切换到大纲视图方式，输入文档标题，如下图所示。

项目符号或符号可以给列表增添视觉效果。在 Microsoft Word 2010 中，如果别人发来的文档中有您特别喜欢的项目符号样式，则可将该样式添加到项目符号库中，以供以后反复使用。

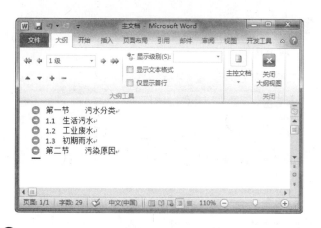

❸ 选中 "1.1 至 1.3" 的文本，然后在【大纲】选项卡下的【大纲工具】组中，单击【降级】按钮，如下图所示。

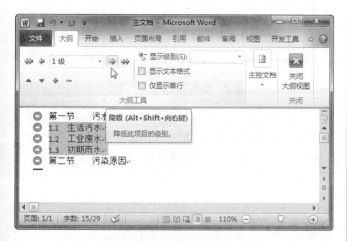

技巧

还可以通过在【大纲】选项卡下的【大纲工具】组中，单击 ▾ 按钮，从弹出的下拉列表中选择需要的大纲级别来设置文档标题，如下图所示。

❹ 这时，选中的文档标题的大纲形式变成 2 级了，如右上图所示。

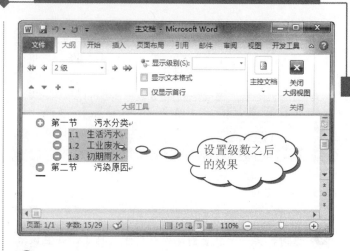

❺ 在【大纲】选项卡下的【关闭】组中，单击【关闭大纲视图】按钮，如下图所示，返回普通视图方式，添加正文内容。

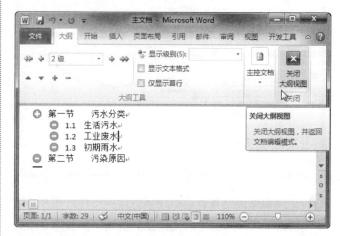

❻ 文档正文内容添加完成后，再切换到大纲视图方式，然后在【大纲】选项卡下的【主控文档】组中，单击【显示文档】按钮，如下图所示。

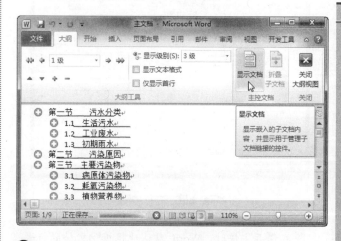

❼ 选中第一节的全部内容，然后在【大纲】选项卡下的【主控文档】组中单击【创建】按钮，创建子文档，如下图所示。

如果用户还不习惯使用 Office 2010 进行办公，可以安装 Office 2007 和 Office 2010 两个软件。在安装 Office 软件时，应先安装 Office 2007 软件，然后再安装 Office 2010 软件。

 77

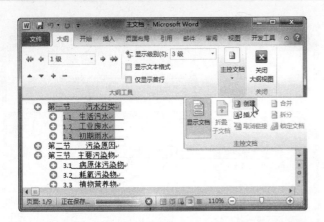

8 这时，第一节就被创建为一个子文档了，并且该节被一个灰线框框起来了，如下图所示。

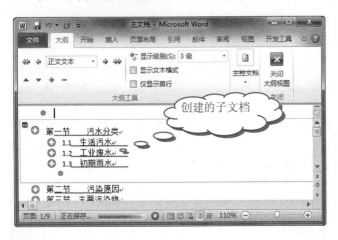

9 按照类似方法将其他部分也创建子文档，然后单击快速访问工具栏中的【保存】按钮，开始保存子文档，如下图所示。

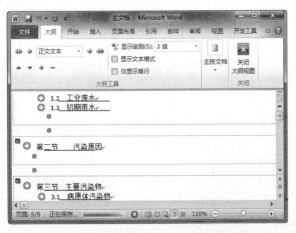

提示

在保存文件时，Word 默认地根据子文档的标题中的第一个字符为每个文档设置文件名，例如本文中以"第一节"开头的子文档被命名为"第一节.docx"。

10 这时会在"主文档"的保存位置处生成其他子文档，如下图所示。

技巧

如果用户想查看子文档的地址，可以在【大纲】选项卡下的【主控文档】组中，单击【折叠子文档】按钮，将子文档以超级链接的形式显示，如下图所示。

单击该按钮，可以展开子文档内容

5.5.2 编辑长文档

对于创建好的子文档，如果用户需要合并子文档的内容，可以通过下述方法实现。

操作步骤

1 在主控文档的大纲视图中单击子文档图标，选中子文档，如下图所示。然后按住 Shift 键，再单击最后一个要合并的子文档图标，选中所有要合并的子文档。

若要将形状的旋转角度限制为 15 度，可以在按住 Shift 键的同时拖动旋转手柄。按住 Alt+向右键或向左键可以沿所需方向将形状旋转 15 度。若要将形状旋转 1 度，请在按住 Ctrl 键的同时按 Alt+向右键或向左键。

单击该按钮，选中子文档

2 在【大纲】选项卡下的【主控文档】组中，单击【合并】按钮，如下图所示。

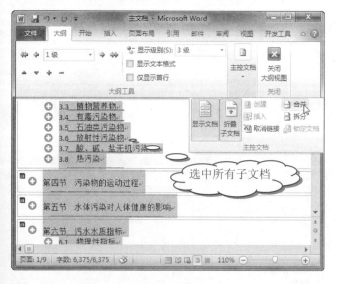

选中所有子文档

3 合并子文档后的效果如下图所示。

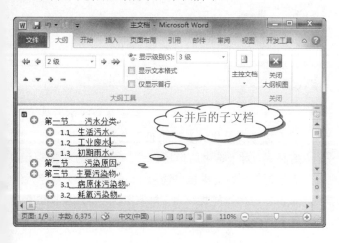

合并后的子文档

4 拆分子文档。方法是在主控文档的大纲视图方式下将光标定位到要拆分的子文档的起始位置，然后在【大纲】选项卡下的【主控文档】组中单击【拆分】按钮，如下图所示。

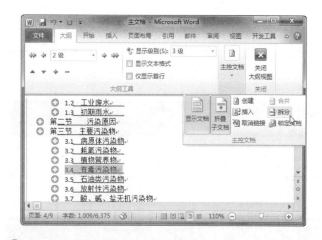

5 这时将会从光标处拆分子文档，其效果如下图所示。

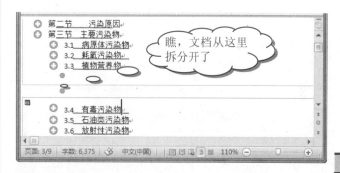

瞧，文档从这里拆分开了

6 删除子文档。方法是在主控文档窗口中切换到大纲视图方式，然后在【大纲】选项卡下的【主控文档】组中，单击【展开子文档】按钮展开文档内容，如下图所示。仔细阅读，选中要删除的子文档，然后按 Delete 键将其删除。

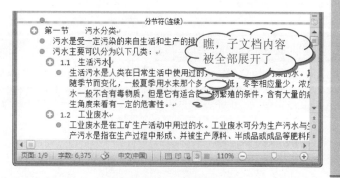

瞧，子文档内容被全部展开了

学以致用系列丛书

注意

当从主控文档删除子文档时，子文档文件还处于原始的文件夹中，并没有被删除。用户可以在文件夹中删除子文档文件。

5.6 生成创建目录

在 Word 2010 文档中创建目录时，Word 将搜索与所选样式匹配的标题，并根据标题样式设置目录项文本的格式和缩进，然后将目录插入到文档中。下面一起来研究。

5.6.1 创建目录

在 Word 2010 文档中，既可以在长文档中创建文档的目录，也可以在新的文档中去创建文档目录。下面就一起来学习并操作下吧。

1. 在长文档中创建文档目录

在创建目录之前，用户需要为每节的标题设置标题样式，最简单的方法是使用 Word 内置的样式库，操作方法是将光标定位到要设置标题样式的段落中，然后在【开始】选项卡下的【样式】组中，单击【其他】按钮 ，从弹出的下拉列表中选择需要的标题样式，如下图所示。

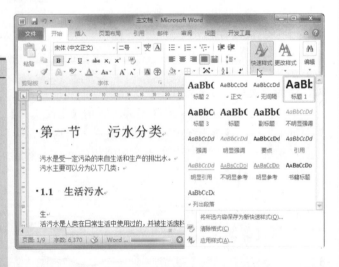

设置了标题样式后，下面就可以生成目录了，其操作步骤如下。

操作步骤

❶ 首先在要生成目录的文档中插入页码。

❷ 将光标定位到要插入目录的位置，然后在【引用】选项卡下的【目录】组中，单击【目录】按钮，从弹出的下拉列表中选择需要的目录形式，再选择【插入目录】命令，如下图所示。

❸ 弹出【目录】对话框，然后在【目录】选项卡下单击【选项】按钮，如下图所示。

❹ 弹出【目录选项】对话框，选中【样式】复选框，然后在【有效样式】栏中设置应用于文档中的标题的样式，对于选中的标题样式，在样式名右侧的【目录级别】下的文本框中键入 1～9 中的一个数字，代表希望的标题样式级别，如下图所示。最后单击【确定】按钮。

快速访问工具栏是一个可自定义的工具栏，它包含一组独立于当前所显示的选项卡的命令。用户可以向快速访问工具栏中添加需要的命令按钮，也可以从快速访问工具栏删除不需要的命令按钮。

⑤ 返回【目录】对话框，单击【确定】按钮，这时会在文档中自动生成目录，如下图所示。

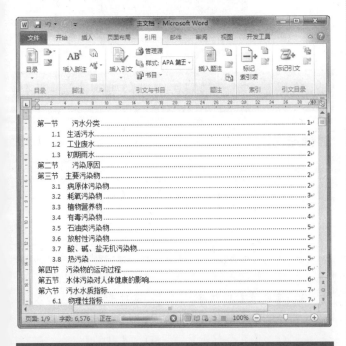

2. 在新文档中创建文档目录

如果要在一个新的空白文档中给几个独立的文档生成一个连续的目录，必须先将这些文档的页码连接起来，然后参考下述步骤进行操作。

操作步骤

① 新建一个名称为"目录"的文档，然后切换到【文件】选项卡，并在打开的 Backstage 视图中选择【选项】命令，打开【Word 选项】对话框。

② 在左侧导航窗格中单击【快速访问工具栏】选项，接着在右侧窗格中的【从下列位置选择命令】下拉列表中选择【所有命令】选项，并在下方的列表中单击【插入域】选项，再单击【添加】按钮，最后单击【确定】按钮，如右上图所示。

③ 这时，【插入域】按钮就被添加到快速访问工具栏中，将光标定位到要插入目录的位置，然后单击【插入域】按钮，如下图所示。

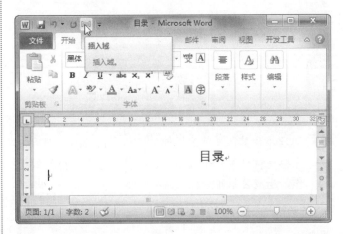

④ 弹出【域】对话框，然后在【域名】列表中选择 RD 选项，接着在【文件名或 URL】文本框中输入要生成目录的文档位置，如下图所示，再单击【确定】按钮。

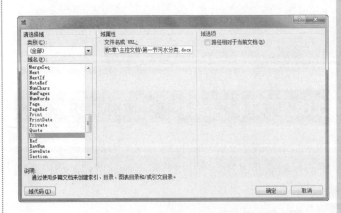

⑤ 返回文档窗口，然后在【开始】选项卡下的【段落】组中，单击【显示/隐藏编辑标记】按钮，如下图所示。

在功能区上，单击相应的选项卡或组以显示要添加到快速访问工具栏的命令，右键单击该命令，然后单击快捷菜单上的"添加到快速访问工具栏"。

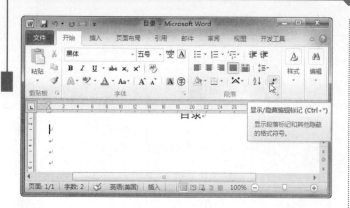

6 这时会显示出添加的文件的域地址，如下图所示。

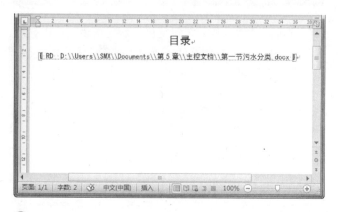

7 同理添加其他文件的域地址，如下图所示。然后将光标定位到第一个域地址，接着参考上一小节的操作，生成目录即可。

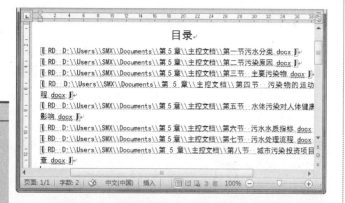

5.6.2 更新目录

如果修改了文档中的页码，或是添加或删除了文档中的标题或其他目录项，用户可以通过下述方法快速更新目录。

操 作 步 骤

1 在【引用】选项卡下的【目录】组中单击【更新目录】按钮，如右上图所示。

2 弹出【更新目录】对话框，选中【更新整个目录】单选按钮，再单击【确定】按钮即可更新目录了，如下图所示。

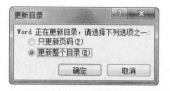

5.7 思考与练习

选择题

1. 【首字下沉】按钮在_____选项卡下。
   A. 【开始】　　　　　　B. 【插入】
   C. 【页面布局】　　　　D. 【视图】

2. 一般采用_____视图来编辑文档：
   A. 页面视图　　　　　　B. 普通视图
   C. 大纲视图　　　　　　D. 阅读版式视图

3. 【目录】按钮在_____选项卡下。
   A. 【开始】　　　　　　B. 【插入】
   C. 【页面布局】　　　　D. 【引用】

4. 如果在 Word 2010 中单击某个组中的对话框启动器按钮，会发生的情况是_____。
   A. 临时隐藏功能区，以便为文档留出更多空间
   B. 对文本应用更大的字号
   C. 将看到其他选项
   D. 弹出一个对话框

操作题

1. 借助自选图形和 SmartArt 图形，在文档中创建一个流程图。

2. 在大纲视图方式下编辑长文档，然后在首页中生成文档目录。

 如果希望在目录中包括没有设置为标题格式的文本，可以标记各个文本项，然后再生成目录。标记文本项的方法是：选择要在目录中包括的文本，然后在【引用】选项卡下的【目录】组中单击【添加文字】按钮，从弹出的下拉列表中选择级别选项即可。

第 6 章

一劳永逸——巧用样式与主题

使用样式，不仅可以节省设置各种文本格式的时间，还可以确保文本格式的一致性，并且使文本格式改动更加容易，用户只需要修改样式的定义，就可以一次性地更改所有相同样式的文本了。还等什么，快翻开本章，一起来学习吧。

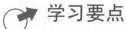 学习要点

❖ 新建样式
❖ 修改样式
❖ 管理样式
❖ 应用样式
❖ 创建模板
❖ 修改模板
❖ 套用模板
❖ 使用主题

学习目标

通过对本章的学习，读者首先应该掌握样式的创建和使用方法，并学会修改样式；其次要求掌握模板的创建与使用；最后要求掌握使用与新建主题。

6.1 使用样式

样式是为了一起使用某些特定格式而创建的格式的集合。除了生成文档所需的所有样式外，用户也可以创建其他的样式，如段落样式或列表样式等，下面一起来学习一下吧。

6.1.1 认识样式

针对文档中的许多成分，如标题、文本、超链接、脚注、页眉、页脚等，Word 2010 提供了许多设置好的样式，如下图所示，这些样式可用于大多数类型的文档。

如果在【样式】窗格中看不到 Word 2010 内置的样式，可以通过下述设置进行调整。

操作步骤

❶ 新建一个 Word 2010 文档，然后在【开始】选项卡下的【样式】组中，单击对话框启动器按钮，如下图所示。

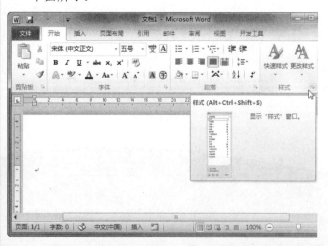

❷ 打开【样式】窗格，然后单击【选项】链接，如下图所示。

❸ 弹出【样式窗格选项】对话框，然后在【选择要显示的样式】下拉列表框中选择【所有样式】选项，接着设置【选择列表的排序方式】为【按推荐】，再在【选择显示为样式的格式】选项组中选择需要的选项，如下图所示。最后单击【确定】按钮，即可在【样式】窗格中看到 Word 2010 内置的样式了。

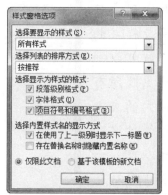

6.1.2 建立样式

下面将介绍如何建立新样式，其操作步骤如下。

操作步骤

❶ 打开"成语故事"文档，位置在"图书素材\第6章"文件中。然后选择要建立新样式的文本，接着在【样式】窗格中单击【新建样式】按钮，如下图所示。

样式指的是某个特定文本(一行文字、一段文字也可以是整篇文档)的所有格式的集合，是一系列预置的排版指令。例如，某段文字的中文字体是黑体，字号是小四，段落格式为首行缩进两个字符，段前段后间距都是一行，将这些格式集合起来就是样式。

❷ 弹出【根据格式设置创建新样式】对话框，在【名称】文本框中输入样式标题，然后设置【样式类型】、【样式基准】和【后续段落样式】等选项的内容，如下图所示。

❸ 在【格式】选项组中设置字体为【黑体】、【四号】、【橙色】，再单击【格式】按钮，从打开的菜单中选择【段落】命令，如下图所示。

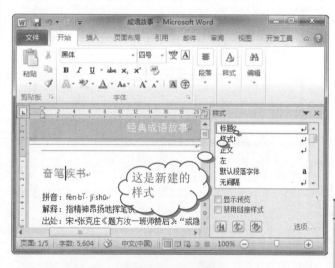

❹ 弹出【段落】对话框，设置段落格式，如右上图所示。设置完毕后单击【确定】按钮。

❺ 返回【根据格式设置创建新样式】对话框，选中【自动更新】复选框，再单击【确定】按钮。

❻ 这时，新创建的样式就被添加到【样式】窗格中了，如下图所示。

这是新建的样式

提示

也可以先给文本设置格式，然后再创建文本样式，这样就不需要在【根据格式设置创建新样式】对话框中详细地设置文本格式了。

6.1.3 修改样式

如果对所创建的样式不太满意，用户还可以对它进行修改。下面以给"标题2"添加编号为例进行介绍，其操作步骤如下。

如果所需的样式未显示在快速样式库中，可以按 Ctrl+Shift+S 组合键打开【应用样式】任务窗格。在【样式名】文本框中输入所需样式的名称。列表仅显示已在文档中使用过的样式，但是可以输入定义该文档的任何样式的名称。

操作步骤

❶ 在【样式】窗格右击要修改的样式,然后从弹出的快捷菜单中选择【修改】命令,如下图所示。

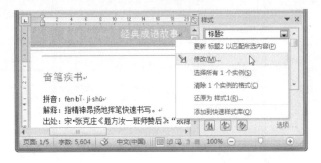

❷ 弹出【修改样式】对话框,单击【格式】按钮,从打开的下拉菜单中选择【编号】命令,如下图所示。

❸ 弹出【编号和项目符号】对话框,然后在【编号】选项卡下单击需要的编号样式,再单击【确定】按钮,如下图所示。

❹ 返回【修改样式】对话框,单击【确定】按钮,修

改后的样式如下图所示。

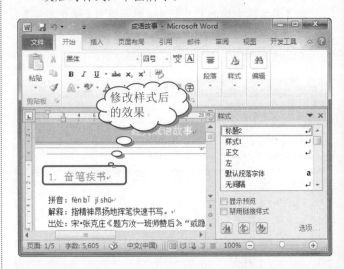

6.1.4 管理样式

使用【管理样式】功能可以方便管理样式,例如重命名样式、复制样式以及删除多余样式等操作。

1. 重命名样式

如果是重命名某个样式,可以在【修改样式】对话框中的【名称】文本框中进行修改,如下图所示。

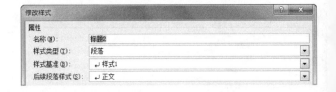

如果要重命名的样式很多,就需要逐个打开样式的【修改样式】对话框,这显得很麻烦。为此,下面介绍一种通过【管理样式】对话框来重命名样式的方法,具体操作如下。

操作步骤

❶ 在【样式】窗格中单击【管理样式】按钮,如下图所示。

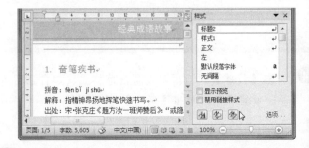

❷ 弹出【管理样式】对话框,然后在【编辑】选项

从快速样式库中删除样式不会将该样式在【样式】任务窗格中显示的条目删除。【样式】任务窗格列出了文档中的所有样式。

下单击【导入/导出】按钮，如下图所示。

3 弹出【管理器】对话框，切换到【样式】选项卡，然后在【在 成语故事 中】列表框中选择要重命名的样式，再单击【重命名】按钮，如下图所示。

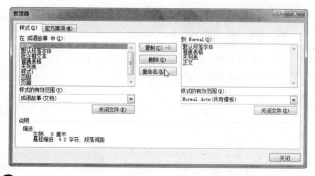

4 弹出【重命名】对话框，在【新名称】文本框中输入新名称，再单击【确定】按钮，如下图所示。

5 返回【管理器】对话框，这时会发现选中的样式名称改变了，如下图所示。

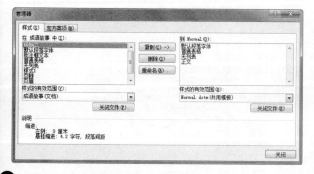

6 同理，也可以使用该方法重命名其他样式，设置完成后，单击【关闭】按钮即可。

2. 复制样式

Word 2010 为用户提供了许多模板，用于创建各种不同类型的文件。这些模板包含许多不同的样式。在编辑文档时，用户可以通过复制的方法，将样式从一个文档复制到另一个文档中，其操作步骤如下。

操 作 步 骤

1 参考上节操作，打开【管理器】对话框，切换到【样式】选项卡，发现在右侧显示的是 "Normal.dotm(共用模板)"，而不是用户要复制样式的目标文档，单击该列底端的【关闭文件】按钮，如下图所示。

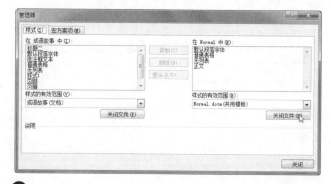

2 这时，【关闭文件】按钮变成【打开文件】按钮了，如下图所示，单击【打开文件】按钮。

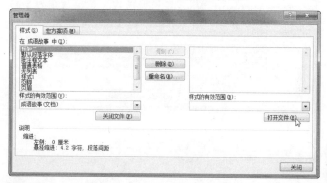

3 弹出【打开】对话框，选择要复制样式的目标文档，再单击【打开】按钮，如下图所示。

在 Microsoft Word 2010 中，可以通过应用文档主题快速、轻松地设置整个文档的格式，使之具有专业的现代化外观。文档主题是一组格式选择，其中可以包括颜色主题、字体主题和效果主题。

❹ 返回【管理器】对话框，在左侧列表框中选择要复制的样式，再单击【复制】按钮，如下图所示。

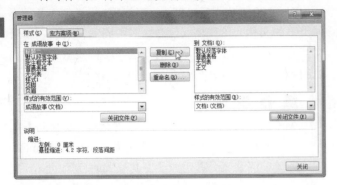

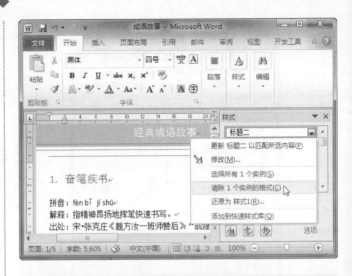

❺ 这时，选中的样式被复制到右侧列表框中了，如下图所示，再单击【关闭】按钮。

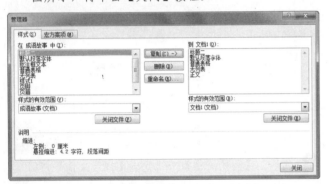

6.1.5 应用样式集

样式修改完成后，下面就来应用创建的样式吧，其操作方式如下。

操作步骤

❻ 弹出 Microsoft Word 提示对话框，单击【保存】按钮，保存更改，如下图所示。

❶ 选中要应用样式的文本，然后在【样式】窗格中单击要使用的样式名称，如下图所示。

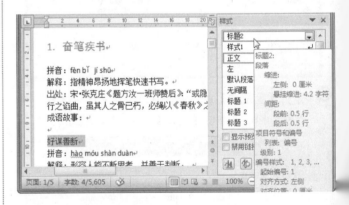

首先并排打开两个文件(样式所属的原文件和目标文件)，接着使用格式刷将要复制的样式复制到目标文件中，也可以完成复制样式操作。

3. 删除样式

通过【管理样式】对话框删除样式与重命名样式的操作类似，这里不再详细介绍。除此之外，还可以在【样式】窗格中右击要删除的样式，从弹出的快捷菜单中选择【清除 1 个实例的格式】命令，如右上图所示。

❷ 这样，样式就被应用到选中的文本中了，效果如下图所示。

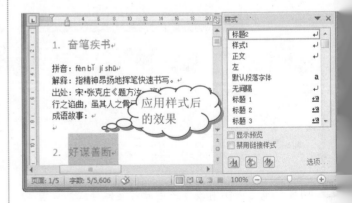

如果更改后的文档样式没有按照设置时的要求去更新，则请单击【样式】对话框启动器，然后单击【样式检查器】，以确定文本是否是手动设置格式的，而不是使用样式设置格式的。

6.2 使用模板

模板是一种文档类型，在打开模板时会创建模板的副本。在 Word 2010 中，模板可以是.dotx 文件或 .dotm 文件(.dotm 文件类型允许在文件中启用宏)。

6.2.1 创建模板

在创建模板时，用户可以先在文档中对页面版式、字体、边距和样式进行预先设置，以后使用该模板创建文件时，就不需要逐个设置了。下面以"成语故事"文档为例，介绍创建模板的方法。

操作步骤

❶ 单击【文件】选项卡，并在打开的 Backstage 视图中选择【另存为】命令，如下图所示。

❷ 弹出【另存为】对话框，设置文件名称，再单击【保存】按钮，如下图所示。

6.2.2 修改模板

修改模板只会影响根据该模板创建的新文档，而不会影响以前基于该模板创建的文档。

操作步骤

❶ 单击【文件】选项卡，在打开的 Backstage 视图中选择【打开】命令，弹出【打开】对话框，选择要修改的模板文档，再单击【打开】按钮，如下图所示。

❷ 这时将会打开选中的模板，然后对其进行修改，完成后再保存即可。

6.2.3 应用模板

模板创建完成后，如何使用它呢？其操作方法如下。

操作步骤

❶ 单击【文件】选项卡，并在打开的 Backstage 视图中选择【新建】命令，接着在中间窗格中单击【我的模板】选项，如下图所示。

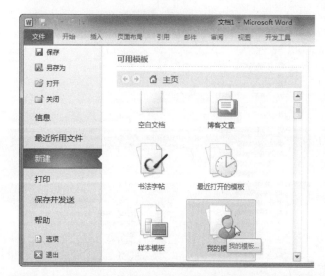

在 Word 2010 文档窗口中可以设置页面显示比例，从而用以调整 Word 2010 文档窗口的大小。显示比例仅仅调整文当窗口的显示大小，并不会影响实际的打印效果。

❷ 弹出【新建】对话框，然后在【个人模板】选项卡下的列表框中选择要使用的模板，接着在【新建】选项组中选中【文档】单选按钮，再单击【确定】按钮即可创建与模板格式一样的文档了，如下图所示。

6.3 使用主题

主题是三者的组合。主题作为一套独立的选择方案可以直接应用于美化文件，它包含颜色、字体和效果三个方面，下面一起来研究一下吧。

6.3.1 主题颜色

在 Word 程序中，用户可以根据需要手动调整主题颜色，具体操作如下。

操作步骤

❶ 打开"成语故事"文件，然后在【页面布局】选项卡下的【主题】组中，单击【颜色】按钮，从打开的列表中选择主题颜色，这里选择【新建主题颜色】命令，如下图所示。

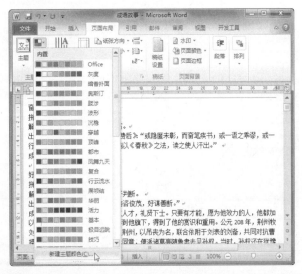

❷ 弹出【新建主题颜色】对话框，然后在【名称】文本框中输入主题名称，如下图所示。

❸ 在【主题颜色】列表框中，单击某选项右侧的颜色块，从打开的菜单中选择一种颜色，即可改变该选项的颜色，如下图所示。设置完毕后，单击【保存】按钮。

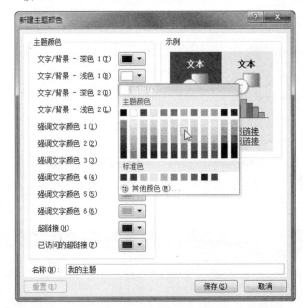

提示

在设置主题演示的过程中，若对设置后的效果不满意，可以单击【重置】按钮重新设置。

❹ 返回文档窗口，然后在【页面布局】选项卡下的【主题】组中，单击【颜色】按钮，即可在打开的列表中看到新创建的主题颜色，如下图所示。

长见识 您或发送文档的人有时可能隐藏了修订或批注，以使文档更易于阅读。然而，隐藏修订并不会删除它们，它们仍保留在文档中，直到您对其进行处理。根据 Word 版本和所用的设置，修订或批注可能会在打开文档时重新出现。

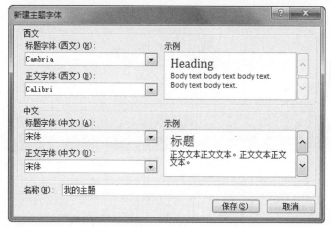

6.3.2　主题字体

在 Word 程序中新建主题字体的步骤如下。

操作步骤

❶ 在【页面布局】选项卡下的【主题】组中单击【字体】按钮，从打开的列表中选择【新建主题字体】命令，如下图所示。

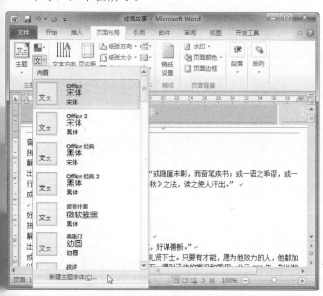

❷ 弹出【新建主题字体】对话框，然后在【名称】文本框中输入主题名称，接着设置中西文字体格式，再单击【保存】按钮，如右上图所示。

6.3.3　应用主题

在 Word 程序中，通过应用主题，可以快速设置整个文件的格式，具体操作步骤如下。

操作步骤

❶ 在【页面布局】选项卡下的【主题】组中，单击【主题】按钮，从打开的列表中选择要使用的主题，如下图所示。

❷ 应用主题后的效果如下图所示。

在【页面布局】选项卡下的【主题】组中单击【主题字体】按钮，若在弹出的列表中未找到要使用的文档主题，请选择【浏览主题】命令，在计算机或网络上查找需要的主题。

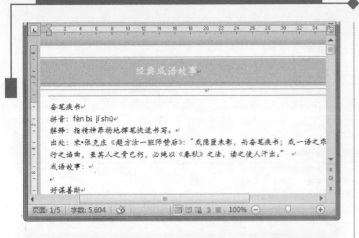

6.4　思考与练习

选择题

1. 单击_____可以打开样式集。
   A. 【更多】按钮
   B. 对话框启动器按钮
   C. 【更改样式】按钮
   D. 【选择】按钮

2. 下面关于样式的说法错误的是_____。
   A. 样式创建完成后，可以删除，但不能修改
   B. 用户可以重命名样式名称
   C. 在不同文档中可以复制样式
   D. 创建好的样式可以修改

操作题

1. 创建一个新样式，取名为"样式1"，要求此样式的字号为"二号"、字体为"楷体"、颜色为"蓝色"、加粗。

2. 创建一个模板，要求其页边距的上、下、左、右均为5厘米。

3. 录入一篇文章，然后套用"凤舞九天"的主题效果，接着新建一个主题颜色。

要更改默认页边距，用户需在新页单击【页面布局】中的【页边距】按钮，然后单击【自定义边距】按钮。在【页面设置】对话框中更改页边距设置，然后单击【默认】按钮，并在弹出的对话框中单击【是】按钮。新的默认设置将保存在文前使用的文档中。每个基于该模板的新建文档都将自动使用新的页边距设置。

第 7 章

Word 2010 应用实例

如果把企业人性化，那么，这些特殊的"公民"要如何进行人际交流呢？当然，要多听听大众的意见；再发个邀请函，多聚聚。下面就来介绍如何在 Word 文档中制作客户满意度调查表和邀请函。

学习要点

❖ 制作客户满意度调查表
❖ 制作商务邀请函

学习目标

通过对本章的学习，读者首先应该掌握客户满意度调查表的制作方法；其次要求掌握商务邀请函的制作方法；并能使用 Outlook 发送邀请函。

7.1 制作客户满意度调查表

一个公司要有好的业绩，不仅要重视新顾客，更重要的是要留住老顾客。那么，怎样才能留住老顾客呢？除了推出物美价廉的产品，提供优质服务外，还应该多了解一下顾客对公司的产品和服务的态度，通常采用的方法是通过客户满意度调查表获得相关信息。下面一起来制作客户满意度调查表吧。

7.1.1 制作表单

在制作客户满意度调查表之前用户最好先构思好整个调查表的布局，以及一些项目的细节方面的设计。只有这样，设计出来的调查表才有新意。

制作表单也就是将调查表的整个布局都做出来，这需要多方面的知识。

操作步骤

❶ 新建一个名称为"客户满意度调查表"的文档，然后在【页面布局】选项卡下的【页面设置】组中，单击对话框启动器按钮，打开【页面设置】对话框。

❷ 在弹出的对话框中单击【页边距】选项卡，然后在【页边距】组中调整【上】、【下】、【左】和【右】的值，接着在【纸张方向】组中单击【纵向】图标，如下图所示，再单击【确定】按钮。

❸ 单击【文件】选项卡，并在打开的 Backstage 视图中选择【选项】命令，打开【Word 选项】对话框。

❹ 在左侧导航窗格中单击【自定义功能区】选项，然后在【自定义功能区】下拉列表框中选择【主选项卡】选项，接着在下方的列表框中选中【开发工具】复选框，再单击【确定】按钮，如下图所示。

❺ 这时在功能区中便添加了【开发工具】选项卡，如下图所示。在【开发工具】选项卡下的【控件】组中，单击【旧式窗体】按钮，从弹出的列表中单击【插入横排图文框】按钮，如下图所示。

❻ 此时鼠标指针会变成"十"字形，拖动鼠标便可画出一个图文框，如下图所示。

❼ 右击图文框，从弹出的快捷菜单中选择【设置图文框格式】命令，如下图所示。

快速输入英文省略号：按 Alt+Ctrl+.组合键可以输入英文省略号(...)，连续按两次 Alt+Ctrl+.组合键可以输入中文省略号
快速输入中文省略号：按 Shift+6 组合键可以输入中文省略号(......)。

94

⑧ 弹出【图文框】对话框，设置图文框的文字环绕方式、尺寸、水平位置和垂直位置等选项内容，再单击【确定】按钮，如下图所示。

⑨ 右击图文框，从弹出的快捷菜单中选择【边框和底纹】命令，如下图所示。

⑩ 弹出【边框和底纹】对话框，切换到【边框】选项卡，然后在【设置】栏中选择【方框】选项，接着在【样式】列表框中选择线条样式，并设置【宽度】为【0.75 磅】，如下图所示。

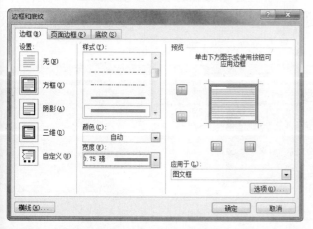

⑪ 单击【确定】按钮，设置后的效果如下图所示，然后在【插入】选项卡下的【插图】组中，单击【图片】按钮。

为图文框添加边框

⑫ 弹出【插入图片】对话框，选择图片，再单击【插入】按钮，如下图所示。

⑬ 这时，图片将被插入图文框中，如下图所示，调节图片大小，使它适合图文框的大小。

14 在文档中输入"浪涛发型设计体验店"和"客户满意度调查表"并将其分别设置为【黑体】、【二号】【加粗】、【居中】和【楷体】、【四号】、【加粗】和【居中】,如下图所示。

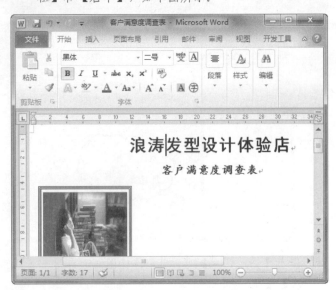

15 将光标置于图文框右侧,然后在【插入】选项卡下的【插图】组中单击【形状】按钮,接着在弹出的快捷菜单中选择【圆角矩形】选项,如下图所示。

16 拖动鼠标绘制一个圆角矩形,如下图所示。

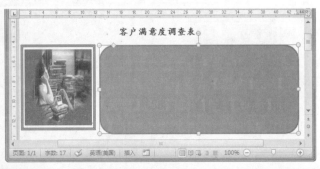

17 右击圆角矩形,从弹出的快捷菜单中选择【设置形状格式】命令,如下图所示。

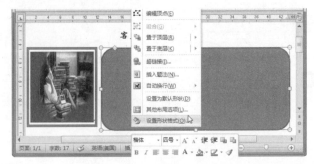

18 弹出【设置图片格式】对话框,在左侧窗格中单击【填充】选项,在右侧窗格中选中【图片或纹理填充】单选按钮,再单击【纹理】按钮,并从打开的列表中选择【水滴】选项,如下图所示,最后单击【关闭】按钮。

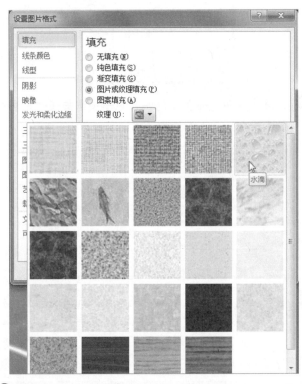

19 右击圆角矩形,从弹出的快捷菜单中选择【添加文字】命令,如下图所示。

制定段落的标题层次和大纲级别都是为了在大纲视图方式下能够显示段落的不同层次,其区别是:前者用于设置内置的标题样式,后者用于设置用户自己命名的段落标题。

20 在圆角矩形中输入文字，并对其进行设置，效果如
下图所示。

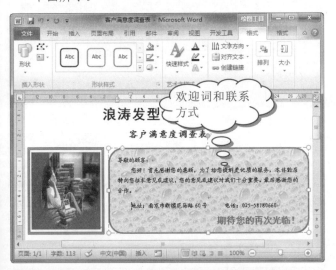

21 在文档中插入一个【五边形】图形 ▱，如下图所示。

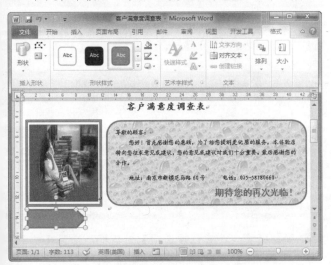

22 设置五边形的填充颜色为【灰色】，然后在图形中
添加文字"个人资料"，并将其设置为【宋体】、
【五号】、【加粗】，如下图所示。

23 在五边形下方插入 3 行、3 列的表格，然后设置表格
【底纹】为【黄色】，接着在表格中输入相应的信
息，如右上图所示。

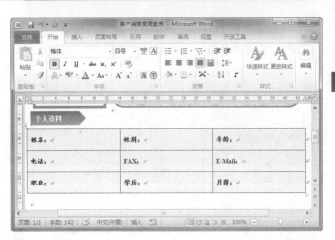

24 参考上述步骤，制作"问卷"部分内容，效果如下
图所示。

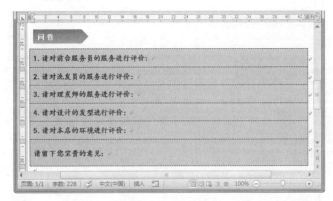

25 在问卷下方再插入一个【五边形】图形 ▱，并对其
进行设置。紧接着再插入一条直线，并将直线设置
为【虚线】、【橙色】，如下图所示。

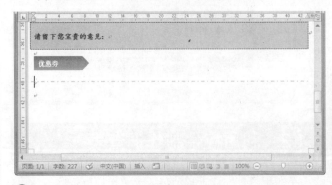

26 为了突出此处可剪裁，在【插入】选项卡下的【符
号】组中，单击【符号】按钮，并从弹出的列表中
选择【其他符号】命令，如下图所示。

在编辑文档时，如果自动更正功能做出了不需要的更正，可以通过按 Ctrl+Z 组合键将其撤销。还可以对程序进行设
置，以便在撤销对自动更正的更改时，自动将该单词添加到例外项列表中。执行此操作后，自动更正将停止更改该单词。

㉗ 弹出【符号】对话框，并切换到【符号】选项卡，然后在【字体】下拉列表框中选择 Wingdings 选项，接着在列表框中选择要插入的符号，再单击【插入】按钮，如下图所示。

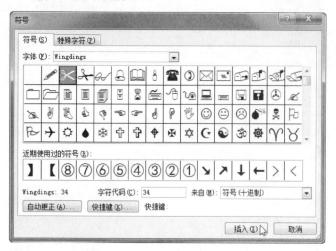

㉘ 这时即可将选中的符号插入文档中，接着插入一个椭圆自选图形，并根据情况设置图形的填充效果，并在自选图形中添加文字，效果如下图所示。

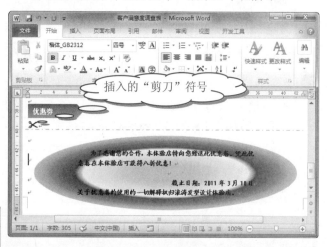

7.1.2 利用控件制作调查表

本例中设计的控件包括：文字型窗体域、选项按钮、复选框、文本框和组合框。下面一起来研究一下吧。

1. 添加文本域控件

在文档中添加文本域控件的方法如下。

操作步骤

① 将光标置于姓名栏，然后在【开发工具】选项卡下的【控件】组中，单击【旧式工具】按钮，从弹出的列表中单击【文本域】按钮，如右上图所示。

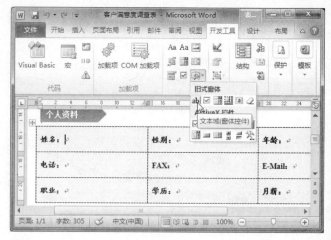

② 此时在姓名栏已经插入一个文本域，选中该文本域，然后在【开发工具】选项卡下的【控件】组中，单击【属性】按钮，如下图所示。

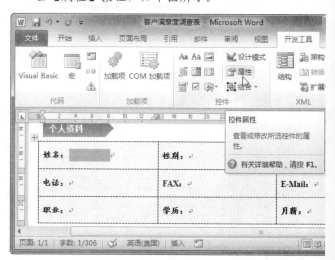

③ 弹出【文字型窗体域选项】对话框，设置【类型】和【书签】选项内容，如下图所示。

④ 单击【添加帮助文字】按钮，弹出【窗体域帮助文字】对话框，切换到【状态栏】选项卡，选中【自己键入】单选按钮，并在文本框中输入"姓名"帮助文字，如下图所示。最后单击【确定】按钮。

Word 2010 中的"屏幕截图"功能，可以方便地将已经打开且未处于最小化状态的窗口截图插入到当前 Word 文档中。但要注意的是，"屏幕截图"功能只能应用于文件扩展名为.docx 的 Word 2010 文档中，在文件扩展名为.doc 的兼容 Word 文档中是无法实现的。

② 添加的选项按钮控件如下图所示。

提示

　　【帮助文字】主要用于提示填写调查表的人有关该项主要涉及的方面。

③ 选中选项按钮控件，然后在【开发工具】选项卡下的【控件】组中，单击【属性】按钮，弹出【属性】对话框。接着在【按分类序】选项卡中设置 Caption 为【男】，GroupName 为【性别】，如下图所示。

⑤ 按照类似的操作为【年龄】栏、【电话】栏、FAX 栏、E-Mail 栏、【职业】栏和【月薪】栏添加文字型窗体域，并将其【类型】分别设置为【数字】、【数字】、【常规文字】、【常规文字】、【常规文字】和【数字】，再分别设置【书签】选项，设置完成后，效果如下图所示。

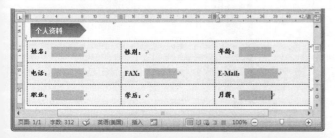

④ 关闭【属性】对话框，返回文档，并调节选项按钮的大小，如下图所示。

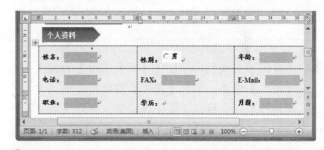

2. 添加选项按钮控件

　　对于在两者之中选择一个的情况，用户可以添加选项按钮控件来实现。

操作步骤

① 将光标置于【性别】栏，然后在【开发工具】选项卡下的【控件】组中，单击【旧式工具】按钮，从弹出的列表中单击【选项按钮】按钮，如下图所示。

⑤ 按照类似的操作添加另一个选项按钮，如下图所示。

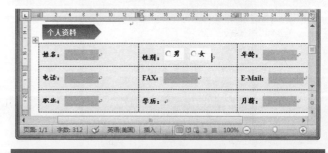

3. 添加下拉列表控件

　　对于在调查表中的一个栏中从多个项中选择一个答案的情况，可以使用下拉列表控件来实现。

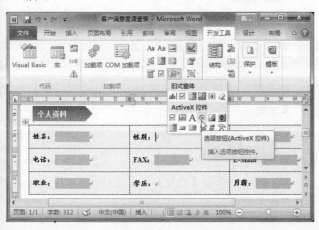

99

学以致用系列丛书

操作步骤

❶ 将光标置于【学历】栏，然后在【开发工具】选项卡下的【控件】组中，单击【下拉列表】按钮，如下图所示。

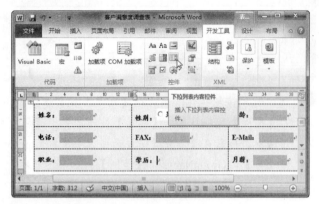

❷ 插入下拉列表框，然后在【开发工具】选项卡下的【控件】组中，单击【设计模式】按钮，调整下拉列表框模式，如下图所示。

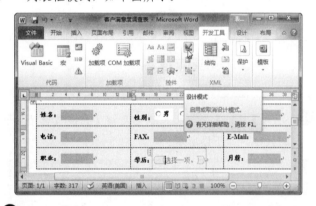

❸ 选中下拉列表框，然后在【开发工具】选项卡下的【控件】组中，单击【属性】按钮，弹出【内容控件属性】对话框。设置控件标题，并在【锁定】选项组中选中【无法删除内容控件】复选框，再单击【添加】按钮，如下图所示。

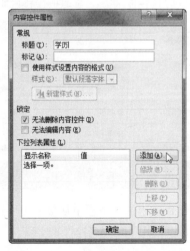

❹ 弹出【添加选项】对话框，在【显示名称】和【值】文本框中输入相应内容，再单击【确定】按钮，如下图所示。

❺ 这时，设置选项被添加到【下拉列表属性】列表框中，如下图所示。同理添加其他选项，最后单击【确定】按钮。

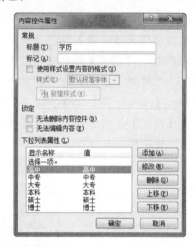

❻ 这时在文档中单击下拉列表框，即可在弹出的下拉列表中看到添加的选项了，如下图所示。

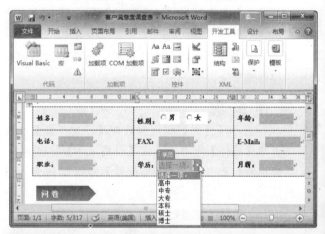

4. 添加复选框控件

对于调查问卷中的多项选择，可以通过添加复选项控件来实现。

操作步骤

❶ 将光标置于问卷栏，在【开发工具】选项卡下的【控件】组中，单击【旧式工具】按钮，从弹出的列表中单击【复选框】按钮，如下图所示。

若要指定形状的透明程度，可以拖动【透明度】滑块，或者在该滑块旁边的框中输入一个数字。可以改变的透明度百分比范围是从 0(完全不透明，默认设置)～100%(完全透明)。

❷ 插入复选项，如下图所示。然后在【开发工具】选项卡下的【控件】组中，单击【属性】按钮。

❸ 弹出【属性】对话框，然后在【按分类序】选项卡中将 Caption 设置为【非常满意】，将 GroupName 设置为【评价】，如下图所示。

❹ 关闭【属性】对话框，并调整复选框控件的大小，如下图所示。

❺ 按照类似的方法为其他栏也添加复选项控件，如右上图所示。

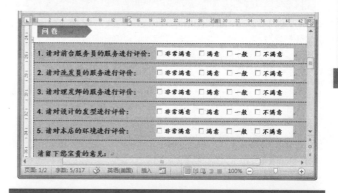

5. 添加文体框控件

对于那些有意见或者建议的客户，还可以在问卷中单开辟一栏，为客户提供提意见的场所。

操作步骤

❶ 将光标置于意见或者建议栏中，然后在【开发工具】选项卡下的【控件】组中，单击【旧式工具】按钮，从弹出的列表中单击【文本框】按钮，如下图所示。

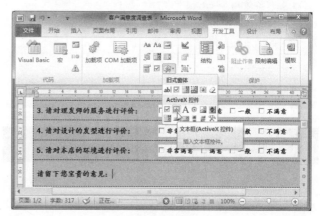

❷ 添加的文本框控件如下图所示，右击文本框，从弹出的快捷菜单中选择【属性】命令

❸ 弹出【属性】对话框，然后在【按字母序】选项卡中设置 EnterKeyBehavior 选项值为 True，Locked 选项值为 True，MultiLine 选项值为 True，ScrollBars 选

Word 2010 允许应用内置模板，可以应用自己的自定义模板，以及从 Office.com 上提供的多种模板中进行搜索。同于 Office.com 提供了大量可供选择的受欢迎的 Word 模板，包括基本简历、特定工作的简历、议程、打印名片和传真。

 101

项值为 2-fmScrollBarsVerticall，如下图所示。

❹ 关闭【属性】对话框，效果如下图所示。

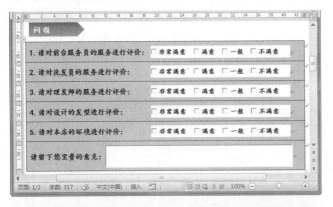

7.1.3 自定义文档属性

调查问卷制作好之后，如何将用户填好的调查表信息导入应用软件进行数据处理呢？将控件的标签值和文档的属性进行链接，就可以实现应用程序读取文档中的信息了。

操作步骤

❶ 切换到【文件】选项卡；并在打开的 Backstage 视图中选择【信息】命令，如下图所示。

❷ 接着在右侧窗格中单击【属性】按钮，从打开的菜

单中选择【高级属性】命令。

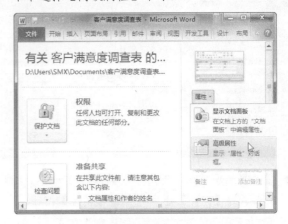

❓提示

若在上图中选择【显示文档面板】命令，则可以打开【文档属性】面板，在这里可以定义文档的基本属性，如下图所示。

❸ 弹出【客户满意度调查表属性】对话框，切换到【自定义】选项卡，选中【链接到内容】复选框，接着单击【源】下拉列表框右侧的下拉按钮，查看文档中已经添加的控件的标签值，如下图所示。

❹ 选中姓名栏的控件，在【名称】文本框中输入 "姓名"，并单击添加【添加】按钮，将名称添加到【属性】列表框中，如下图所示。

文档属性的自动更新属性类型：这些属性包括文件系统属性(例如文件大小、文件创建日期或上次更改日期)和 Offic 程序维护的统计信息(例如文档中的字数或字符数)。用户不能指定或更改自动更新属性。

❺ 按照类似的操作为其他控件添加标签，最后单击【确定】按钮。

7.1.4　限制修改格式

这么有意义的文档，当然要保护起来了，可不能让他人随意修改。其操作步骤如下。

操作步骤

❶ 在【审阅】选项卡下的【保护】组中，单击【限制编辑】按钮，如下图所示。

❷ 打开【限制格式和编辑】窗格，选中【限制对选定的样式设置格式】和【仅允许在文档中进行此类型的编辑】复选框，再单击【是，启动强制保护】按钮，如下图所示。

❸ 弹出【启动强制保护】对话框，选中【密码】单选按钮，并输入密码和确认密码，再单击【确定】按钮即可，如下图所示。

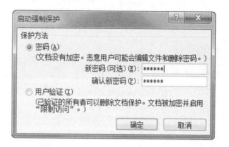

❹ 这时，【是，启动强制保护】按钮将变成【停止保护】按钮，如下图所示。如果要取消保护，可以单击【停止保护】按钮。

❺ 弹出【取消保护文档】对话框，直接单击【确定】按钮即可取消密码，如下图所示。

7.1.5　保存表单数据

对于只有窗体构成的表单，用户在客户填写完调查表之后可以不保存整个调查表，只保存数据。其操作方法如下。

操作步骤

❶ 打开【Word 选项】对话框，在左侧导航窗格中单击【高级】选项，然后在右侧窗格中选中【将窗体数据保存为带分隔符的文本文件】复选框，如下图所示，再单击【确定】按钮。

文档属性的自定义属性类型：可以为 Office 文档定义附加的自定义属性。可以向自定义属性分配文本、时间或数值，也可以向这些属性分配值"是"或"否"。可以从推荐名称列表中进行选择，也可以定义自己的属性。

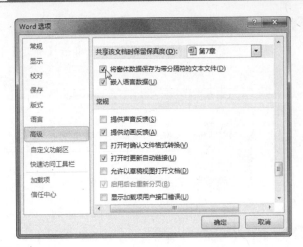

❷ 返回文档主界面，然后单击【保存】按钮，弹出【另存为】对话框，选择保存路径，再单击【保存】按钮，如下图所示。

❸ 弹出【文件转换】对话框，单击【确定】按钮，开始保存文件，如下图所示。

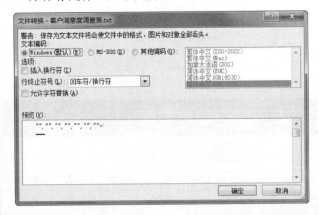

7.2　制作商务邀请函

商务邀请函是企业邀请客户或者合作伙伴参加一些会议或者活动的方式。因此邀请函不仅要美观大方，而

且要正规。

7.2.1　创建商务邀请函

商务邀请函在一定层次上反映了企业的形象，因此商务邀请函一定要制作得美观大方。下面介绍制作商务邀请函的方法。

操作步骤

❶ 新建一个名称为"邀请函"的文档，然后在【页面布局】选项卡下的【页面设置】组中，单击对话框启动器按钮，接着在弹出的【页面设置】对话框中的【页边距】选项卡中设置页边距，如下图所示，最后单击【确定】按钮。

❷ 在【页面布局】选项卡下的【页面设置】组中，单击【分栏】按钮，从打开的菜单中选择【更多分栏】命令，如下图所示。

❸ 弹出【分栏】对话框，在【预设】组中选择【两栏

无论是给文档加密，还是给文档设置成只读，或者指定用户编辑和查阅文档，都是可以在 Word 2010 中实现的。

选项，并选中【分隔线】复选框，再单击【确定】按钮，如下图所示。

后设置【旋转】为 "325°"，再单击【确定】按钮，如下图所示。

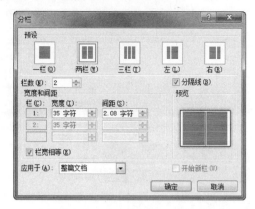

4 在文档绘制两个表格，效果如下图所示。在左侧表格中插入一个椭圆图形，接着选中椭圆并复制两个相同的椭圆。

8 移动椭圆的位置，效果如下图所示。

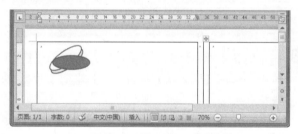

9 在 "蓝色" 椭圆上添加文字 "睿远科技"，将该文字设置成【华文新魏】、【五号】、【居中】、【加粗】、【白色】，如下图所示。

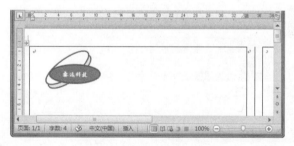

5 设置第一个椭圆的填充颜色为【黄色】，第二个椭圆的填充颜色为【白色】。

6 选中前两个椭圆图形，然后在【绘图工具】下的【格式】选项卡中，单击【排列】组中的【旋转】按钮，从打开的菜单中选择【其他旋转选项】命令，如下图所示。

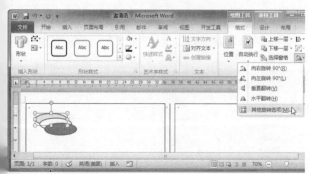

10 选中三个椭圆图形并右击，从弹出的快捷菜单中选择【组合】|【组合】命令，将图形组合在一起，如下图所示。

弹出【布局】对话框，切换到【大小】选项卡，然

11 插入一个圆角矩形，并右击该图形，从弹出的快捷

使用信息检索功能，用户可以利用双语词典翻译单个字词或短语，或者使用基于 Web 的机器翻译服务来翻译整个文档。

菜单中选择【设置形状格式】命令，然后在弹出的对话框中单击【填充】选项，接着在右侧窗格中选中【渐变填充】单选按钮，并设置【预设颜色】为【浅蓝色】、【方向】为【线性对角-左下到右上】，如下图所示，最后单击【确定】按钮。

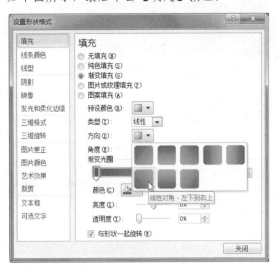

⑫ 选中圆角矩形，然后在【插入】选项卡下的【文本】组中，单击【艺术字】按钮，从弹出的下拉列表中选择艺术字样式，如下图所示。

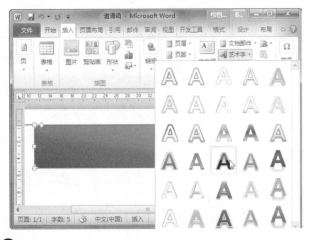

⑬ 这时将会出现"请在此放置您的文字"字符提示，在此位置输入"睿远科技有限公司聚会邀请函"，并设置字体格式为【华文新魏】、【字号】为"36"、【加粗】，效果如下图所示。

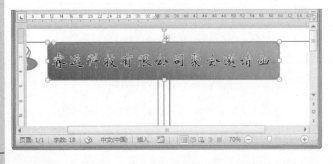

⑭ 单击艺术字，然后在【绘图工具】下的【格式】选项卡中，单击【艺术字样式】组中的【文本轮廓】按钮，从弹出的列表中选中【黄色】，如下图所示。

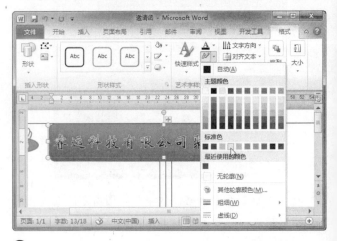

⑮ 在页面中插入一个矩形，然后在【绘图工具】下的【格式】组中单击【形状样式】组中的【形状填充】按钮，从弹出的列表中选择【图片】命令，如下图所示。

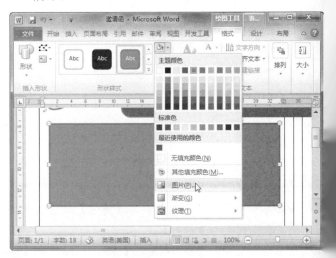

⑯ 弹出【插入图片】对话框，选中图片，再单击【插入】按钮，如下图所示。

对于一些重要的或敏感的文档，建议用户使用人工翻译，因为机器翻译无法保留文字的准确意思和语气，只能传送文档的基本大意。

17 在页面中插入一个横卷形图形，然后在【填充效果】对话框的【纹理】选项卡中，设置填充效果为【水滴】，如下图所示。

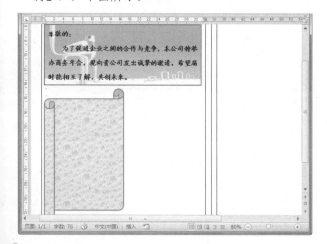

18 接着在形状中添加"会议的主要内容"，并将文字设置为【楷体】、【小四】，如下图所示。

19 在页面中插入一个流程图图形 □，然后在【填充效果】对话框的【图案】选项卡中，选择填充图案，并设置【前景颜色】和【背景颜色】，如下图所示。

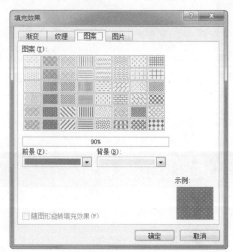

20 在形状中添加文字"会议费用"内容，并将文字设

置为【楷体】、【小四】、【白色】，如下图所示。

21 按照类似的方法在页面中插入圆角矩形，并将其【填充效果】设置为【宝石蓝】，如下图所示。

22 在形状中添加文字，结果如下图所示。

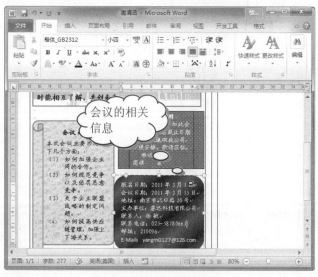

23 在页面的右侧表格中插入如下图所示的表格，并设置其底纹的【填充颜色】为【浅蓝色】。接着在表格中输入会议安排。

在 Word 中，在文档中的任意位置右击，然后从弹出的快捷菜单上选择【翻译】命令都可以翻译文字。

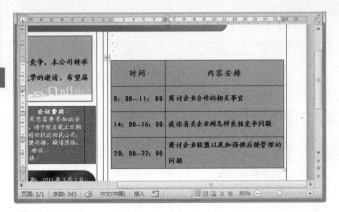

❷❹ 在表格的上方绘制一个矩形，并设置其底纹的【填充颜色】为【浅蓝色】，接着在矩形中添加"会议日程"文本，如下图所示。

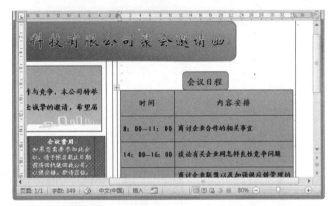

❷❼ 插入一个椭圆图形，然后在图形中添加文字"回执"，并将其设置为【华文新魏】、【三号】、【加粗】、【白色】、【居中】，如下图所示。

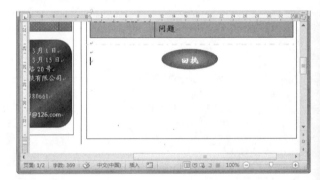

❷❺ 在表格下方绘制一条直线，然后右击该图形，从弹出的快捷菜单中选择【设置形状格式】命令，接着在弹出的对话框中单击【线条颜色】选项，在右侧窗格中选中【实线】单选按钮，并设置【颜色】为【黄色】，如下图所示。

在此处设置线条的颜色、虚实和粗细

❷❽ 在椭圆下面绘制如下图所示的表格，并将其【填充颜色】设置为【蓝色】，然后在表格中输入文字。

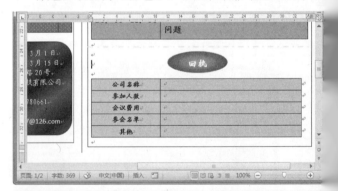

7.2.2 设置邀请函背景

接下来给邀请函添加背景，其操作步骤如下。

操作步骤

❶ 右击页面中的任意空白部分，从弹出的快捷菜单选择【边框和底纹】命令，弹出【边框和底纹】

❷❻ 接着单击【线型】选项，并在右侧窗格中设置线宽和类型，最后单击【关闭】按钮，如右上图所示。

使用"信息检索"功能，可以在同义词库中查找同义词和反义词。使用"信息检索"功能，也可以在词典中查找字词

话框，切换到【页面边框】选项卡。在【设置】栏中选择【三维】选项，接着单击【艺术型】下拉列表框右侧的下拉按钮，从弹出的下拉列表中选择需要的艺术型，如下图所示。

❷ 切换到【底纹】选项卡，在【图案】组中的【样式】下拉列表框中选择【浅色棋架】，在【颜色】下拉列表中选择【橙色】，如下图所示。

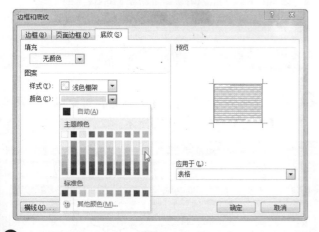

❸ 单击【确定】按钮，结果如下图所示。同理设置右侧表格的底纹填充效果。

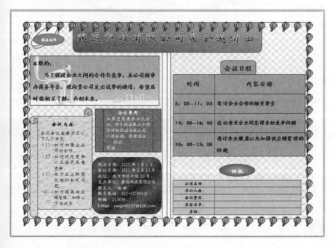

7.2.3　将客户资料整合到邀请函中

如果与会的客户非常多，每个邀请函都手动添加一些客户信息，势必会浪费大量的时间和精力，下面采用从 Excel 表格读取相应数据的方法来节省人力。

操 作 步 骤

❶ 将光标至于"尊敬的"之后，然后在【邮件】选项卡下的【开始邮件合并】组中，单击【开始邮件合并】按钮，从打开的菜单中选择【邮件合并分步向导】命令，如下图所示。

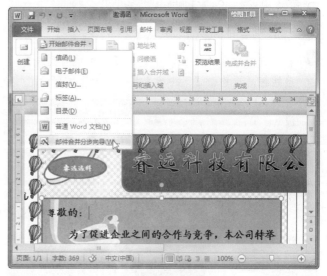

❷ 打开【邮件合并】窗格，在【选择文档类型】区域中选择【信函】单选按钮，再单击【下一步】按钮，如下图所示。

❸ 在【选择开始文档】区域中选择【使用当前文档】单选按钮，再单击【下一步】按钮，如下图所示。

管理加载项涉及到启用或禁用加载项、添加或删除加载项以及使加载项处于活动或非活动状态等多种操作。

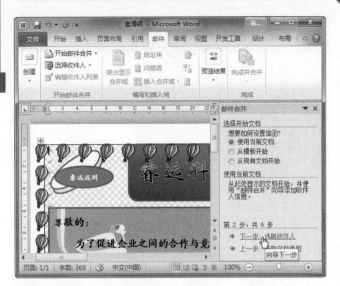

❹ 在【选择收件人】区域中选择【使用现有列表】单选按钮，再单击【下一步】按钮，如下图所示。

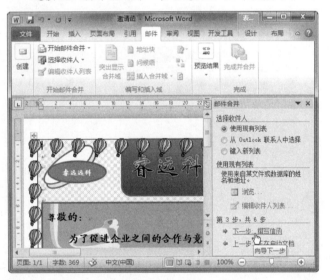

❺ 弹出【选择数据源】对话框，选中数据源文件，再单击【打开】按钮，如下图所示。

在安装 MAPI 兼容电子邮件程序后，就可以借助 Outlook MAPI(消息处理应用程序接口)的功能，Microsoft Word 和 Microsoft Outlook 才能在发送合并的电子邮件时共享信息。

技巧

用户也可以单击【邮件】选项卡下的【开始邮件合并】组的【选择收件人】按钮，从打开的菜单中选择加入数据源的方式，再根据提示进行操作即可，如下图所示。

如果用户要终止合并到电子邮件的过程，可以按 Esc 键停止。

❻ 弹出【选择表格】对话框，选中 Sheet1 $ 选项，再单击【确定】按钮，如下图所示。

❼ 弹出【邮件合并收件人】对话框，选择客户，再单击【确定】按钮，如下图所示。

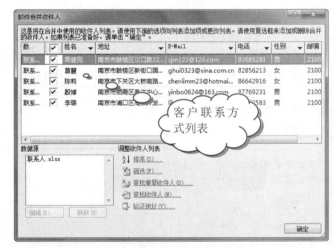

客户联系方式列表

技巧

用户也可以单击【邮件】选项卡下的【开始邮件合并】组的【编辑收件人列表】按钮，弹出上图所示的【邮件合并收件人】对话框。

❽ 返回文档页面，然后关闭【邮件合并】窗格。接着在【邮件】选项卡下的【编写和插入域】组中，单

击【插入合并域】按钮，如下图所示。

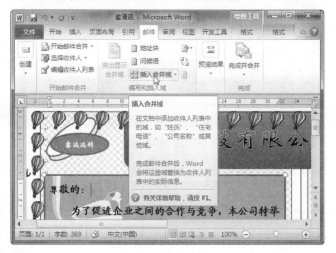

⑨ 弹出【插入合并域】对话框，在【域】列表框中选择【姓名】选项，再单击【插入】按钮，如下图所示。

⑩ 在【邮件】选项卡下的【编写和插入域】组中，单击【规则】按钮，从打开的菜单中选择【如果…那么…否则…】命令，如下图所示。

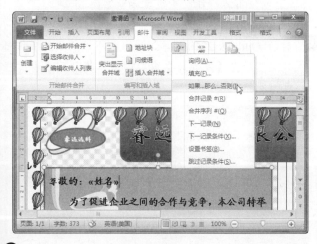

⑪ 弹出【插入 Word 域：IF】对话框，然后在【域名】下拉列表框中选择【性别】选项，在【比较条件】下拉列表框中选择【等于】选项，在【比较对象】

文本框中键入"男"，在【则插入此文字】文本框中键入"（先生）"，在【否则插入此文字】文本框中键入"（女士）"，如下图所示，最后单击【确定】按钮。

⑫ 在【邮件】选项卡下的【预览结果】组中，单击【预览结果】按钮，如下图所示。

⑬ 结果如下图所示。

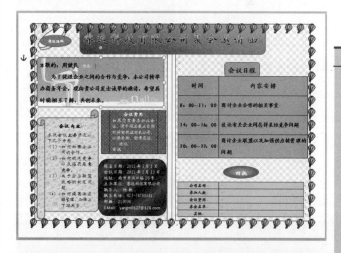

7.2.4　使用 Outlook 发送邀请函

下面介绍如何使用电子邮件发送邀请函，其操作步骤如下。

将邮件合并域插入电子邮件主文档时，域名始终由尖括号（« »）括起来。这些尖括号不在最终电子邮件中显示。它们只用来帮助您将电子邮件主文档中的域与常规文字区分开。

操作步骤

❶ 接上一节操作，在【邮件窗格】中单击【下一步】按钮，进入第4步，如下图所示。

❷ 再单击【下一步】按钮，进入下图所示的窗格。

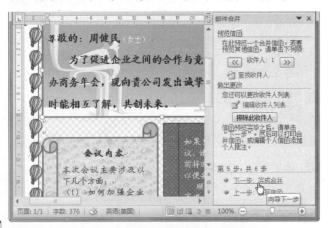

❸ 单击【下一步】按钮，完成合并，如下图所示。

❹ 在【邮件】选项卡下的【完成】组中，单击【完成并合并】按钮，从打开的菜单中选择【发送电子邮件】命令，如右上图所示。

❺ 弹出【合并到电子邮件】对话框，在【收件人】下拉列表中选择 EMail 选项，在【主题行】文本框中输入"睿远科技有限公司年会邀请函"，在【邮件格式】下拉列表中选择 HTML 选项，在【发送记录】组中选择【全部】单选按钮，如下图所示。

提示

在上图中设置【邮件格式】为 HTML 选项，Word 程序会将文档当作邮件正文进行发送；若选择【附件】选项，则会将文档当作附件进行发送；若选择【纯文本】选项，则会将文档作为纯文本电子邮件发送，电子邮件将不包含任何文本格式设置或图形。

❻ 启动 Outlook 2010 程序，进入如下图所示的工作窗口，然后在【发件箱】窗口中双击邮件列表中的任意邮件。

水平对齐方式确定段落边缘的外观和方向，水平对齐方式包括：左对齐文本、右对齐文本、居中文本或两端对齐文本(表示文本沿左边距和右边距均匀地对齐)。

7 打开邮件编写窗口，如下图所示。

8 如果用户需要发送该邮件，只需单击【发送】按钮即可。

7.2.5 打印每位客户的邀请函

如果用户在邮件合并后想把邀请函打印出来，可以利用"合并到打印"功能来实现。

操 作 步 骤

1 在【邮件】选项卡下的【完成】组中，单击【完成并合并】按钮，从打开的菜单中选择【打印文档】命令，如下图所示。

2 弹出【合并到打印机】对话框，选中【全部】单选按钮，如右上图所示。

3 单击【确定】按钮，弹出【打印】对话框，选择需要的打印机，设置打印范围和打印份数，如下图所示。再单击【确定】按钮，开始打印。

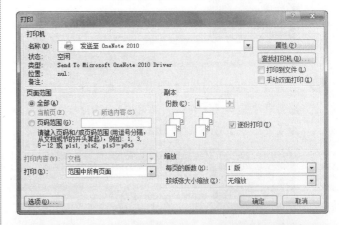

7.2.6 制作统一格式的信封

在中国大多数邀请函还是通过邮寄的方式送达被邀请者的，因为这样显得比较的正规，被邀请者也乐于接受邀请。因此有必要讲解怎样批量制作信封，使得制作出来的信封都对应地有客户的地址、姓名、邮编等信息。

操 作 步 骤

1 在【邮件】选项卡下的【创建】组中，单击【中文信封】按钮，如下图所示。

2 弹出【信封制作向导】对话框，直接单击【下一步】按钮，如下图所示。

按住 Ctrl 键将选中的文本拖动到其他位置释放，则可以复制选中的文本。

3 进入【选择信封样式】对话框，在【信封样式】下拉列表中选择【国内信封-C4(324x229)】选项，再单击【下一步】按钮，如下图所示。

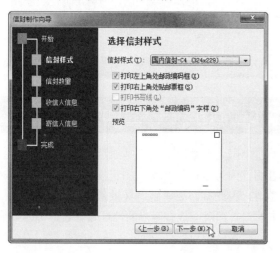

4 进入【选择生成信封的方式和数量】对话框，选中【基于地址簿文件，生成批量信封】单选按钮，再单击【下一步】按钮，如下图所示。

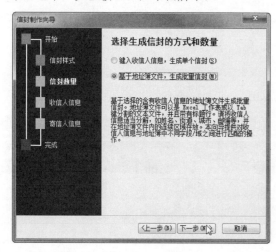

5 进入【从文件中获取并匹配收件人信息】对话框，单击【选择地址簿】按钮，如右上图所示。

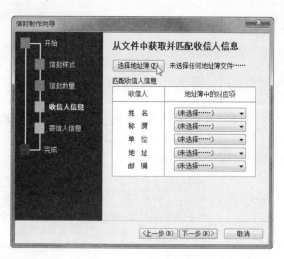

6 弹出【打开】对话框，选择要添加的地址簿，再击【打开】按钮，如下图所示。

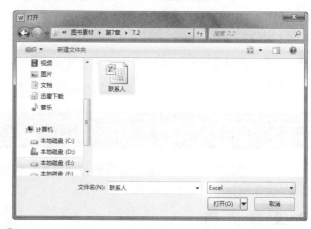

7 返回【从文件中获取并匹配收件人信息】对话框，在【匹配收件人信息】列表中匹配收件人信息，再单击【下一步】按钮。

8 进入【输入寄信人信息】对话框，设置寄信人信息，再单击【下一步】按钮，如下图所示。

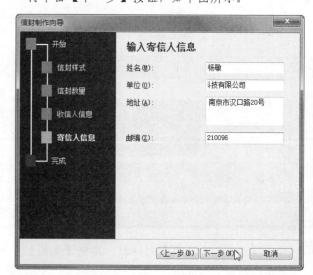

9 进入如下图所示的对话框，单击【完成】按钮，开

在输入过程中，如果能巧妙使用F4键，可以提高输入效率。因为在Word中，F4键可以作为快捷键，用来重复输入刚输入的内容。但是，重复的内容在输入英文和中文时，是有些差别的。英文输入时使用F4键，重复输入的是上一次使用F4键后输入的所有内容(包括回车换行符)。

始生成信封。

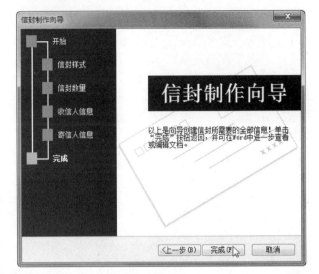

10 制作的信封效果如下图所示。

> **提示**
>
> 如果用户对信封的字体和格式不是很满意，可以直接在信封中进行修改。

7.3 思考与练习

操作题

1. 插入自选项图形时，是单击_____按钮。

    A. 【图片】   B. 【剪贴画】

    C. 【形状】   D. 【图表】

2. 设置通栏标题时，只要把标题设置为_____就可以了。

    A. 两栏   B. 一栏

    C. 无   D. 三栏

3. 下面关于自选图形的填充效果，说法错误的是_____。

    A. 可以为自选图形设置无色填充

    B. 可以为自选图形设置纯色填充

    C. 可以为自选图形设置渐变色填充效果、纹理填充效果和图案填充效果

    D. 无法将图片设为自选图形的填充效果

操作题

1. 在文档中制作公司合同书。

2. 制作一个精美贺卡，将其发送给好友。

第 8 章

小试锋芒——Excel 2010 基本操作

Excel 是办公自动化中非常重要的一款表格处理软件，很多企业都依靠它进行数据管理。Excel 不仅能方便地处理、分析数据，其更强大的功能体现在对数据的自动处理和计算上。下面一起来领略 Excel 2010 软件的神奇之处吧!

学习要点

- ❖ 初识 Excel 2010
- ❖ 创建与管理工作簿
- ❖ 保护工作簿
- ❖ 输入表格数据
- ❖ 修正数据
- ❖ 移动与复制数据
- ❖ 查找与替换数据

学习目标

通过对本章的学习，读者首先应该掌握新建工作簿的方法，工作簿的技巧；其次要求掌握保护工作簿的方法；最后要求掌握数据输入与编辑技巧。

8.1 初识 Excel 2010

在掌握了 Word 程序的使用方法后，接下来介绍 Excel 2010 程序的使用方法，下面先来认识一下吧！

8.1.1 启动 Excel 2010

启动 Excel 2010 程序的方法与启动 Word 程序的方法类似，常用的方法有以下几种。

操作步骤

❶ 在电脑桌面上选择【开始】|【所有程序】|Microsoft Office| Microsoft Excel 2010 命令，启动 Excel 2010 程序，如下图所示。

❷ 这时将会打开如下图所示的 Excel 2010 窗口。

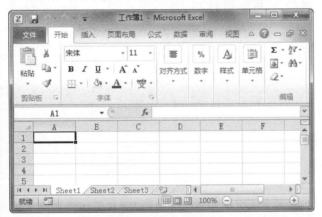

技巧

- 还可以通过下述方式启动 Excel 程序。
  - ❖ 在桌面上双击 Excel 2010 程序的快捷方式图标。
  - ❖ 双击已存在的 Excel 文件。

8.1.2 了解工作簿、工作表和单元格之间的关系

在前面认识 Excel 2010 工作界面时，提到了工作簿、工作表以及单元格。想知道它们彼此之间的关系吗？呵呵，别急，下面就来进行介绍。

1. 工作簿

工作簿是指在 Excel 工作环境中用来存储并处理工作数据的文件，类似于 Word 文档。所以，通过【文件】选项卡，也可以对工作簿进行新建、保存、关闭、打开等操作。

在默认情况下，每个工作簿由三个工作表组成。用户可以根据需要添加更多的工作表。但是，工作簿不允许无限制添加工作表，一个工作簿最多可以存放 255 个工作表。在启动 Excel 2010 后会自动建立一个名为"Book1"的工作簿。

2. 工作表

在启动 Excel 程序时，首先看到的画面就是工作表，其名称出现在屏幕底部的工作表标签上。

在 Excel 2010 中，工作表是用于存储和处理数据的主要文档，也称为电子表格。每张工作表由 256 列和 65536 行组成，并且工作表总是存储在工作簿中。在工作表中可以存储字符、数字、公式、图表以及声音等信息，也可以作为文件打印出来。

3. 单元格

单元格是指工作表中由横纵线相交而成的一个个小格子。每个单元格都有一个地址，它由"列号+行号"组成(例如，单元格 B4 表示 B 列的第 4 个单元格)。

和单元格相对应的概念还有单元地址、活动单元格(活动单元格就是选定单元格，可以向其中输入数据。一次只能有一个活动单元格。活动单元格四周的边框加粗显示)、单元格区域(单元格区域是指一次选中的部分单元格，可以是连续的单元格，也可以是不连续的单元格，如下图所示)等。

安装 Office 组件中的 Excel 时，并不会自动在桌面上创建快捷图标，还需手动创建。利用桌面快捷图标启动相应的软件是最方便和快捷的方法。

选中的单元格都变成浅灰蓝色显示

8.1.3 退出 Excel 2010

若要退出 Excel 2010 程序，只需要在任意打开的 Excel 窗口中单击【文件】选项卡，接着在打开的 Backstage 视图中选择【退出】命令即可，如下图所示。

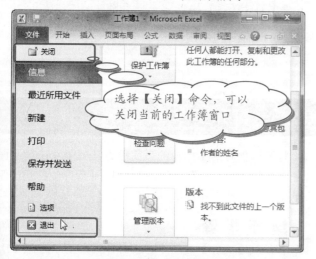

选择【关闭】命令，可以关闭当前的工作簿窗口

技巧

在任务栏中右击 Excel 2010 程序缩略图，从弹出的快捷菜单中选择【关闭所有窗口】命令，也可以退出 Excel 2010 程序。

8.2 工作簿的基本操作

工作簿就是 Excel 文件，每个 Excel 文件类似于一个账本。Excel 程序允许用户创建新工作簿，以及对工作簿进行保存、修订、共享等操作。

8.2.1 新建工作簿

每次启动 Excel 2010 程序时，系统都会打开一个新的工作簿。除此之外，还可以使用下述方法来新建工作簿。

操作步骤

❶ 单击【文件】选项卡，并在打开的 Backstage 视图中选择【新建】命令，如下图所示。

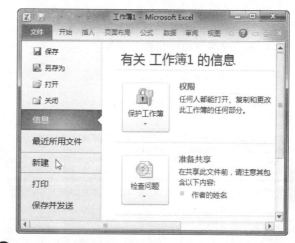

❷ 在【可用模板】窗格中选择模板，这里单击【样本模板】选项，如下图所示。

预览要创建的工作簿效果

技巧

若要创建空白工作簿，可以直接按下 Ctrl+N 组合键，或是在上图中单击【空白工作簿】选项，再单击【创建】按钮。

❸ 接着选中需要的模板样式，例如选择【个人月预算】模板，再单击【创建】按钮，如下图所示。

默认情况下，【最近使用文件】数目是 17 个，最多可以保存 50 个。调整【最近使用文件】数目的方法是：切换到【文件】选项卡，从打开的菜单中选择【选项】命令；然后在【Excel 选项】对话框的左侧列表中单击【高级】选项；接着在【显示】栏中调整【显示此数目的"最近使用的文档"】数值框，最后单击【确定】按钮。

学以致用系列丛书

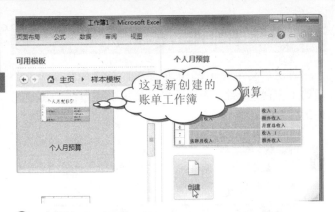

❹ 这时将会弹出新创建的【个人月预算】模板，如下图所示，接下来即可编辑工作簿了。

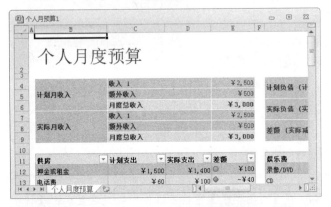

8.2.2 保存工作簿

当工作簿编辑完成后，需要保存工作簿，否则将丢失在工作簿中进行的操作。

操作步骤

❶ 切换到【文件】选项卡，在打开的菜单中选择【保存】命令，如下图所示。

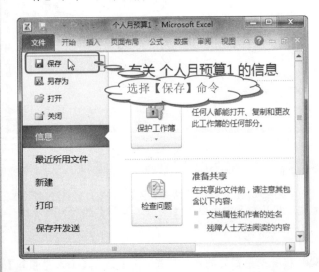

❷ 弹出【另存为】对话框，选择文件的保存位置，接

着在【文件名】文本框中输入工作簿名称，再单击【保存】按钮，如下图所示。

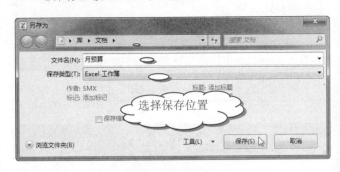

技巧

对于保存过的 Excel 文件，可以单击快速访问工具栏中的【保存】按钮 🔲 来保存修改的工作簿。

如果要另外保存工作簿，可以通过单击【文件】选项卡，在弹出的菜单中选择【另存为】命令来实现。

8.2.3 打开工作簿

打开已保存的工作簿的最简单方法就是双击已经保存的工作簿文件。下面介绍如何在 Excel 程序中打开已保存的工作簿文件，其操作步骤如下。

操作步骤

❶ 切换到【文件】选项卡，在打开的菜单中选择【打开】命令，如下图所示。

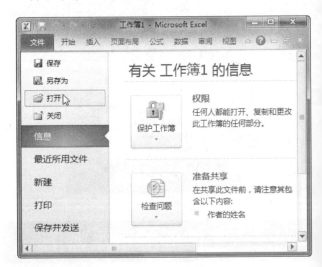

❷ 弹出【打开】对话框，选择要打开文件的保存位置，接着选中要打开的 Excel 文件(可以借助 Ctrl 和 Sh键选择多个文件)，再单击【打开】按钮，如下所示。

❷ 弹出【突出显示修订】对话框，然后选中【编辑时跟踪修订信息，同时共享工作簿】复选框，接着设置突出显示的修订选项，如下图所示。

提示

如果在上图中选中【在屏幕上突出显示修订】复选框，则每个修订过的单元格的左上角都会显示一个小三角，当选中这个单元格时，就可以看到关于修订信息的描述了。

❸ 单击【确定】按钮，弹出 Microsoft Excel 提示对话框，单击【确定】按钮，如下图所示。

注意

只有在步骤 2 中设置【时间】选项后，修改记录才会被保持。

❹ 要想浏览修订，可以在【审阅】选项卡下的【更改】组中单击【修订】按钮，从打开的菜单中选择【接受/拒绝修订】命令，如下图所示。

❺ 打开【接受/拒绝修订】对话框，设置修订选项，再单击【确定】按钮，如下图所示。

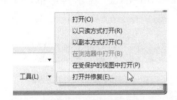

选择要打开的 Excel 文件

技巧

如果使用上述方法无法打开文件，或打开的文件有乱码，可以在【打开】对话框中单击【打开】按钮旁边的下拉按钮，在打开的下拉列表中选择【打开并修复】命令来打开文件，如下图所示。

8.2.4 修订工作簿

当要把工作簿发送给其他人浏览时可以使用修订工作簿功能。这样，当工作簿返回时，用户可以根据需要选择接受或拒绝这些修改。

操作步骤

❶ 在【审阅】选项卡下的【更改】组中，单击【修订】按钮，从打开的菜单中选择【突出显示修订】命令，如下图所示。

Excel 2010 限定了共享工作簿中的修订记录最长可以保留 32 767 天，而系统默认的天数则是 30 天。

6 这时将弹出如下图所示的对话框，显示每个修订信息，通过单击【接受】或【拒绝】按钮可以接受或拒绝修改。当然，也可以单击【全部接受】或【全部拒绝】按钮接受或拒绝所有修改。

8.2.5 共享工作簿

想不想尝个鲜，试试多个用户同时编辑工作簿。这需要先共享工作簿哦！其操作方法如下。

操作步骤

1 在【审阅】选项卡下的【更改】组中，单击【共享工作簿】按钮，如下图所示。

2 弹出【共享工作簿】对话框，切换到【编辑】选项卡，然后选中【允许多用户同时编辑，同时允许工作簿合并】复选框，如下图所示。

3 切换到【高级】选项卡，在【修订】组中选择【保存修订记录】单选按钮，并设置保存时间；在【更新】组中选择【自动更新间隔】单选按钮，并设置更新间隔；在【用户间的修改冲突】组中选择【询问保存哪些修订信息】单选按钮，最后单击【确定】按钮，如下图所示。

4 弹出 Microsoft Excel 提示对话框，单击【确定】按钮，如下图所示。

5 这时在工作簿的标题栏中将出现"[共享]"字符，表示可以共享此文件内容了，如下图所示。

8.2.6 管理工作簿窗口

在同一个工作簿中，为每个工作表创建一个显示窗口，可以同时查看多个工作表，避免来回切换工作表的麻烦。新建工作簿窗口的操作步骤如下。

1. 新建工作簿窗口

操作步骤

1 在【视图】选项卡下的【窗口】组中，单击【新建窗口】按钮，如下图所示。

进行重排窗口操作时，只有打开的 Excel 文档窗口不少于两个时，重排窗口才有意义。

2 这时将显示两个工作簿窗口，并且这两个窗口显示的是同一个工作簿中的内容，如下图所示。

2. 切换工作簿窗口

如果为同一个工作簿创建了多个窗口，将会有窗口被遮盖。这时可以通过下述操作切换窗口。

操 作 步 骤

1 在【视图】选项卡下的【窗口】组中，单击【切换窗口】按钮下方的下三角按钮，从打开的菜单中可以选择需要切换到的窗口名称，如下图所示。

2 工作簿窗口被切换了，如右上图所示。

技巧

切换工作簿窗口最简单的方法是直接单击要激活的工作簿窗口。除此之外，按下 Ctrl+F6 组合键可以切换到下一个窗口，按 Shift+Ctrl+F6 组合键可以切换到上一个工作簿窗口。

3. 排列工作簿窗口

我们知道，通过单击窗口即可切换窗口。不过，这是在窗口不被完全遮盖的情况下。为此，下面通过重新排列，将所有打开的窗口都显示出来。

操 作 步 骤

1 在【视图】选项卡下的【窗口】组中，单击【全部重排】按钮，如下图所示。

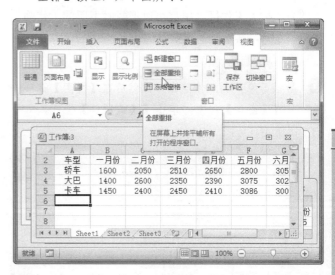

2 弹出【重排窗口】对话框，在【排列方式】选项组中选择一种排列方式，这里选中【平铺】单选按钮，再单击【确定】按钮，如下图所示。

在【重排窗口】对话框中，如果选中【当前活动工作簿的窗口】复选框，则只重排当前打开的活动工作簿的窗口，否则将重排全部被打开的窗口。

❸ 平铺排列窗口的效果如下图所示，所有窗口都可以显示出来。

4. 隐藏工作簿窗口

为了扩大工作区，用户可以把暂时不用的工作簿窗口隐藏起来，其操作步骤如下。

操作步骤

❶ 激活要隐藏的工作簿窗口，然后在【视图】选项卡下的【窗口】组中，单击【隐藏窗口】按钮，如下图所示。

❷ 瞧，活动窗口被隐藏起来了，如右上图所示。

❸ 如果要取消窗口隐藏，在【视图】选项卡下的【窗口】组中，单击【取消隐藏】按钮，如下图所示。

❹ 弹出【取消隐藏】对话框，在【取消隐藏工作簿】列表框中选择要取消隐藏的窗口名称，再单击【确定】按钮，如下图所示。

❺ 隐藏的窗口被显示出来了，如下图所示。

在被锁定的工作表中，按 Home 键，活动单元格的指针将回到冻结点所在的单元格。

8.2.7　锁定表头

如果要编辑的工作表过长或者过宽，就需要上下或者左右滚动屏幕。这时表头也会相应滚动，不能在屏幕上显示，这样就看不到要编辑的数据对应于表头的哪一个信息。下面教大家一个方法，将表头锁定，使表头始终位于屏幕上。其操作步骤如下。

操作步骤

1. 选择要锁定表头的下方一行，这里选择第三行，然后在【视图】选项卡下的【窗口】组中单击【冻结窗格】按钮，接着从下拉列表中选择【冻结拆分窗格】命令，如下图所示。

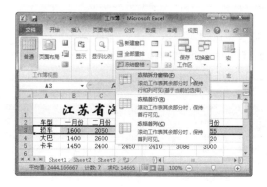

2. 这时，第一、二行被锁定，并在第二行的下边框出现了黑色的细实线。以后再上下滚动屏幕时，前两行都会保留在原位置不动，如下图所示。

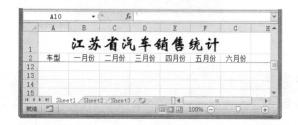

3. 若要取消窗口冻结，可以在【视图】选项卡下的【窗口】组中，单击【冻结窗格】按钮，从打开的菜单中选择【取消冻结窗格】命令即可，如下图所示。

8.2.8　更改窗口颜色

在 Excel 2010 程序中，用户可以根据需要来改变窗口颜色，其操作步骤如下。

操作步骤

1. 单击【文件】选项卡，并在打开的 Backstage 视图中选择【选项】命令，打开【Excel 选项】对话框。

2. 在左侧导航窗格中单击【常规】选项，然后在右侧窗格中的【使用 Excel 时采用的首选项】选项组中单击【配色方案】下拉列表框右侧的下拉按钮，从弹出的列表中选择【黑色】选项，如下图所示。

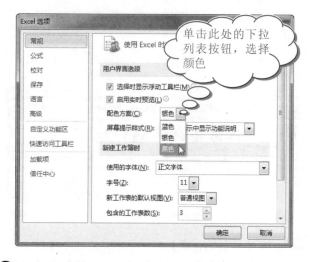

3. 单击【确定】按钮，即可看到改变颜色后的工作簿窗口，如下图所示。

8.3　保护工作表和工作簿

如果不想让他人随便修改工作簿中的数据，建议把工作簿保护起来。不过在保护工作簿之前，需要先

由于密码的保密性，所以在【保护工作簿】对话框中输入密码时，无论输入的是数字还是字母，都将以星号表示，以防止丢失密码信息。

保护工作表，这样才能使工作表和工作簿都处于不可编辑状态。

8.3.1 保护工作表

通过保护工作表命令，可以禁止他人修改、删除工作表中的数据以及调整数据格式等操作。

操作步骤

❶ 打开需要保护的工作表，然后在【审阅】选项卡下的【更改】组中单击【保护工作表】按钮，如下图所示。

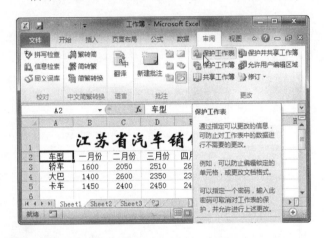

❷ 打开【保护工作表】对话框，然后选中【保护工作表及锁定的单元格内容】复选框，接着在【取消工作表保护时使用的密码】文本框中输入设置密码，再在【允许此工作表的所有用户进行】列表框中选择允许用户进行的操作，最后单击【确定】按钮，如下图所示。

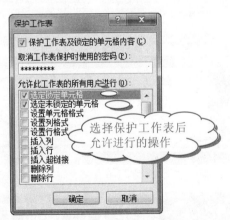

选择保护工作表后允许进行的操作

❸ 弹出【确认密码】对话框，再次输入密码，单击【确定】按钮，如右上图所示。

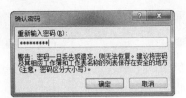

提示

在完成工作表保护操作后，再进行输入、删除等操作时，则会弹出 Microsoft Excel 对话框，提示当前工作表是受保护的，如果要更改请先撤销工作表保护，如下图所示。

❹ 如果要撤销工作表保护，可以在【审阅】选项卡下的【更改】组中，单击【撤消工作表保护】按钮，如下图所示。

❺ 弹出【撤消工作表保护】对话框，输入设置的密码后，再单击【确定】按钮，如下图所示。

8.3.2 保护工作簿

虽然被保护的工作表中的内容不会被其他人修改，但工作簿还是处于可编辑的状态。为此，还需要对工作簿进行保护。

操作步骤

❶ 打开需要保护的工作簿，在【审阅】选项卡下的【更改】组中，单击【保护工作簿】按钮，如下图所示。

❷ 打开【保护结构和窗口】对话框，选中【结构】和

长见识   由于保护单元格功能生效的前提条件是对所在的工作表进行了保护，因此撤销对单元格的保护只需撤销保护工作表的保护即可。

【窗口】两个复选框，然后在【密码】文本框中输入密码，再单击【确定】按钮，如下图所示。

❸ 弹出【确认密码】对话框，再次输入密码，最后单击【确定】按钮，如下图所示。

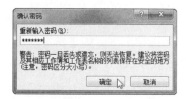

❹ 若要撤销工作簿保护，可以在【审阅】选项卡下的【更改】组中，单击【保护工作簿】按钮，接着在弹出的【撤消工作簿保护】对话框中输入设置的密码，再单击【确定】按钮，如下图所示。

8.4　输入表格数据

单元格是工作簿的最小单位，在单元格中可以输入各种数据，并计算结果，从而得到各种统计、分析的报表或统计图形。因此，掌握单元格的基本操作是学习 Excel 的基本要求。

8.4.1　选中单元格

选中单个单元格的方法有很多，最简单的方法是移动鼠标指针到要选中的单元格上，当指针变成 ✚ 形状时，单击即可选中该单元格。若需要选中多个单元格，该怎么操作呢？下面将针对不同情况进行介绍。

1. 选中连续单元格区域

若要选中一片连续的单元格区域，可以将鼠标指针移动到需要连续选中的单元格区域的第一个单元格上，然后按住鼠标左键，沿需要选中的单元格区域的对角线

方向拖动鼠标，如下图所示，拖至需要选中的单元格区域的最后一个单元格时释放鼠标左键即可选中需要的单元格区域。

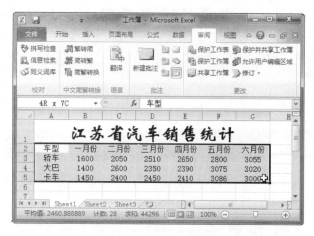

✔技巧❄

单击选中第一个单元格后，再按住 Shift 键单击最后一个需要选择的单元格，也可以选中连续单元格区域。

2. 选中不连续单元格区域

如果要在工作表中选中不连续单元格区域，可以借助 Ctrl 键来实现，其操作步骤如下。

操作步骤

❶ 单击需要选中的不连续单元格区域中的任意一个单元格。

❷ 按住 Ctrl 键，同时单击需要选中的其他单元格。

❸ 重复上一步操作，直到选中最后一个单元格，再松开 Ctrl 键，即可选中所需的不连续单元格区域，如下图所示。

选中不连续单元格区域

❹ 若需要选中局部连续而总体不连续的单元格区域的操作步骤是：先用鼠标拖动的方法选中第一个连续区域，然后按住 Ctrl 键，用鼠标拖动的方法选定另一个连续区域，再重复前面的操作，直到把所有需

使用【地址栏】可以在工作表中选择单个单元格、连续单元格和不连续单元格。例如在【地址栏】中输入 B3，按 Enter 键后选定 B3 单元格，若输入 "A1:B3" 则选定 A1 到 B3 的所有单元格，如果要选定不连续区域 A1:C1、B3:E4 和 F3，则在【地址栏】中输入 "A1:C1,B3:E4,F3"，再按 Enter 键即可。

学以致用系列丛书

长见识

要的区域都选中，如下图所示。

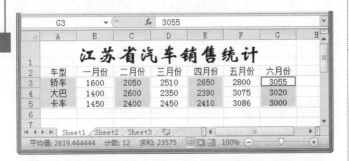

3. 选中行

下面再来介绍如何在工作表中选中单行、连续行或局部连续总体不连续的行等操作。

操作步骤

❶ 将鼠标指针移动到要选中的行标上，当鼠标指针变成➡形状时，单击即可选中该行，如下图所示。

❷ 如果要选中连续行区域，单击第一行的行标后，按住 Shift 键，再单击需要选中的连续行区域的最后一行的行标即可，如下图所示。

✅ 技巧 ❄

在单击连续行区域的第一行行标时，按下鼠标左键向下(上)拖动也可以选中连续区域。

❸ 如果要选中局部连续而总体不连续的行，只需要按住 Ctrl 键，然后依次选中需要的行即可，如右上图所示。

4. 选中列

选中列区域的操作方法与选中行区域的操作方法基本相同，只是将行换为列，当鼠标指针在列标上变成⬇形状时，单击即可选中一列。如下图所示是一组选中的局部连续而总体不连续的列区域。

5. 选中工作表中的所有单元格

在工作表的行标与列标相交处，有一个【选中全部】按钮，单击该按钮或是按下 Ctrl+A 组合键，即可选中工作表中的所有单元格，如下图所示。

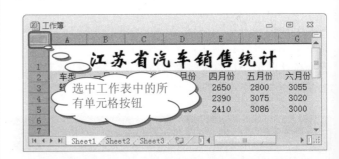

6. 选择特定类型的单元格

当工作表比较大、数据很多时，可以使用定位功能来选择特定类型的单元格。其操作步骤如下。

操作步骤

❶ 在【开始】选项卡下的【编辑】组中，单击【查找和选择】按钮，在打开的菜单中选择【转到】命令，如下图所示。

选中单元格区域最简单的方法是按住 Shift 键，然后使用方向键使单元格突出显示。对于范围较大的选区，可以在按住 Shift 键的同时按 Page Up 键或 Page Down 键来加大单元格区域的"选取步伐"。

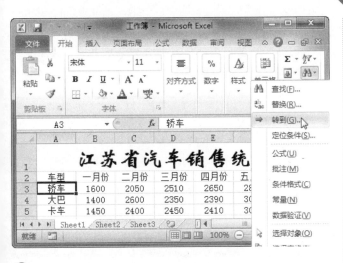

2 弹出【定位】对话框，然后在【引用位置】文本框中输入要选择的单元格的引用位置，再单击【确定】按钮，如下图所示。

3 如果需要定位工作表中特殊类型的单元格，可以在【定位】对话框中单击【定位条件】按钮，然后在弹出的【定位条件】对话框中设置定位条件，最后单击【确定】按钮即可选中需要的单元格，如下图所示。

提示

如果没有找到符合定位条件的单元格，Excel 会弹出 Microsoft Excel 提示对话框，提示未找到单元格，如右上图所示。

8.4.2　输入数据

在前面曾提到可以在活动单元格中输入数据，具体是如何实现的呢？下面一起来研究一下吧！

1. 在单元格中输入数据

在活动单元格中直接输入数据的方法如下。

操作步骤

1 单击选中要输入数据的单元格，然后选择输入法，直接在单元格中输入数据，如下图所示。

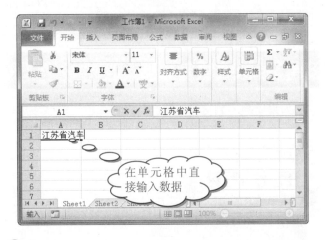

2 输入完毕后，按 Enter 键确认，这时光标会向下移动一个单元格位置，如下图所示。

2. 在编辑栏中输入数据

通过编辑栏也可以向单元格中输入数据，具体方法如下。

操作步骤

1 选中需要输入数据的单元格，比如 A2 单元格，然后将鼠标指针移至编辑栏中并单击，插入光标，如下

使用 End 键可以快速将选区扩展到一行或一列中的最后一个非空单元格。比如要选取存放数据的连续区域 B2:B8，可以先选定 B2 单元格，然后按住 Shift 键，接着按下 End 键，再按向下方向键即可。

129

图所示。

将光标定位到编辑栏

❷ 在编辑栏中输入需要的数据,如下图所示,按住 Enter 键,数据将被保存在 A2 单元格中。

8.4.3 快速填充数据

如果用户遇到这样的情况:在连续单元格区域中输入同一个数据,或是输入一个数据序列,可以使用快速填充数据功能快速实现,其操作方法如下。

操作步骤

❶ 选中 A3 单元格,将鼠标指针放在单元格的右下角,这时指针将变成十字形式 +,如下图所示。

❷ 按住鼠标左键,并向下拖动,如下图所示。

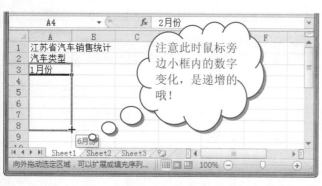

注意此时鼠标旁边小框内的数字变化,是递增的哦!

❸ 松开鼠标左键,这时会出现一个【自动填充选项】图标,单击该图标,从打开的菜单中选择【填充序列】命令,如下图所示。

注意

如果单元格中的内容是纯数据,要想得到递增的填充数据,必须在拖动鼠标的同时,按住 Ctrl 键,否则得到的是相同的数据。

8.5 编辑数据

接下来介绍数据的编辑操作,包括修正数据、移动与复制数据、查找与替换数据等内容。

8.5.1 修正数据

当单元格中的数据输入错误时,用户可以单击选中该单元格,再修改单元格中的数据。

操作步骤

❶ 单击选中要修改数据的单元格,然后将光标定位到编辑栏中,并通过方向键将光标定位到错误字符前面,如下图所示。

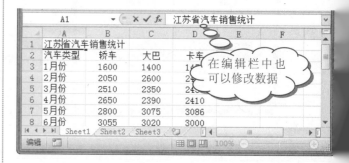

在编辑栏中也可以修改数据

❷ 按下 Backspace 键删除错误字符,再输入正确字符,最后按 Enter 键确认,如下图所示。

如果通过【定位条件】对话框的设置只有一个单元格被选中,说明 Excel 的选择是基于整个激活区域的,否则 Exce 是以整个工作表为选择基础的。

技巧

双击要修改数据的单元格,将光标插入单元格中错误字符的前面,按 Delete 键删除错误字符,再输入正确字符,最后按 Enter 键,也可以修正数据。

8.5.2　移动与复制数据

使用复制功能可以避免重复输入相同数据,减轻工作量;使用移动功能可以将放置在错误位置的数据移动到正确的位置。下面一起来研究一下吧!

1. 鼠标拖曳法

使用鼠标拖曳的方法可以在同一个工作表中快速移动或复制数据。其操作步骤如下。

操作步骤

① 选中要移动或复制的单元格区域,然后将鼠标指针移动到选中的单元格区域的边框上,此时指针会变成形状,如下图所示。

② 按住鼠标左键拖动指针到要移动的新位置,如右上图所示,再释放鼠标左键即可。

提示

如果新位置处的单元格中含有数值,在释放鼠标左键后,会弹出 Microsoft Excel 对话框,询问用户是否替换目标单元格内容,如下图所示。单击【确定】按钮替换目标单元格内容,单击【取消】按钮则取消单元格移动操作。

技巧

如果在按住鼠标左键的同时按 Ctrl 键,鼠标指针旁边将增加一个 " + " 号,表示进行的是复制操作,如下图所示。

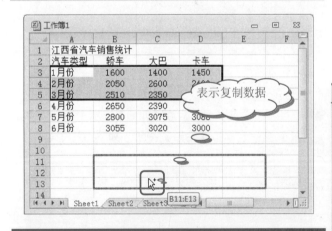

2. 使用【剪贴板】组中的按钮命令

使用【剪贴板】组中的【复制】、【剪切】和【粘贴】按钮可以方便快捷地在不同工作表或工作簿中移动和复制数据。下面以复制操作为例进行讲解。

操作步骤

① 选中要复制的单元格区域,然后在【开始】选项卡

当选中的单元格区域被虚线选定框包围时,可以按 Esc 键取消虚线选定框。

下的【剪贴板】组中，单击【复制】按钮，如下图所示。

提示

如果要进行移动操作，在【剪贴板】组中单击【剪切】按钮🙳即可。

❷ 这时，选中的单元格区域被流动的虚框线包围，如下图所示。然后单击 Sheet2 工作表标签，切换到 Sheet2 工作表。

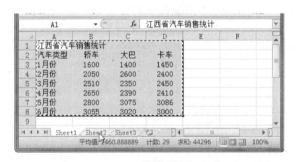

❸ 选中 A1 单元格，然后在【开始】选项卡下的【剪贴板】组中，单击【粘贴】按钮，如下图所示。

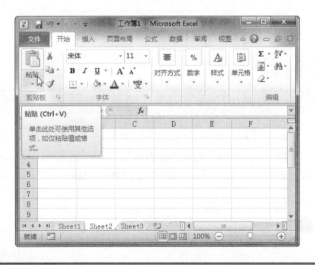

❹ 选中的单元格内容被复制过来了，如下图所示。单击【粘贴选项】图标📋，在弹出的菜单中单击【粘贴】组中的【保留源格式】按钮。

3. 使用快捷菜单

下面以复制操作为例，介绍如何使用快捷菜单命令进行数据移动或复制操作。

操作步骤

❶ 选中要复制的单元格区域并右击，在弹出的快捷菜单中选择【复制】命令(如果是移动数据，则选择【剪切】命令)，如下图所示。

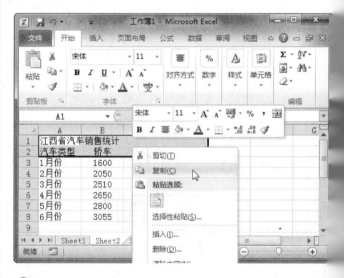

❷ 这时，选中的单元格区域会显示闪动的虚线选中框，如下图所示。在目标位置处右击单元格，从弹出的快捷菜单中单击【粘贴】图标。

在 Excel 工作表中输入数据完毕后，为了保证数据的真实性，快速找到表格中的无效数据，可以借用 Excel 中的数据的有效性和公式审核来实现。

8.5.3 查找与替换数据

如果工作表中的数据很多，可以使用查找功能快速定位数据，再使用替换功能替换错误数据。

1. 查找数据

查找数据的操作步骤如下。

操作步骤

❶ 在【开始】选项卡下的【编辑】组中，单击【查找和选择】按钮，在打开的菜单中选择【查找】命令，如下图所示。

❷ 弹出【查找和选择】对话框，在【查找】选项卡下的【查找内容】文本框中输入要查找的数据，再单击【选项>>】按钮，如下图所示。

❸ 设置【范围】为【工作表】、【搜索】为【按行】、【查找范围】为【公式】，如下图所示。

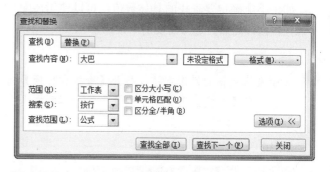

❹ 单击【查找全部】按钮，会在对话框中列出找到的符合条件的单元格，如下图所示。

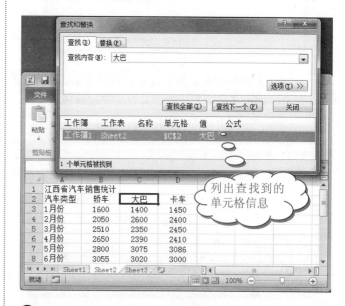

列出查找到的单元格信息

❺ 如果要逐个查找，可以通过单击【查找下一个】按钮来实现。

技巧

如果要查找的内容有自己的格式，则可以单击【查找和替换】对话框中的【格式】按钮右边的下三角按钮，在弹出的菜单中选择【格式】或者【从单元格选择格式】命令来设置要搜索的单元格格式，如下图所示。

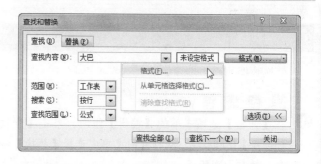

在 Excel 中可以通过执行"格式|工作表|隐藏"将当前活动的工作表隐藏起来，在未执行进一步的工作簿设置的情况下，可以通过执行"格式|工作表|取消隐藏"来打开它。

2.使用通配符查找数据

如果不能确定要查找的具体数值,可以使用通配符来查找数据,然后再选择需要的结果。

操作步骤

❶ 参照查找数据的操作方法,打开【查找和替换】对话框,在【查找】选项卡下的【查找内容】文本框中输入"*车*",然后单击【查找全部】按钮,如下图所示。

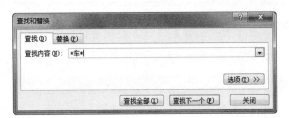

❷ 系统将查找到的内容显示在对话框的下面,如下图所示,单击【关闭】按钮,可以关闭该对话框。

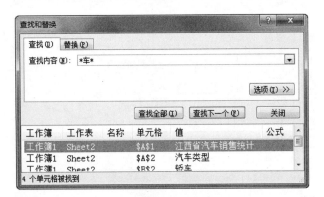

提示

在【查找和替换】对话框中可以使用的通配符有"*"、"?"和"~"三种,它们的含义分别如下。

❖ 星号(*):查找任意数量的字符。
❖ 问号(?):查找任意单个字符。
❖ 波形符(~):查找问号、星号或波形符。例如,查找问号(?)时应输入"~?",查找星号(*)时应输入"~*"。

3.替换数据

替换数据的操作步骤如下。

操作步骤

❶ 在【开始】选项卡下的【编辑】组中,单击【查找与选择】按钮,从打开的菜单中选择【替换】命令,如右上图所示。

❷ 弹出【查找和替换】对话框,然后在【替换】选项卡下的【查找内容】文本框中输入"大巴",在【替换为】文本框中输入"货车",如下图所示。

技巧

若要从工作簿中删除【查找内容】文本框中的内容,将【替换为】文本框保留为空即可。

❸ 单击【全部替换】按钮,系统会将找到的符合条件的数据全部替换,并弹出 Microsoft Excel 提示对话框,提示进行替换的次数,单击【确定】按钮,如下图所示。

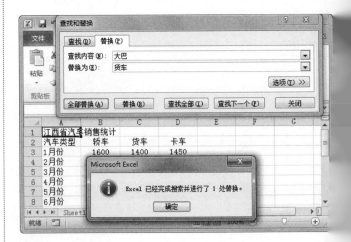

❹ 单击【关闭】按钮,关闭【查找和替换】对话框。

将光标定位到要输入平方号的数据后面,然后按住 Alt 键,并通过小键盘输入 178,再松开 Alt 键即可输入一个平方号。注意:一定要使用小键盘输入数字,这样才有效。

8.6　思考与练习

选择题

1. 在_____选项卡下可以找到【新建窗口】命令。
   - A. 【开始】
   - B. 【插入】
   - C. 【视图】
   - D. 【页面布局】

2. 如果要选中不连续的工作表，应该按住____键。
   - A. Ctrl
   - B. Shift
   - C. Alt
   - D. Delete

3. 重新排列工作簿窗口的排列方式有_____。
   - A. 水平排序
   - B. 垂直排序
   - C. 平铺和层叠
   - D. ABC

4. 撤销的快捷键是_____。
   - A. Ctrl+Y
   - B. Ctrl+S
   - C. Ctrl+Z
   - D. Ctrl +N

5. 如果是快速填充纯整数数据序列，应该按住_____键。
   - A. Alt
   - B. Shift
   - C. Ctrl
   - D. Delete

6. 在【查找和替换】对话框中，可以使用的通配符有_____。
   - A. 星号(*)
   - B. 问号(?)
   - C. 波形符(~)
   - D. ABC

操作题

1. 新建一个工作簿，把该工作簿保存在"文档"文件夹(系统文件夹)中，并命名为"销售登记簿"。

2. 打开上题新建的名为"销售登记簿"的工作簿，重命名 Sheet1 工作表为"1 月份"，然后在工作表中录入 1 月份的销售信息。

将光标定位到要输入立方号的数据后面，然后按住 Alt 键，并通过小键盘输入 179，再松开 Alt 键即可输入一个立方号。注意：一定要使用小键盘输入数字，这样才有效。

第 9 章

一目了然——编辑单元格与工作表

单元格是表格中的最小单位。多个单元格构成了工作表，一个或多个工作表组成 Excel 工作簿。因此，了解如何使用单元格和工作表是学习 Excel 的重要内容。本章将介绍初学者需要掌握的内容，比如单元格的操作、添加工作表等。

学习要点

- ❖ 工作表的基本操作
- ❖ 单元格的基本操作
- ❖ 设置单元格格式
- ❖ 编辑单元格

学习目标

通过对本章的学习，读者首先应该掌握工作表与单元格的基本操作；其次要求掌握设置单元格格式的方法；最后要求掌握一些单元格编辑技巧，例如删除工作表中的空行、使用自动套用格式以及在 Excel 中使用样式。

9.1　工作表的基本操作

工作表类似于账本中的活页，用户可以根据需要对工作表进行添加、删除以及重命名工作表等操作，可谓是把"活"字演绎得淋漓尽致。

9.1.1　选定工作表

单击工作表标签即可选中单个工作表。但是，如果要选取多个工作表，该如何实现呢？真对不同的情况，下面将分别进行介绍。

1. 选中相邻的工作表

首先单击第一张工作表标签，然后按住 Shift 键不放，单击最后一个需选中的工作表标签，即可同时选中相邻的工作表。如下图所示，选中的是 Sheet2、Sheet3 和 Sheet4 三个相邻的工作表。

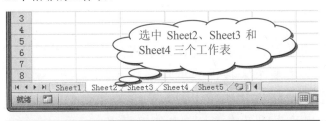

2. 选中不相邻的工作表

首先单击第一张工作表标签，然后按住 Ctrl 键不放，依次单击需要选中的工作表标签，即可同时选中不相邻的工作表。如下图所示，选中的是 Sheet1、Sheet3 和 Sheet5 三个互不相邻的工作表。

3. 选中工作簿中所有的工作表

在任一工作表标签上右击，在弹出的快捷菜单中选择【选定全部工作表】命令，即可选中工作簿中的所有工作表，如右上图所示。

9.1.2　添加与删除工作表

在默认情况下，新建的工作簿只包含三个工作表，用户可以根据需要任意添加或删除工作表。

1. 使用功能区按钮添加工作表

使用功能区按钮添加工作表的操作步骤如下。

操作步骤

❶ 单击选中 Sheet1 工作表，然后在【开始】选项卡的【单元格】组中，单击【插入】按钮旁边的下角按钮，从打开的菜单中选择【插入工作表】命令，如下图所示。

❷ 在工作表 Sheet1 之前新添加一个工作表 Sheet4，下图所示。

2. 使用快捷菜单添加工作表

使用快捷菜单添加工作表的步骤如下。

操作步骤

❶ 在要插入工作表的位置处右击，从弹出的快捷菜

在工作簿底部右击标签滚动按钮 ◀◀ ▶ ▶，会弹出一个列有所有工作表名称的列表框，单击要激活工作表的名称，即可进入相应的工作表。

中选择【插入】命令，如下图所示。

❷ 弹出【插入】对话框，切换到【常用】选项卡，单击【工作表】图标，再单击【确定】按钮即可插入工作表，如下图所示。

❸ 以后新建工作簿时，即可发现新建的工作簿中包含 10 个工作表。

4. 删除工作表

当添加的工作表过多时，可以使用下述方法删除多余的工作表。

操 作 步 骤

❶ 右击要删除的工作表标签，比如 Sheet5 工作表，然后从弹出的快捷菜单中选择【删除】命令，如下图所示。

❷ Sheet5 工作表被删除了，如下图所示。

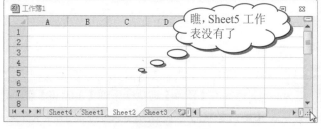

技巧

细心的读者会发现，在工作表标签之后有一个【插入工作表】图标🔖，单击该图标，即可在工作表标签的末尾处插入一个新的工作表。除此之外，还可以按 Shift+F11 组合键快速插入工作表。

3. 设置工作表个数

逐个添加工作表是不是很麻烦啊？其实，通过设置默认工作表个数，可以让新建的工作簿包含多个工作表。其操作步骤如下。

操 作 步 骤

❶ 在 Excel 窗口中切换到【文件】选项卡，在打开的 Backstage 视图中选择【选项】命令，打开【Excel 选项】对话框。

❷ 在左侧导航窗格中选择【常规】选项，接着在右侧窗格中的【新建工作簿时】组中设置【包含的工作表数】数值框，比如设置工作表数为"10"，如右上图所示，最后单击【确定】按钮。

提示

如果要删除的工作表中有数据，删除时会弹出 Microsoft Excel 提示对话框，单击【删除】按钮，确认删除工作表，如下图所示。

学以致用系列丛书

按 Ctrl+Page Up 组合键可以快速激活当前工作表的前一页工作表；按 Ctrl+Page Down 组合键可以快速激活当前工作表的后一页工作表。

139

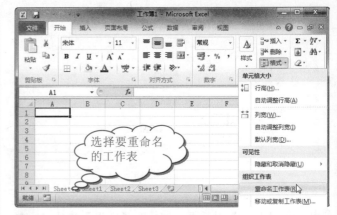

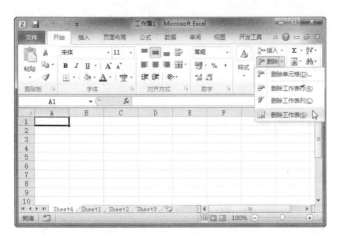

技巧

在【开始】选项卡下的【单元格】组中，单击【删除】按钮旁边的三角按钮，在打开的菜单中选择【删除工作表】命令也可以删除工作表，如下图所示。

注意

Excel 不允许删除一个工作簿中的所有工作表。

9.1.3　重命名工作表

在默认情况下，工作表的名称是 Sheet1、Sheet2 等，用户也可以通过下述方法为任意工作表指定一个更恰当的名称。

1. 使用功能区按钮重命名工作表

使用功能区按钮重命名工作表的操作步骤如下。

操作步骤

❶ 在 Excel 窗口中单击要重命名的工作表标签，比如 Sheet4，然后在【开始】选项卡下的【单元格】组中，单击【格式】按钮，在打开的菜单中选择【重命名工作表】命令，如右上图所示。

❷ 此时，工作表 Sheet4 标签变成黑色，如下图所示，输入新工作表名称，再按 Enter 键确认。

2. 使用快捷菜单命令重命名工作表

使用快捷菜单重命名工作表的操作步骤如下。

操作步骤

❶ 右击要重命名的工作表标签，比如 Sheet1，然后在弹出的快捷菜单中选择【重命名】命令，如下图所示。

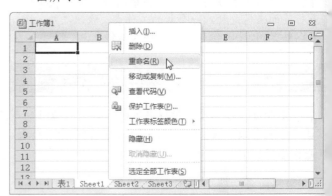

❷ 此时，工作表 Sheet1 标签变成黑色，输入新工作表名称，再按 Enter 键。

技巧

双击要重命名的工作表标签，当标签变成黑色时，输入新工作表名称，再按 Enter 键也可以重命名工作表。

借助 Shift 键同时选中多个工作表标签，然后执行插入操作，可以一次插入多个工作表。

9.1.4　移动或复制工作表

Excel 中的工作表并不是固定不变的,有时为了工作需要可以移动或复制工作表,这样可以大大提高表格的制作效率。

操作步骤

❶ 在工作簿中选择需要移动或复制的工作表,这里选中 Sheet1 工作表,然后在【开始】选项卡下的【单元格】组中,单击【格式】按钮,从打开的菜单中选择【移动或复制工作表】命令,如下图所示。

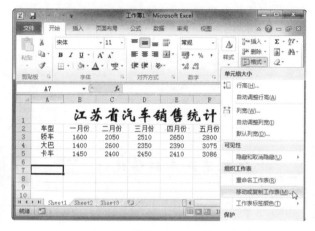

?提示

在选择需要移动或复制的工作表后,右击工作表标签,从弹出的快捷菜单中选择【移动或复制】命令,也可以打开【移动或复制工作表】对话框。

❷ 弹出【移动或复制工作表】对话框,然后在【下列选定工作表之前】列表中选择需移动或复制的位置,接着选中【建立副本】复选框,再单击【确定】按钮,如下图所示。

!注意

如果只是想移动工作表,在上图中不需要选中【建立副本】复选框。

❸ 这时会发现里工作簿中多了一个名称为"Sheet1(2)"的工作表,内容与 Sheet1 工作表中的内容完全一样,如下图所示。

9.1.5　显示与隐藏工作表

如果不想让他人看到你制作的工作表,可以把这个工作表隐藏起来。其操作步骤如下。

操作步骤

❶ 在 Excel 窗口中激活要隐藏的工作表,比如"表2",然后在【开始】选项卡下的【单元格】组中,单击【格式】按钮,在打开的菜单中选择【隐藏和取消隐藏】|【隐藏工作表】命令,如下图所示。

❷ Sheet1(2)工作表被隐藏起来了,如下图所示。

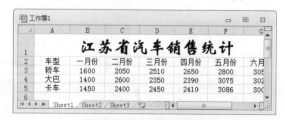

✓技巧

右击要隐藏的工作表标签,从弹出的快捷菜单中选择【隐藏】命令也可以隐藏工作表,如下图所示。

在【插入】对话框中的【电子方案表格】选项卡下,有许多 Excel 自带的表格样式,选择其中一个选项即可在当前工作表之前插入一张带有某种样式的工作表。

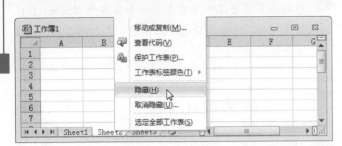

注意

Excel 不允许隐藏一个工作簿中的所有工作表。

❸ 如果需要将隐藏的工作表显示出来，可以在工作簿中右击任意工作表标签，然后在弹出的快捷菜单中选择【取消隐藏】命令，接着在弹出的【取消隐藏】对话框中选择要取消隐藏的工作表名称，再单击【确定】按钮，如下图所示。

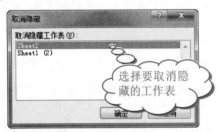

选择要取消隐藏的工作表

9.1.6 给工作表标签添加颜色

为了明显地将工作表区分开，还可以为每一个工作表标签设置不同的颜色，具体操作方法如下。

操作步骤

❶ 右击 Sheet1 工作表标签，从弹出的快捷菜单中选择【工作表标签颜色】命令，接着在子菜单中选择需要的颜色，这里选择【红色】选项，如下图所示。

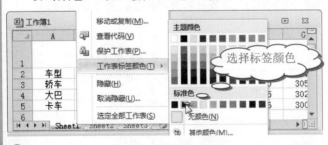

选择标签颜色

❷ 这时，Sheet1 工作表标签的背景色就变成红色了，如右上图所示。

技巧

选择要设置颜色的工作表标签，然后在【开始】选项卡下的【单元格】组中，单击【格式】按钮，从打开的菜单中选择【工作表标签颜色】命令，接着从子菜单中选择需要的颜色，也可以设置工作表标签颜色，如下图所示。

9.1.7 拆分工作表

通过拆分工作表，可以将一个工作表分为两个或四个窗格，下面一起来研究一下吧。

操作步骤

❶ 将鼠标指针移动到垂直滚动条的顶端的拆分框上，当指针变成形状时，按住鼠标左键不放，并向下拖动鼠标，如下图所示。

水平拆分工作表

② 拖动到目标位置后，释放鼠标左键，这时工作表被分为上下两个独立窗格，如下图所示。

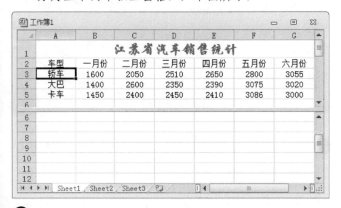

③ 将鼠标指针移动到水平滚动条右端的拆分框 ⬚ 上，当指针变成 ⬌ 形状时，按住鼠标左键不放，并向左拖动鼠标，如下图所示。

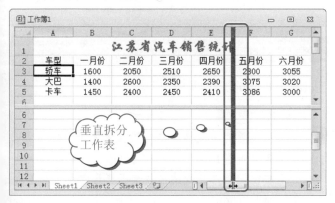

④ 拖动到目标位置后，释放鼠标左键。这时的工作表经过水平和垂直拆分后，变成四个独立的窗格，如下图所示。

⑤ 撤销拆分窗格的操作非常简单，只需要在【视图】选项卡下的【窗口】组中，单击【拆分】按钮，如右上图所示。再次单击【拆分】按钮，可以从当前光标所在位置处将工作表拆分为四个窗格。

9.2 单元格的基本操作

下面学习单元格的基本操作，包括插入单元格、合并与拆分单元格、移动与复制单元格、清除与删除单元格等，这些都是读者应该熟练掌握的基础知识。

9.2.1 插入单元格

在录入数据的过程中，如果不小心漏掉一个数据，该怎么办呢？呵呵，那就再给这个数据在原位置安排一个"空位子"吧！

操作步骤

① 选择要插入单元格的位置，这里选中 B3 单元格，然后在【开始】选项卡的【单元格】组中，单击【插入】按钮，从打开的菜单中选择【插入单元格】命令，如下图所示。

② 弹出【插入】对话框，然后选择【活动单元格下移】单选按钮，再单击【确定】按钮，如下图所示。

与功能键 F9 相关的组合键有：Shift+F9 组合键可以计算活动工作表；Ctrl+Alt+F9 组合键可以计算所有打开的工作簿中的所有工作表；Ctrl+Alt+Shift+F9 组合键可以重新检查相关公式，然后计算所有打开的工作簿中的所有单元格。

143

提示

下面继续以 B3 单元格为例，介绍【插入】对话框中其他单选按钮的含义。

❖ 【活动单元格右移】：选择该单选按钮，B3 单元格以及其右侧单元格都会向右移动一个单元格位置。

❖ 【整行】：选择该单选按钮，第三行将向下移动一行，在原位置处插入新空白行。

❖ 【整列】：选择该单选按钮，B 列将向右移动一列，在原位置处插入新空白列。

❸ 这时会发现原 B3 单元格向下移动了，在原位置处出现了新的空白单元格，如下图所示。

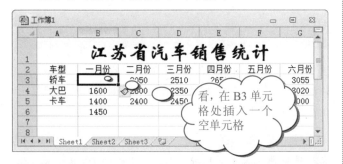

9.2.2 清除与删除单元格

删除单元格是把单元格及保存在单元格中的数据一起删除，周围单元格位置发生改变，而清除单元格只是删除单元格中的数据内容，单元格位置保持不变。下面一起来对比研究一下吧。

1. 清除单元格

清除单元格的操作步骤如下。

操作步骤

❶ 选中要清除的单元格区域，右击该区域，在弹出的快捷菜单中选择【清除内容】命令，或按 Delete 键进行清除操作，如右上图所示。

❷ 选中单元格中的数据被清除了，而单元格的位置并没有改变，如下图所示。

2. 删除单元格

删除单元格的操作步骤如下。

操作步骤

❶ 选中要删除的单元格区域，然后在【开始】选项卡下的【单元格】组中，单击【删除】按钮旁边的下三角按钮，从打开的菜单中选择【删除单元格】命令，如下图所示。

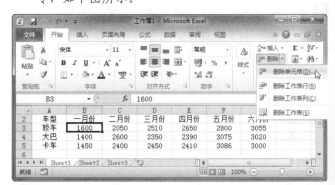

❷ 弹出【删除】对话框，选中【下方单元格上移】单选按钮，再单击【确定】按钮，如下图所示。

❸ 选中的单元格区域及其中的数据一起被删除了，并

与功能键 F10 相关的组合键有：Shift+F10 组合键可以显示选定项目的快捷菜单；Alt+Shift+F10 组合键可以显示智能标记的菜单或消息，如果存在多个智能标记，按该组合键可以切换到下一个智能标记并显示其菜单或消息。

且下方单元格上移一个位置，如下图所示。

选中要删除的单元格区域并右击，在弹出的快捷菜单中选择【删除】命令，则会弹出【删除】对话框，再重复步骤2的操作即可删除单元格。

9.2.3　合并单元格制作表头

细心的读者也许会问：前面工作簿中的数据表头是怎么制作的？其实很简单，把表头单元格合并，然后再设置标题格式即可。下面学习如何合并单元格。

操作步骤

❶ 选中需要合并的单元格，这里选择 A1:G1 单元格区域，然后在【开始】选项卡的【对齐方式】组中，单击【合并后居中】按钮，如下图所示。

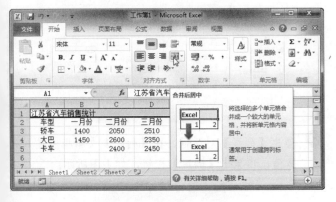

❷ 合并后的效果如下图所示。

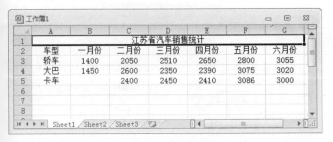

合并后的单元格还可以再拆分。方法是选中合并后的单元格，在【开始】选项卡的【对齐方式】组中，单击【合并后居中】按钮即可拆分合并后的单元格。

在【对齐方式】组中单击【合并后居中】按钮，则合并后的数据将居中显示。如果是要合并单元格而不居中显示内容，请单击【合并后居中】按钮旁边的下三角按钮，从打开的菜单中选择【跨越合并】或【合并单元格】命令，如下图所示。

9.2.4　添加与删除行列

在工作表中添加行列的操作与添加单元格操作类似，下面以添加空行为例进行讲解。

操作步骤

❶ 选中要添加空行的位置，这里选中 A3 单元格并右击，从弹出的快捷菜单中选择【插入】命令，如下图所示。

❷ 弹出【插入】对话框，选择【整行】单选按钮，再单击【确定】按钮，如下图所示。

❸ 这时会在选中的单元格位置处插入一空行，如下图所示。

技巧

在【开始】选项卡下的【单元格】组中，单击【插入】按钮，从打开的菜单中选择【插入工作表行】(或【插入工作表列】) 命令来快速插入整行(或整列)，如下图所示。

❹ 选择要删除的行(或列)，然后在【开始】选项卡下的【单元格】组中，单击【删除】按钮，从打开的菜单中选择【删除工作表行】(或【删除工作表列】) 命令即可删除选中的行(列)了，如下图所示。

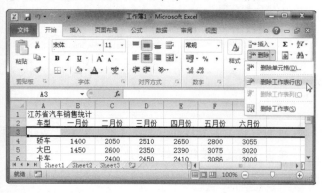

9.2.5 调整行高与列宽

当数据不能在单元格中完全显示时，将会出现"######"符号，这时就需要调整单元格的行高或者列宽了。

1. 调整列宽

增加列宽最简单的方法是将鼠标指针移动到列标右边的框线上，当指针变成 ✛ 形状时，按住鼠标左键向右拖动到目标位置，再释放鼠标左键即可调整列宽。除此之外，还可以通过下述方法来调整列宽。

技巧

将指针移动到要调整宽度的列标右边的框线上，当光指针成 ✛ 形状时，双击鼠标左键，Excel 2010 程序会根据存放的内容自动调整列宽到合适大小。

操作步骤

❶ 选中要调整宽度的列，然后在【开始】选项卡下的【单元格】组中，单击【格式】按钮，从打开的菜单中选择【列宽】命令，如下图所示。

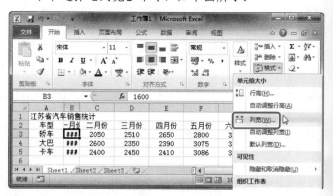

❷ 弹出【列宽】对话框，在【列宽】文本框中输入列宽值，再单击【确定】按钮，如下图所示。

❸ 效果如下图所示。

无论活动单元格位于工作表中的什么位置，按 Ctrl+Shift+O 组合键都可快速选择所有插入了批注的单元格或单元格区域。

2. 调整行高

调整行高的方法与调整列宽的方法类似，这里就不再赘述。请读者参照前面所述的方法自行尝试。

9.2.6 隐藏与显示行列

如果想隐藏一部分工作表信息，而又不想隐藏整个工作表，可以尝试隐藏某些行或列，隐藏行和列与隐藏工作表的方法一样。下面以隐藏与显示表中的第二行为例进行介绍。

操作步骤

❶ 选择要隐藏的行，这里选中第二行，然后在【开始】选项卡下的【单元格】选项组中，单击【格式】按钮，从打开的菜单中选择【隐藏和取消隐藏】|【隐藏行】命令，如下图所示。

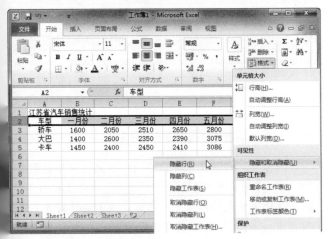

❷ 如下图所示，第二行被隐藏了。

❸ 如果要将第二行显示出来，可用先选中第一、三行，然后在【开始】选项卡下的【单元格】选项组中，单击【格式】按钮，从打开的菜单中选择【隐藏和取消隐藏】|【取消隐藏行】命令，如下图所示。

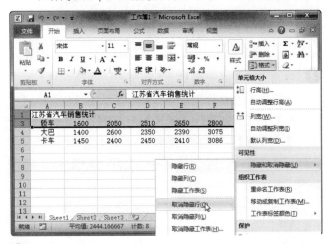

❹ 这时，被隐藏的第二行就显示出来了，如下图所示。

技巧

右击要隐藏的列标识(或行标识)，从弹出的快捷菜单中选择【隐藏】命令，也可以隐藏列(或行)，如右上图所示。

9.3 设置单元格格式

下面介绍设置单元格格式操作，包括设置数据对齐方式、字体格式、数据显示形式以及给单元格添加边框和底色等，从而美化工作表。

9.3.1 设置字体格式

在 Excel 2010 程序中提供了功能强大的文字修饰工具，它不仅可以对文字进行一般的修饰，还可以进行字符间距、文字效果等特殊设置。

学以致用系列丛书

在某一单元格中输入数据后，激活下方的单元格，按 Ctrl+D 组合键可填充相同的数据；激活右侧的单元格，按 Ctrl+R 组合键可填充相同的数据。

147

操作步骤

❶ 选择需要设置格式的单元格，这里选中 A1:G1 单元格区域，然后在【开始】选项卡下的【字体】组中单击对话框启动器按钮，如下图所示。

❷ 弹出【设置单元格格式】对话框，切换到【字体】选项卡，然后设置【字体】为【华文行楷】，【字形】为【加粗】、【字号】为"18"、字体颜色为【水绿色】，如下图所示。

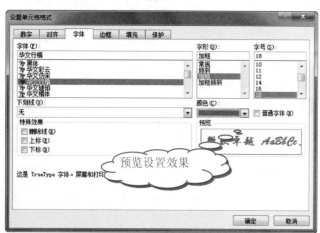

❸ 单击【确定】按钮，效果如下图所示。

9.3.2　设置数据对齐方式

在默认情况下，向单元格中输入的文本采用左对齐方式，而数据则采用右对齐方式。下面来统一单元格中数据的对齐方式。

操作步骤

❶ 选中 A2:G5 单元格区域，然后在【开始】选项卡下的【对齐方式】组中，单击【居中】按钮，如下图所示。

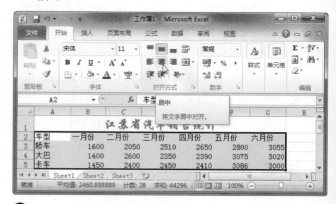

❷ 这时，单元格中的数据全部居中显示，效果如下图所示。

✔**技巧**

选择需要设置的单元格区域，然后在【开始】选项卡下的【对齐方式】组中单击对话框启动器按钮，弹出【设置单元格格式】对话框，接着在【对齐】选项卡中即可设置单元格的水平对齐方式和垂直对齐方式，如下图所示。设置完毕后，单击【确定】按钮保存设置。

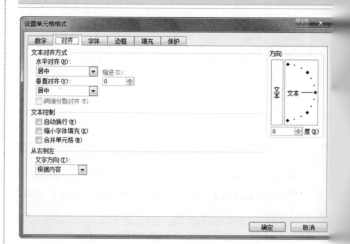

按 Ctrl+Home 组合键可选择工作表或 Excel 列表中的第一个单元格；按 Ctrl+End 组合键可选择工作表或 Excel 列表中最后一个包含数据或格式设置的单元格。

9.3.3　设置数据显示形式

不同的数据形式，代表不同的含义。例如，在纯数据后面显示"￥"字符，则表示该数据代表的是货币值。那么，如何设置数据的显示形式呢？其操作方法如下。

操作步骤

❶ 选择需要设置格式的单元格，这里选中 C3:G5 单元格区域，然后在【开始】选项卡下的【数字】组中，单击【数字格式】列表框右侧的下拉按钮，从弹出的列表中选择【货币】选项，如下图所示。

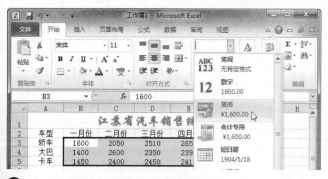

❷ 设置货币格式后的效果如下图所示。

✔ 技巧 ❄

选择需要设置的单元格区域，然后打开【设置单元格格式】对话框，接着在【数字】选项卡下的【分类】列表框中选择【货币】选项，在右侧设置货币符号、小数位置等选项，如下图所示，最后单击【确定】按钮保存设置。

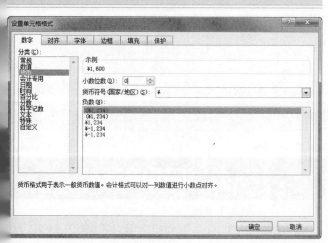

9.3.4　设置单元格边框

下面介绍如何在工作表中添加表格边框，其操作步骤如下。

操作步骤

❶ 选中 A2:G5 单元格区域，在【开始】选项卡下的【字体】组中，单击【边框】按钮旁边的下三角按钮，从打开的菜单中选择【其他边框】命令，如下图所示。

❷ 弹出【设置单元格格式】对话框，并切换到【边框】选项卡。然后在【样式】列表中选择一种线条样式，并设置线条颜色为【浅蓝】，接着在【边框】组中单击【外边框】按钮，添加表格外边框，如下图所示。

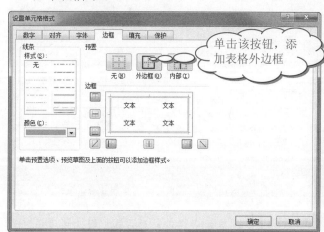

❸ 在【样式】列表中选择另一种线条样式，接着在【边框】组中单击【内部】按钮，再单击【确定】按钮，如下图所示。

使用 F8 键选定连续单元格区域：单击该区域中的第一个单元格，然后按 F8 键，使用箭头键扩展选定区域。要停止扩展选定区域，请再次按 F8 键。

149

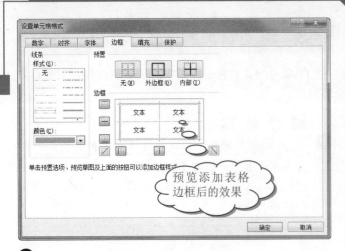

④ 添加表格边框后的效果如下图所示。

9.3.5　设置单元格底色

下面介绍如何在工作表中设置单元格填充颜色，其操作步骤如下。

操作步骤

① 选中 A1:G1 单元格区域并右击，在弹出的快捷菜单中选择【设置单元格格式】命令，如下图所示。

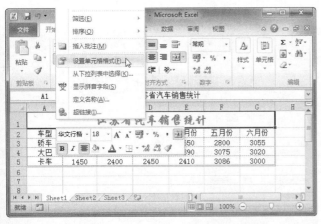

② 弹出【设置单元格格式】对话框，切换到【填充】选项卡，单击【填充效果】按钮，如右上图所示。

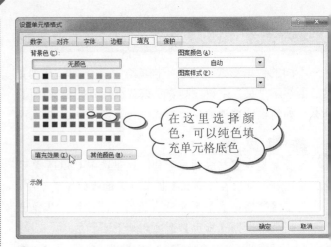

在这里选择颜色，可以纯色填充单元格底色

③ 弹出【填充效果】对话框，然后在【渐变】选项卡下的【颜色】选项组中选中【双色】单选按钮，接着设置【颜色1】为【橙色】、【颜色2】为【紫色】，再在【底纹样式】选项组中选择【中心辐射】单选按钮，最后单击【确定】按钮，如下图所示。

④ 返回弹出【设置单元格格式】对话框，单击【确定】按钮，效果如下图所示。

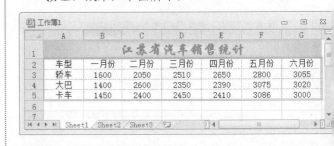

9.4　编辑单元格

下面将介绍如何使用自动套用格式美化工作表、如

选择某行中的任意一个单元格，然后按 Ctrl+←(向左方向键)可以选定该行的第一个单元格；按 Ctrl+→(向右方向键)可以选定该行的最后一个单元格。

何使用 Excel 中自带的样式以及给工作表添加背景和水印效果等操作，这样，制作表格时就不需要自己一点一点地设置了，套用已经做好的格式会方便很多。

9.4.1　使用自动套用格式

使用 Excel 的自动套用格式功能美化工作表，既美观又快捷，而且它的设置操作简单，比起添加边框要方便很多。

操作步骤

❶ 选择要套用格式的单元格，然后在【开始】选项卡下的【样式】组中，单击【套用表格格式】按钮，从弹出的列表中选择要使用的样式选项，如下图所示。

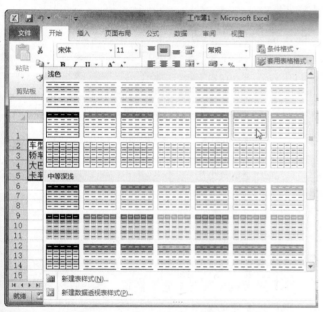

❷ 弹出【套用表格式】对话框，在【表数据的来源】文本框中默认了选中的单元格区域，如有不正确，可以通过单击 按钮重新选择单元格区域，再选中【表包含标题】复选框，如下图所示。

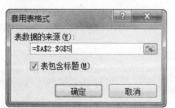

❸ 单击【确定】按钮，效果如右上图所示。

❹ 选中 A2:G2 单元格区域，然后在【表格工具】下的【设计】选项卡中，单击【工具】组中的【转换为区域】按钮，如下图所示。

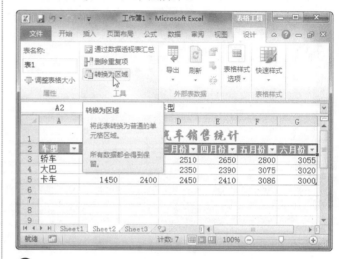

❺ 弹出 Microsoft Excel 提示对话框，单击【是】按钮，这样就转换成普通的单元格区域了，如下图所示。

❻ 设置后，A2:G2 单元格区域中的下三角按钮就没有了，如下图所示。

9.4.2　在 Excel 中使用样式

在 Excel 2010 中出现了【单元格样式】这样一个工具，使用这个工具可以快速设置表格标题或样式等内容。

选择某列中的任意一个单元格，然后按 Ctrl+↓(向下方向键)可以选定该列最后一个单元格；按 Ctrl+↑(向上方向键)可以选定该列的第一个单元格。

1. 应用单元格样式

想不想快速地对某个单元格添加特有的样式呢？其实很容易的，其操作步骤如下。

操作步骤

❶ 选中 A1:G1 单元格区域，然后在【开始】选项卡下的【样式】组中，单击【单元格样式】按钮，从弹出的列表中的【标题】组中选择一种标题样式，这里选择【60%-强调文字颜色4】选项，如下图所示。

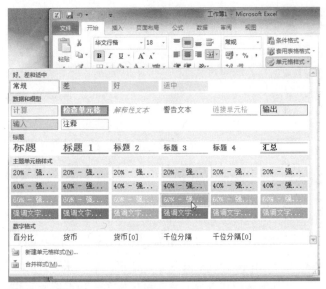

❷ 效果如下图所示，然后在【开始】选项卡下的【字体】组中，设置字体格式。

2. 创建单元格样式

想不想创建自己喜欢的样式呢？这样以后使用时也会方便很多。创建单元格样式的操作方法如下。

操作步骤

❶ 在【开始】选项卡下的【样式】组中，单击【单元格样式】按钮，从弹出的列表中选择【新建单元格

样式】命令，如下图所示。

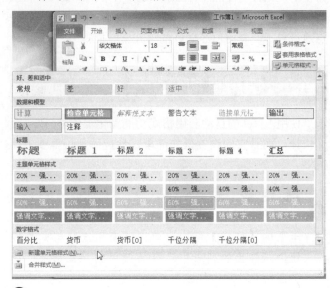

❷ 弹出【样式】对话框，在【样式名】文本框中输入样式名称，如下图所示。

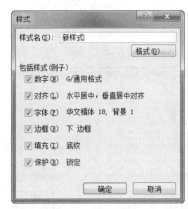

❸ 单击【格式】按钮，然后在弹出的【设置单元格格式】对话框中设置单元格格式，如下图所示是设置单元格字体的效果。

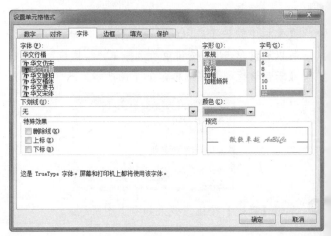

❹ 完成设置后，单击【确定】按钮，返回【样式】对话框，在【包括样式(例子)】组中取消选中在单元格

单击某行中的任意一个单元格，然后按 Ctrl+Shift+向右(或向左)方向键可以选中该行。

样式中不需要的格式的复选框，如下图所示。

清除不需要的格式的复选框

❺ 最后单击【确定】按钮，这样一个新的样式就创建成功了。单击【单元格样式】按钮，在弹出的列表中可以看到新创建的样式，如下图所示。

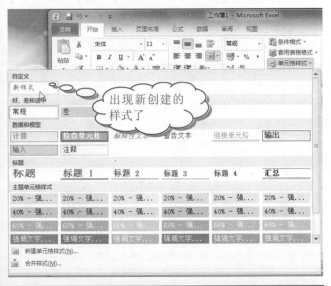

出现新创建的样式了

3. 删除单元格样式

如果读者认为自定义的样式已经没有使用的必要时，可以删除不需要的单元格样式，方法是在【开始】选项卡下的【样式】组中，单击【单元格样式】按钮，并在打开的列表中右击要删除的样式，接着从弹出的快捷菜单中选择【删除】命令，如下图所示。

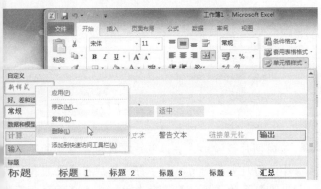

9.4.3　为工作表添加背景

工作表的背景不仅可以设置不同的颜色，也可以添加自己喜欢的图片，这样做出的工作表会更有艺术色彩哦！

操作步骤

❶ 选中要添加背景的工作表，然后在【页面布局】选项卡下的【页面设置】组中，单击【背景】按钮，如下图所示。

❷ 弹出【工作表背景】对话框，选择要插入的图片，再单击【插入】按钮，如下图所示。

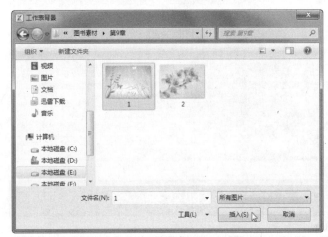

❸ 为工作表添加背景后的效果如下图所示。

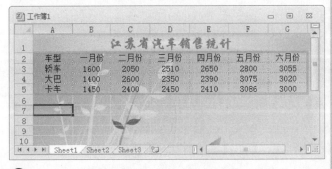

❹ 为了更好地查看添加背景后的效果，可以隐藏网格

单击某列中的任意一个单元格，然后按 Ctrl+Shift+向上(或向下)方向键可以选中该列。

线。方法是：在【页面布局】选项卡下的【工作表选项】组中，在【网格线】组中取消选中【查看】复选框，隐藏工作表中的网格线，如下图所示。

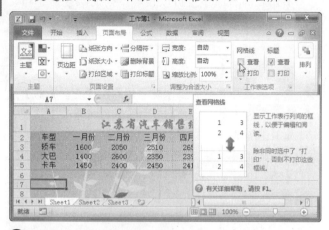

⑤ 如果对添加的背景不满意，可以将其删除。方法是：在【页面布局】选项卡下的【页面设置】组中，再次单击【删除背景】按钮可以删除工作表背景，如下图所示。

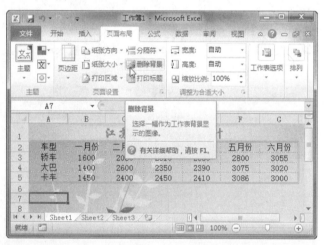

9.4.4　添加水印效果

虽然在 Excel 2010 中无法使用水印功能，但是可以通过设置页眉或页脚来模仿水印效果。比如要在每张打印的页面上显示图形，这时可以在页眉或页脚中插入图形。这样，图形将从每页的顶部或底部开始显示在文本背后。用户也可以调整图形大小或缩放图形以填充页面。

操作步骤

❶ 单击要与水印一起显示的工作表，请确保只选中了一个工作表。然后在【插入】选项卡下的【文本】组中，单击【页眉和页脚】按钮，如右上图所示。

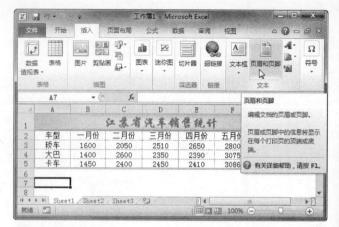

❷ 在【页眉】下，从左、中或右框选择一个要插入的地方，这里选择中框，然后在【页眉和页脚工具】下的【设计】选项卡中，单击【页眉和页脚元素】组中的【图片】按钮，如下图所示。

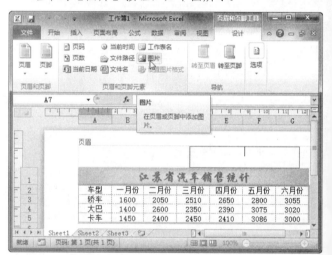

❸ 弹出【插入图片】对话框，从中选择需要的图片，再单击【插入】按钮，如下图所示。

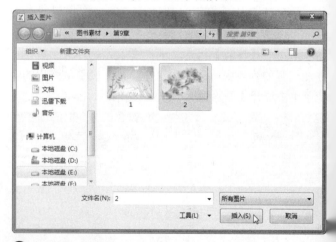

❹ 这时图片被添加进去，但是在页眉中看到的不是图片，而是如下图所示的字符。然后在【页眉和页脚工具】下的【设计】选项卡中，单击【页眉和页脚

在 Excel 工作表中使用【剪切】命令进行的操作不能起到删除的作用。

元素】组中的【设置图片格式】按钮。

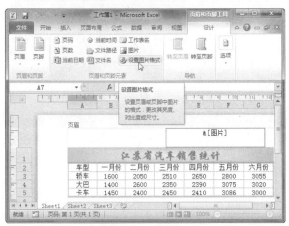

5　弹出【设置图片格式】对话框，然后在【大小】选
项卡中调整图片大小，再单击【确定】按钮，如下
图所示。

6　图片插入后的水印效果如下图所示。

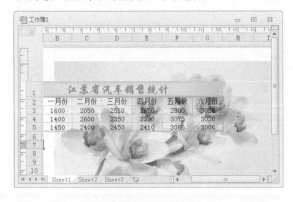

9.5　思考与练习

选择题

1. 复制单元格的快捷键是＿＿＿＿＿。
　A. Ctrl+S　　　　　　　　B. Ctrl+V
　C. Ctrl+C　　　　　　　　D. Ctrl+A

2. 下面＿＿＿＿＿选项中的方法不能调整列宽。
　A. 使用鼠标拖动列宽
　B. 使用自动调整列宽
　C. 在调整对话框中输入设定的列宽宽度
　D. 在列名称上双击鼠标以调整列宽

3. 快速显示第一张工作表标签的按钮是＿＿＿＿＿。
　A. 　　　B. 　　　C. 　　　D.

4. 下列＿＿＿＿＿是水平居中对齐按钮。
　A. 　　　B. 　　　C. 　　　D.

5. 输入换行的快捷键是＿＿＿＿＿。
　A. Alt+Tab　　　　　　　B. Alt+Enter
　C. Ctrl+Enter　　　　　　D. Enter

6. 下列关于单元格样式的说法错误的是＿＿＿＿＿。
　A. 可以自己创建新的单元格样式
　B. 可以更改所有单元格样式
　C. 可以删除自己创建的或者原来存在的单元格
　　　样式，但是【常规】样式除外
　D. 单击【常规】样式可以清除所有的样式

操作题

1. 在工作表中再插入三张工作表，然后重命名工作
表，将第 2、4 工作表隐藏。

2. 新建一个工作簿，在 Sheet1 工作表中添加工作表
背景。

学以致用系列丛书

按 Ctrl+9 组合键可以隐藏选中单元格区域所在的行；按 Ctrl+Shift+0 组合键取消隐藏的行；按 Ctrl+0 组合键可以隐
藏选中单元格区域所在的列；按 Ctrl+Shift+9 组合键取消隐藏的列。

第 10 章

事半功倍——用公式与函数计算数据

Excel 2010 具有强大的数据分析与处理功能，可用于解决非常复杂的手工计算，甚至是无法通过手工完成的运算。同时也提高了制作表格的效率，也增强了表格公式和函数的应用能力。

学习要点

- ❖ 公式的使用
- ❖ 理解单元格引用
- ❖ 认识函数
- ❖ 掌握函数输入方法
- ❖ 应用常用函数
- ❖ 重命名单元格
- ❖ 显示与隐藏公式
- ❖ 公式与函数运算的常见错误与分析

学习目标

通过对本章的学习，读者首先应该掌握编写公式的方法及函数的使用方法；其次要求掌握一些常用函数的使用方法；最后要求了解应用函数的常见错误，并掌握其解决办法。

10.1 应用公式

在 Excel 2010 中，用户可以手动输入需要的计算公式，也可以通过系统提供的函数来计算。在此之前，先来了解一下公式的应用基础吧！

10.1.1 认识公式

公式是用户自行设计对工作表进行计算和处理的计算式。在进行运算之前，先来了解 Excel 公式中有哪些运算符，公式的编写要遵循什么规律。

1. 名词解释

❖ 常量数值：是指不进行计算的值，也不会发生变化。

❖ 运算符：指公式中对各元素进行计算的符号，如+、−、*、/、%、<、>等。

❖ 单元格引用：指用于表示单元格在工作表中所处位置的坐标集，如 A3、E7。

❖ 单元格区域引用：是指左上角的单元格与右下角的单元格地址所组成的矩形方阵，如 B2:E7。

❖ 系统内部函数：是 Excel 中预定义的计算公式，通过使用一些称为参数的特定数值来按特定的顺序或结构执行计算。其中的参数可以是常量数值、单元格引用和单元格区域引用等，例如，1+2+3 可以表示为 SUM(1,2,3)。

2. 公式的语法

"没有规矩不成方圆"，如果没有一个特定的语法或次序，那么，如何让 Excel 识别输入的公式呢？

Excel 公式的语法：最前面是等号(=)，公式中可以包含运算符、常量数值、单元格引用、单元格区域引用、系统内部函数等，如下图所示。

单元格引用 常量数值 系统内容函数 单元格区域引用

$$=E6*0.08+AVERAGE(B2:B16)$$

运算符

该公式的意思是 E6 单元格内的数据乘以 0.08，与单元格区域 B2:B16 中所有数据的平均数的和为多少。

10.1.2 输入公式

在 Excel 2010 中，经常使用的公式有两种，一种是通过运算符和计算单元格组成的公式，另一种是通过一个或多个 Excel 内置函数组成的公式。

1. 输入公式

下面先来了解一下如何在 Excel 中手动输入公式。

操作步骤

❶ 打开 Book1 文件工作簿，位置在"光盘\图书素材\第 10 章"文件夹中，然后选中目标单元格，比如 F3 单元格，输入"="符号，如下图所示。

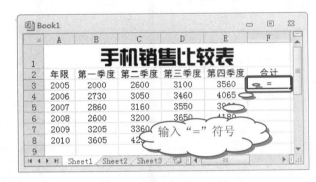

❷ 接着输入参与运算的数据或数据所在的单元格地址(单元格引用)，这里输入 B3，如下图所示。

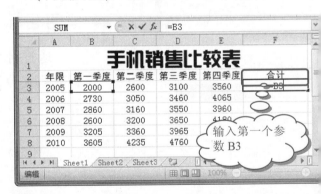

❸ 接着输入运算符"+"，再单击 C3 单元格，选择第二个参与计算的数据，如下图所示。

在 Excel 电子表格中，根据运算符要实现的功能可以将运算符划分为算术运算符、比较运算符、文本运算符和引用运算符。

4 接着输入参与计算的剩余数据或单元格引用，如下图所示。

5 公式输入完毕后，按 Enter 键确认公式，即可计算出结果，如下图所示。

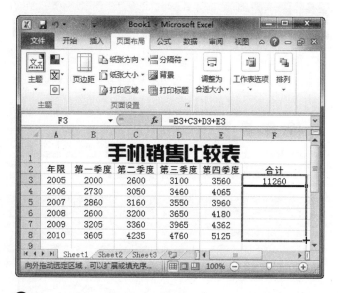

✓技巧❅

　　选中目标单元格后，用户也可以在编辑栏中输入计算公式，然后按 Enter 键进行确认。

2．编辑公式

　　在确认输入的公式时，如果发现公式设置有误，该如何操作呢？这时可以选择下述方法来重新编辑公式。

　　1) 鼠标双击法

　　双击含有需要重新编辑公式的单元格，这时会显示出公式，并进入公式编辑状态，接着修改公式，最后按Enter 键确认修改后的公式。

　　2) 利用编辑栏

　　选中含有需要重新编辑公式的单元格，这时会在编辑栏中显示出公式，单击编辑栏，进入公式编辑状态，接着修改公式，最后按 Enter 键确认修改后的公式。

　　3) 按功能键 F2

　　选中含有需要重新编辑公式的单元格，按 F2 键，显示出单元格中的公式，并进入公式编辑状态，接着修改公式，最后按 Enter 键确认修改后的公式。

10.1.3　填充公式

　　如果是对多行或多列数据进行统计，可以通过填充的方法快速填充公式。具体操作步骤如下。

操作步骤

1 选中 F3 单元格，将鼠标指针移动到 F3 单元格的右下角，当指针变成十字形状时按住鼠标左键并向下拖动，如下图所示。

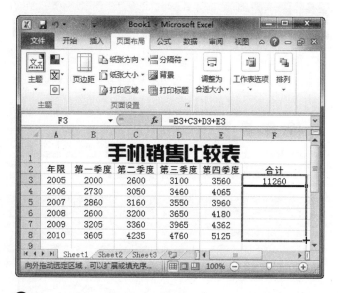

2 拖放到目标位置后，释放鼠标左键。这时会出现一个【自动填充选项】图标，单击该图标，在弹出的菜单中选择【不带格式填充】命令，如下图所示。

?提示◉

　　【自动填充选项】菜单中的各命令的含义如下。
* ❖　【复制单元格】：填充单元格格式和内容。
* ❖　【仅填充格式】：只填充单元格格式。
* ❖　【不带格式填充】：只填充单元格的内容。

3 其他年限的总销售量也计算出来了，如下图所示。

算术运算符是用于完成基本数学计算的运算符，包括加号(+)、减号/负号(—)、乘号(*)、除号(/)、百分号(%)以及乘方(^)。

学以致用系列丛书

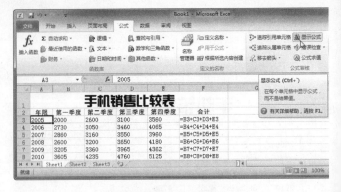

10.1.4　显示与隐藏公式

默认情况下，在单元格中输入公式后，单元格中只会显示公式结果，不显示公式。当需要时，可以通过下述方法让公式全部显示出来。

操作步骤

❶ 在【公式】选项卡下的【公式审核】组中，单击【显示公式】按钮，如下图所示。

❷ 工作表中的公式都显示出来了，如下图所示。当选中某个含有公式的单元格时，该公式所引用的其他单元格会出现与该单元格地址相同颜色的边框。

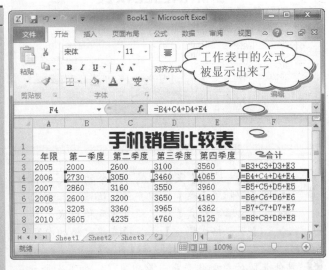

❸ 如果要把公式隐藏起来，可再次在【公式审核】组中单击【显示公式】按钮，如右上图所示。

技巧

使用 Ctrl+～ 组合键可以快速地显示与隐藏公式。

10.2　单元格的引用

单元格引用就是使用单元格地址来代替单元格中的数据。单元格引用分为相对引用、绝对引用和混合引用三种。下面一起来研究一下吧！

10.2.1　相对引用

公式中的相对单元格引用是基于包含公式和单元格引用的相对位置。如下图所示，在 F3 单元格中，输入公式"=B3+C3+D3+E3"，这表示 Excel 将在 B3、C3、D3 和 E3 单元格中查找数据，并把它们相加，和赋予 F3 单元格。此处 B3、C3、D3 和 E3 就是相对于公式所在的单元格 F3 的位置，如下图所示。

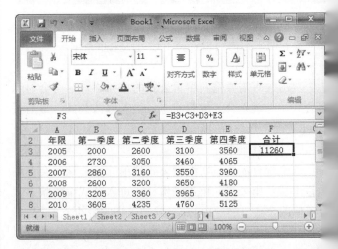

如果公式所在的单元格的位置改变，引用也随之变。如果多行或多列地复制公式，引用会自动调整。

比较运算符是用来比较两个数值大小关系的运算符，包括等号(=)、大于号(>)、小于号(<)、大于等于号(>=)、小于号(=<)以及不等号(<>)，并返回逻辑值 True 或 False。

10.2.2 绝对引用

绝对引用是在单元格地址的行列标号前面分别添加"$"符号。如下图所示，在 F4 单元格中输入公式"=$B$4+$C$4+$D$4+$E$4"，表示对 B4、C4、D4 和 E4 单元格的绝对引用。

	A	B	C	D	E	F
	F4		fx	=$B$4+$C$4+$D$4+$E$4		
2	年限	第一季度	第二季度	第三季度	第四季度	合计
3	2005	2000	2600	3100	3560	11260
4	2006	2730	3050	3460	4065	13305
5	2007	2860	3160	3550	3960	
6	2008	2600	3200	3650	4180	
7	2009	3205	3360	3965	4362	
8	2010	3605	4235	4760	5125	

在进行公式填充时，使用绝对引用的单元格引用不会发生变化，也就是填空公式不变。如下图所示，将 F4 单元格中的公式填充到 F5 单元格中，结果与 F4 单元格中的数据一样。

	A	B	C	D	E	F
	F5		fx	=$B$4+$C$4+$D$4+$E$4		
2	年限	第一季度	第二季度	第三季度	第四季度	合计
3	2005	2000	2600	3100	3560	11260
4	2006	2730	3050	3460	4065	13305
5	2007	2860	3160	3550	3960	13305
6	2008	2600	3200	3650	4180	
7	2009	3205	3360	3965	4362	
8	2010	3605	4235	4760	5125	

10.2.3 混合引用

混合引用是指在引用单元格地址时，既有绝对引用，又有相对引用，分为绝对列和相对行(例如$B3)，或绝对行和相对列(例如 B$3)两种形式。如下图所示，在 F6 单元格中输入公式"=$B6+$C6+D$6+E$6"，其中，$B6、$C6 是绝对列和相对行形式，D$6、E$6 是绝对行和相对列形式，按 Enter 键后即可得到合计数值，如下图所示。

	A	B	C	D	E	F
	F6		fx	=$B6+$C6+D$6+E$6		
2	年限	第一季度	第二季度	第三季度	第四季度	合计
3	2005	2000	2600	3100	3560	11260
4	2006	2730	3050	3460	4065	13305
5	2007	2860	3160	3550	3960	13305
6	2008	2600	3200	3650	4180	13630
7	2009	3205	3360	3965	4362	
8	2010	3605	4235	4760	5125	

混合引用在填充公式时，相对引用地址改变，而绝

对引用地址不变。例如，把 F6 单元格中的公式填充到 F7 单元格中，公式将调整为"=$B7+$C7+D$6+E$6"，如下图所示。

	A	B	C	D	E	F
	F7		fx	=$B7+$C7+D$6+E$6		
2	年限	第一季度	第二季度	第三季度	第四季度	合计
3	2005	2000	2600	3100	3560	11260
4	2006	2730	3050	3460	4065	13305
5	2007	2860	3160	3550	3960	13305
6	2008	2600	3200	3650	4180	13630
7	2009	3205	3360	3965	4362	14395
8	2010	3605	4235	4760	5125	

10.3 应用函数

使用 Excel 2010 的内置函数，可以把结构复杂的计算公式简单化。下面来研究一下吧！

10.3.1 认识函数

函数是 Excel 预先定义好的特殊公式。一般由函数名称、"("、函数参数和")"组成，结构形式如下：

函数名称(Number1,Number2, ...)

如果在函数前面加上符号"="，就变成公式了。如下图所示，在 F4 单元格中，是使用 SUM 函数计算的结果。

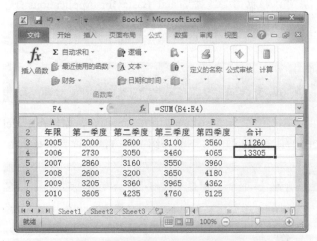

？提示

在 SUM 函数中，参与计算的参数最多可以有 255 个，最少必须有 1 个。

在 Excel 2010 中提供了 300 多个内置函数，为了方便用户查询使用，下面把这些函数划分为 12 种类型，如

文本运算符用来将多个文本连接成组合文本。连字符号为"&"。例如在 A1 单元格中输入"公司"，在 B1 单元格中输入"产品"，然后在 C1 单元格中输入公式"A1&B1"，按下 Enter 键即可在 C1 单元格中得到计算结果"公司产品"。

学以致用系列丛书

长见识

下表所示。

Excel 2010 的函数类型

函数类型	功　能
财务函数	进行财务运算，如确定债券价值、固定资产年折旧额等
日期与时间函数	可以实现日期和时间的自动更新，或者在公式中分析处理日期与时间值
数学与三角函数	进行数学计算，包括取整、求和、求平均数以及计算正/余弦值等三角函数
统计函数	对选中的单元格区域进行统计分析
查找与引用函数	在指定区域查找指定数值或查找一个单元格引用
数据库函数	按照特定条件分析数据
文本函数	用于对字符串进行提取、转换等
逻辑函数	用于逻辑判断或者复合检验
信息函数	用于确定存储在单元格中的数据类型
工程函数	用于工程分析
多位数据集函数	用于联机分析处理(OLAP)数据库
加载宏和自定义函数	用于加载宏、自定义函数等

? 提示

如果在上述函数类型中无法找到需要的函数，用户可以根据需要通过Visual Basic for Applications自己创建函数，这种函数称为自定义函数。

10.3.2　插入函数

在前面学习了公式的使用方法，那么，如何在 Excel 2010 中插入函数呢？下面介绍三种方法供读者选择。

1. 使用【插入函数】对话框插入函数

使用【插入函数】对话框插入函数的操作步骤如下。

操 作 步 骤

❶ 在 Book1 工作簿中选中要插入函数的单元格，比如 F3 单元格，然后在【公式】选项卡下的【函数库】组中，单击【插入函数】按钮，如右上图所示。

❷ 弹出【插入函数】对话框，然后单击【或选择类别】下拉列表框右侧的下拉按钮，从打开的下拉列表中选择【数学与三角函数】选项，接着在【选择函数】列表框中选择 SUM 选项，最后单击【确定】按钮，如下图所示。

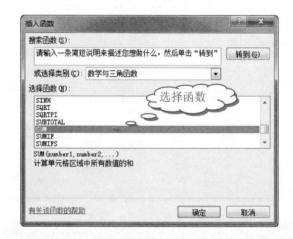

✓ 技巧

还可以通过单击编辑栏左侧的【插入函数】按钮打开【插入函数】对话框，如下图所示。

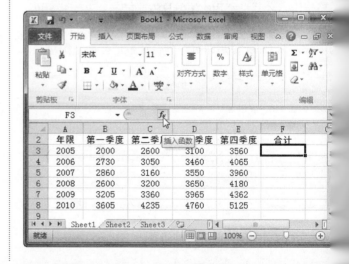

引用运算符可以将单元格区域合并运算，包括冒号(:)、逗号(,)和空格三种运算符。

3 弹出【函数参数】对话框，然后单击 Number1 文本框右侧的 按钮，如下图所示。

4 这时，【函数参数】对话框变窄，拖动鼠标，在工作表中选中参与计算的单元格区域，然后在【函数参数】对话框中单击 按钮，如下图所示。

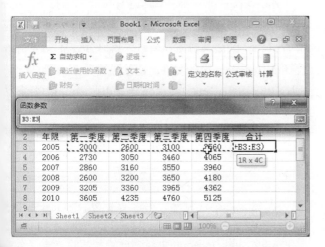

5 还原【函数参数】对话框，单击【确定】按钮，即可得到函数的计算结果，如下图所示。

使用功能区中的函数命令插入函数

使用功能区中的函数命令插入函数的方法如下。

操作步骤

在工作表中选中要输入公式的单元格，这里选中 F4 单元格，然后在【公式】选项卡下的【函数库】组中，单击【自动求和】按钮，如右上图所示。

2 这时，在 F4 单元格中插入 SUM 函数，默认参数为 A4:E4，如下图所示。

3 由于 A4 单元格中存放的是年份，不是销售数据，所以要拖动鼠标，选中 B4:E4 单元格区域的销售数据，如下图所示。

	A	B	C	D	E	F
2	年限	第一季度	第二季度	第三季度	第四季度	合计
3	2005	2000	2600	3100	3560	11260
4	2006	2730	3050	3460	40	=SUM(B4:E4)
5	2007	2860	3160	3550		
6	2008	2600	3200	3650	4180	
7	2009	3205	3360	3965	4362	
8	2010	3605	4235	4760	5125	

4 按 Enter 键确认公式，得出计算结果，如下图所示。

	A	B	C	D	E	F
2	年限	第一季度	第二季度	第三季度	第四季度	合计
3	2005	2000	2600	3100	3560	11260
4	2006	2730	3050	3460	4065	13305
5	2007	2860	3160	3550	3960	
6	2008	2600	3200	3650	4180	
7	2009	3205	3360	3965	4362	
8	2010	3605	4235	4760	5125	

3. 直接输入函数

如果用户对自己要使用的函数非常了解，可在单元格或编辑栏中直接输入函数。例如选中 F5 单元格，然后

空格运算符也称交叉运算符，表示产生同时属于两个单元格区域的单元格引用。例如，SUM(A1:C4 B3:B5)，只有单元格 B3、B4 同时属于 A1:C3 和 B3:B5 两个单元格区域。

学以致用系列丛书

在编辑栏中输入"=SUM("，这时，会出现该函数的语法提示，如下图所示，根据提示输入参数即可。

提示 SUM 函数的语法结构

10.3.3 使用常用函数

在 Excel 2010 中，常用的函数有 SUM、AVERAGE、IF、HYPERLINK、COUNT、MAX、SIN、SUMIF、PMT 和 STDEV 等几个，下面简单介绍一下这些常用函数的语法格式。

1. SUM 函数

SUM 函数将返回某一单元格区域中所有数字之和。语法结构如下。

SUM(number1,number2,...)

其中，number1,number2,...是要对其求和的 1 到 255 个参数。

提示

直接输入参数表中的数字、逻辑值及数值的文本表达式将被计算。

如果参数是一个数组或引用，则只计算其中的数字。数组或引用中的空白单元格、逻辑值或文本将被忽略。

如果参数为错误值或为不能转换为数值的文本，将会导致错误。

2. AVERAGE 函数

AVERAGE 函数返回参数的平均值(算术平均值)。语法结构如下。

AVERAGE(number1,number2,...)

其中，number1,number2,... 表示要计算其平均值的 1~255 个参数。

提示

参数可以是数字或者是包含数字的名称、数组或引用。

逻辑值和直接输入到参数列表中代表数字的文本被计算在内。

如果数组或引用参数包含文本、逻辑值或空白单元格，则这些值将被忽略；但包含零值的单元格将计算在内。

如果参数为错误值或为不能转换为数字的文本，将会导致错误。

如果要使计算时包括引用中的逻辑值(如 True、False)和文本，需要使用 AVERAGEA 函数。

3. HYPERLINK 函数

HYPERLINK 函数创建一个快捷方式或链接，以便打开一个存储在硬盘、网络服务器或 Intranet 上的文档。当单击 HYPERLINK 函数所在的单元格时，Excel 将打开存储在 link_location 中的文件。语法结构如下。

HYPERLINK(link_location,friendly_name)中各参数的含义如下。

❖ link_location：表示要打开的文件名称及完整路径，可以是本地硬盘、UNC 路径或 URL 路径。

提示

link_location 可以是括在引号中的文本字符串或包含文本字符串链接的单元格。

如果在 link_location 中指定的跳转不存在或不能访问，则当单击单元格时将出现错误信息。

❖ friendly_name：表示要显示在单元格中的数字或字符串。如果省略此参数，单元格中将显示 link_location 的文本。

提示

friendly_name 可以为数值、文本字符串、名称或包含跳转文本或数值的单元格。

如果 friendly_name 返回错误值，单元格将显示错误值以替代跳转文本。

4. IF 函数

IF 函数用于判断是否满足某个条件，如果满足则返回一个值，如果不满足则返回另一个值。语法结构如下。

IF(logical_test,value_if_true,value_if_false)中各参数的含义如下：

如果 IF 函数的参数包含数组，则在执行 IF 语句时，数组中的每一个元素都将计算。

- ❖ logical_test：表示任何可能计算为 True 或 False 的数值或表达式。
- ❖ value_if_true：表示 logical_test 为 True 时返回的值。如果省略，则返回字符串"True"。
- ❖ value_if_false：表示 logical_test 为 False 时返回的值。如果省略，则返回字符串"False"。

注意

在 IF 函数中可以使用 IF 函数作为 value_if_true 和 value_if_false 参数进行嵌套以构造更详尽的测试。但是 IF 函数最多可以嵌套 7 层。

COUNT 函数

COUNT 函数计算区域中包含数字的单元格的个数，语法结构如下。

COUNT(value1,value2,...)

其中，value1,value2,...是可以包含或引用各种类型数的 1～255 个参数，但只有数字类型的数据才计算在内。

提示

数字参数、日期参数或者代表数字的文本参数被计算在内。

逻辑值和直接输入参数列表中代表数字的文本被计算在内。

如果参数为错误值或不能转换为数字的文本，将被忽略。

如果参数是一个数组或引用，则只计算其中的数字。数组或引用中的空白单元格、逻辑值、文本或错误值将被忽略。

如果要统计逻辑值、文本或错误值，需要使用 COUNTA 函数。

SIN 函数

SIN 函数将返回给定角度的正弦值，语法结构如下。

SIN(number)

其中，number 代表需要求正弦的角度，以弧度表示。

提示

如果参数的单位是度，则可以乘以 PI()/180 或使用 RADIANS 函数将其转换为弧度。

MAX 函数

MAX 函数返回一组值中的最大值，语法结构如下。

MAX(number1,number2,...)

其中，number1,number2,...表示要从中找出最大值的 1～255 个参数。

提示

参数可以是数字或者是包含数字的名称、数组或引用。

逻辑值和直接输入参数列表中代表数字的文本被计算在内。

如果参数为数组或引用，则只使用该数组或引用中的数字。数组或引用中的空白单元格、逻辑值或文本将被忽略。

如果参数不包含数字，MAX 函数将返回 0 值。

如果参数为错误值或为不能转换为数字的文本，将会导致错误。

如果要使计算包括引用中的逻辑值和代表数字的文本，需要使用 MAXA 函数。

8. SUMIF 函数

SUMIF 函数按给定条件对指定单元格求和，语法结构如下。

SUMIF(range,criteria,sum_range)

其中，各参数的含义如下。

- ❖ range：表示要进行计算的单元格区域。每个区域中的单元格都必须是数字或包含数字的名称、数组或引用。空值和文本值将被忽略。
- ❖ criteria：确定对哪些单元格相加的条件，其形式可以为数字、表达式或文本。
- ❖ sum_range：表示要相加的实际单元格。如果省略 sum_range，则当区域中的单元格符合条件时，它们既按条件计算，也执行相加。

提示

SUMIF 函数可对满足某一条件的单元格区域求和，该条件可以是数值、文本或表达式，可以应用在人事、工资和成绩统计中。

9. PMT 函数

PMT 函数基于固定利率及等额分期付款方式，返回贷款的每期付款额，语法结构如下。

PMT(rate,nper,pv,fv,type)，式中各参数的含义如下。

- ❖ rate：表示贷款利率。
- ❖ nper：表示贷款的付款总数。
- ❖ pv：表示现值，或一系列未来付款的当前值的累积和，也称为本金。

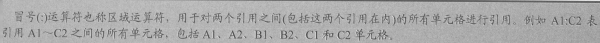

冒号(:)运算符也称区域运算符，用于对两个引用之间(包括这两个引用在内)的所有单元格进行引用。例如 A1:C2 表引用 A1～C2 之间的所有单元格，包括 A1、A2、B1、B2、C1 和 C2 单元格。

学以致用系列丛书

❖ fv：表示未来值，或在最后一次付款后希望得到的现金余额，如果省略 fv，则假设其值为零，也就是一笔贷款的未来值为零。

❖ type：指定付息时间是在期初还是期末，其值可以为 0 或 1。如果为 0 或省略，则表示在期末；如果为 1，则表示在期初。

提示

应确认所指定的 rate 和 nper 单位的一致性。

PMT 函数返回的支付款项包括本金和利息，但不包括税款、保留支付或某些与贷款有关的费用。

如果要计算贷款期间的支付总额，可以用 PMT 函数返回值乘以 nper。

10. STDEV 函数

STDEV 函数估算基于给定样本的标准偏差(忽略样本中的逻辑值及文本)，语法结构如下。

STDEV(number1,number2,...)

其中，number1,number2,... 表示与总体抽样样本相应的 1 到 255 个数值。也可以不使用这种用逗号分隔参数的形式，而用单个数组或对数组的引用。

提示

假设 STDEV 函数的参数是总体中的样本，并且数据代表全部样本总体，则应该使用 STDEVP 函数来计算标准偏差。

此处标准偏差的计算使用 "n-1" 方法。

参数可以是数字或者是包含数字的名称、数组或引用。

逻辑值和直接输入到参数列表中代表数字的文本被计算在内。

如果参数是一个数组或引用，则只计算其中的数字。数组或引用中的空白单元格、逻辑值、文本或错误值将被忽略。

如果参数为错误值或为不能转换成数字的文本，将会导致错误。

如果要使计算包含引用中的逻辑值和代表数字的文本，需要使用 STDEVA 函数。

10.4 重命名单元格

在进行公式计算时，如果需要经常用到某单元格区域中的数据，可以给该区域起一个名字，这样在输入公式时，可以简化输入。

---

1. 定义单元格名称

定义单元格名称的操作步骤如下。

操作步骤

❶ 在工作表中选中要命名的单元格区域，这里选择 B3:E8 区域，然后在【公式】选项卡下的【定义名称】组中，单击【定义名称】按钮旁边的下三角按钮，从弹出的菜单中选择【定义名称】命令，如下图所示。

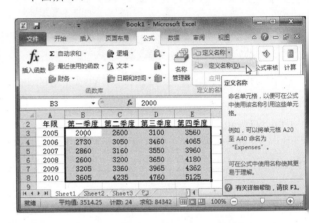

❷ 弹出【新建名称】对话框，在【名称】文本框中输入单元格的新名称，在【引用位置】文本框中可修改要命名的单元格区域，最后单击【确定】按钮，如下图所示。

技巧

在选中要命名的单元格区域后，右击该区域，从弹出的快捷菜单中选择【定义名称】命令也可以弹出【新建名称】对话框，如下图所示。

逗号(,)运算符也称联合运算符，用于将多个引用合并为一个引用。例如 SUM(A1:B3,C2:E2)表示将 A1:B3 和 C2:E2 这两个引用合并为一个引用，再计算其数值和。

注意

单元格命名规则有以下几点。

❖ 名字中不能有空格。
❖ 命名不能与现有的单元格引用名称重复。
❖ 名字不能以数字开头。
❖ 不能使用一些特殊字符。

如果用户忘了这些规则，可以试着进行命名，如果违反了规则，Excel 会提示错误信息，并且让用户修改直至符合规则为止。

❸ 选中 B3:E8 区域，这时在名称框中可以发现单元格名称改变了，如下图所示。

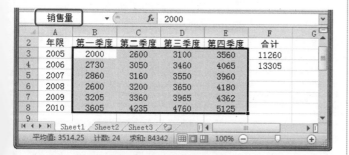

技巧

选中 B3:E8 单元格区域后，在名称框中直接输入单元格区域的新名称，再按 Enter 键也可以重命名单元格区域，如下图所示。

2. 管理单元格名称

如果对单元格命名不满意，可以通过【名称管理器】对话框来修改单元格名称。其操作步骤如下。

操作步骤

❶ 在【公式】选项卡下的【定义的名称】组中，单击【名称管理器】按钮，如右上图所示。

❷ 弹出【名称管理器】对话框，选择要编辑的单元格名称，再单击【编辑】按钮，如下图所示。

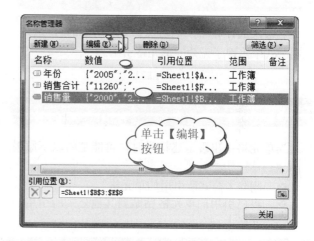

❸ 弹出【编辑名称】对话框，在【名称】文本框中可以重新命名单元格，再单击【确定】按钮即可，如下图所示。

❹ 如果要删除单元格名称，可以在选中单元格名称后，单击【删除】按钮，弹出 Microsoft Excel 提示对话框，提示用户是否确实要删除该单元格名称，单击【确定】按钮即可，如下图所示。

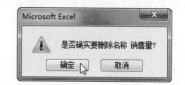

在进行公式的混合运算时，Excel 程序是根据运算符的优先级顺序从高到低进行计算的。对于同一优先级的运算，按从左到右的顺序进行计算。

10.5 公式与函数运算的常见错误与分析

默认情况下,在 Excel 2010 中进行数据计算时,Excel 会使用一些规则来帮助用户检查公式中的错误,如果公式错误,会在每个存在错误公式的单元格的左上角上出现一个绿三角,并对不同错误,出现不同的提示符,比如 ### 、#NAME? 等。那么,这些错误值是如何产生的?怎么解决呢?这就是本节要介绍的内容。

10.5.1 #REF!错误

当公式的计算结果中出现如下图所示的符号时,就说明公式中出现了无效的单元格引用。

#REF!

1. 出错原因

当单元格中出现上述符号时,可能是由以下原因造成的。

- ❖ 删除了公式所引用的单元格。
- ❖ 将已引用的单元格粘贴到其他公式所引用的单元格上。

2. 解决方案

当出现如上图所示的错误时,可以用下面的方法来解决。

- ❖ 检查公式中的单元格的引用,并更正公式。
- ❖ 在删除或粘贴单元格之后出现上图所示错误时,立即单击【撤销】按钮以恢复工作表中的单元格。

10.5.2 #####错误

当工作表中出现如下图所示的符号时,就说明工作表中出现了问题。

或

1. 出错原因

当单元格中出现上述符号时,可能是由以下原因造成的。

- ❖ 列宽不足以显示包含的内容。
- ❖ 输入了负的日期。
- ❖ 输入了负的时间。

2. 解决方案

当出现上述符号时,可以用下面的方法来解决:

- ❖ 增加列宽:参照前面章节的内容调整该列的列宽到适当值即可。
- ❖ 缩小字体填充:选择出错列并右击,在弹出的快捷菜单中选择【设置单元格格式】命令,接着在弹出的对话框中切换到【对齐】选项卡,选中【缩小字体填充】复选框,再单击【确定】按钮,如下图所示。

在这里可以预览设置对齐后的效果。

- ❖ 应用不同的数字格式:在某些情况下,可以更改单元格中数字的格式,使其适合现有单元格的宽度。例如,可以减少小数点后的小数位数。
- ❖ 将负的日期改为正确值。
- ❖ 将负的时间改为正确值。

10.5.3 N/A 错误

当数值对函数或公式不可用时,会出现如下图所示的符号。

#N/A

1. 出错原因

当单元格中出现上述符号时,可能是由以下原因造成的。

- ❖ 遗漏数据,取而代之的是 #N/A 或 NA()。
- ❖ 为 HLOOKUP、LOOKUP、MATCH 或 VLOOKUP 工作表函数的 lookup_value 参数赋予了不适当的值。
- ❖ 数组公式中使用的参数的行数或列数与包含数组公式的区域的行数或列数不一致。
- ❖ 内部函数或自定义工作表函数中缺少一个或多个必要参数。
- ❖ 使用的自定义工作表函数不可用。

在为多个单元格重新命名后,单击【名称框】右侧的下拉按钮,在列表中选择一个名称后,Excel 会自动激活该名称所对应的单元格。

2. 解决方案

当单元格中出现上述符号时，可以用下面的方法来解决。

- ❖ 用新数据取代 #N/A。
- ❖ 请确保 lookup_value 参数值的类型正确。例如，应该引用值或单元格，而不应引用区域。
- ❖ 如果要在多个单元格中输入数组公式，请确认被公式引用的区域与数组公式占用的区域具有相同的行数和列数，或者减少包含数组公式的单元格。
- ❖ 在函数中输入全部参数。
- ❖ 确认包含此工作表函数的工作簿已经打开并且函数工作正常。

提示

可以在数据还不可用的单元格中输入 #N/A。公式在引用这些单元格时，将不进行数值计算，而是返回 #N/A。

10.5.4　#NUM!错误

当公式或函数中使用无效的数字值时，就会出现如下图所示的符号。

```
#NUM!
```

1. 出错原因

当单元格中出现上述符号时，可能是由以下原因造成的。

- ❖ 在需要数字参数的函数中使用了无法接受的参数。
- ❖ 使用了迭代计算的工作表函数，如 IRR 或 RATE，并且函数无法得到有效的结果。

2. 解决方案

当单元格中出现上述符号时，可以用下面的方法来解决。

- ❖ 确保函数中使用的参数是数字。例如，即使需要输入的值是"$1,000"，也应在公式中输入"1000"。
- ❖ 为工作表函数使用不同的初始值。
- ❖ 更改 Microsoft Excel 迭代公式的次数。方法是在 Excel 2010 程序中选择【文件】|【选项】命令，然后在弹出的对话框中单击【公式】选项，接着在【计算选项】组中选中【启用迭代计算】

复选框，并设置【最多迭代次数】和【最大误差】选项，最后单击【确定】按钮，如下图所示。

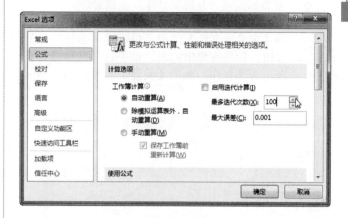

提示

在上图中，设置的最多迭代次数值越大，Excel 计算工作表所需的时间就越长。

如果最大误差越小，结果就越精确，Excel 计算工作表所需的时间也越长。

10.5.5　#NAME?错误

当公式的计算结果中出现如下图所示的符号时，说明 Excel 不能识别公式或函数中的文本。

```
#NAME?
```

1. 出错原因

当单元格中出现上述符号时，可能是由以下原因造成的。

- ❖ 输入了错误的公式或不存在的内部函数，例如，在 F4 单元格中输入求和函数"=SUM(B4:E4)"时，不小心输入了"=SUN(B4:E4)"后即会出现该错误。
- ❖ 使用"分析工具库"加载宏部分的函数，而没有装载加载宏。
- ❖ 使用不存在的名称。
- ❖ 名称拼写错误。
- ❖ 在公式中输入文本时没有使用双引号。

2. 解决方案

当单元格中出现上述符号时，可以用下面的方法来解决。

- ❖ 检查输入的公式或函数名是否正确，可以在【插

在 Excel 2010 中输入公式时，只要正确使用 F4 键，就能简单地对单元格的相对引用和绝对引用进行切换。注意，F4 的切换功能只对所选中的公式段起作用！

169

入函数】对话框中查询该函数是否存在，也可以在输入函数的过程中注意 Excel 2010 自动给出的内部函数提示。

❖ 安装和加载"分析工具库"加载宏。
❖ 确认使用的名称确实存在。在【公式】选项卡的【定义的名称】组中，单击【名称管理器】按钮，接着在弹出的对话框中查看名称是否存在，若不存在，单击【新建】按钮，添加相应的名称即可，如下图所示。

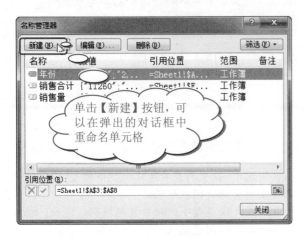

❖ 验证拼写。
❖ 将公式中缺少的双引号加上。

10.5.6　#VALUE!错误

当公式的计算结果中出现如下图所示的符号时，说明公式或函数中的参数或操作数类型不正确。

#VALUE!

1. 出错原因

当单元格中出现上述符号时，可能是由以下原因造成的。

❖ 当公式需要数字或逻辑值(例如 True 或 False)时，却输入了文本。例如，如果单元格 A5 中包含数字且单元格 A6 中包含文本"Not available"，则公式 "=A5+A6" 将返回错误值 "#VALUE!"。
❖ 将单元格引用、公式或函数作为数组常量输入。
❖ 在某个矩阵工作表函数中使用了无效的矩阵。

2. 解决方案

当单元格中出现上述符号时，可以用下面的方法来解决。

❖ 确认公式或函数所需的运算符或参数正确，并且公式引用的单元格中包含有效的数值。

❖ 确认数组常量不是单元格引用、公式或函数。
❖ 确认矩阵的维数对矩阵参数是正确的。

10.5.7　#NULL!错误

当指定并不相交的两个区域的交点时，就会出现如下图所示的错误。

#NULL!

1. 出错原因

当单元格中出现上述符号时，可能是由以下原因造成的。

❖ 使用了不正确的区域运算符。
❖ 区域不相交。

2. 解决方案

当单元格中出现上述符号时，可以用下面的方法来解决。

❖ 若要引用连续的单元格区域，请使用冒号(:)分隔引用区域中的第一个单元格和最后一个单元格。例如，SUM(A1:A10)引用的区域为单元格 A1 到单元格 A10，包括 A1 和 A10 这两个单元格。
❖ 如果要引用不相交的两个区域，则请使用联合运算符，即逗号(,)。例如，如果公式对两个区域进行求和，请确保用逗号分隔这两个区域(SUM(A1:A10,C1:C10))。

10.5.8　#DIV/0!错误

当数字被零(0)除时，就会出现如下图所示的错误。

#DIV/0!

1. 出错原因

当单元格中出现上述符号时，可能是由以下原因造成的。

❖ 输入的公式中包含明显的被零除(0)，例如 =5/0。
❖ 使用对空白单元格或包含零的单元格的引用作为除数。

2. 解决方案

当单元格中出现上述符号时，可以用下面的方法

选中某单元格中的公式 "=SUM(C3:E4)"，按下 F4 键，该公式内容变为 "=SUM($C$3:$E$4)"，表示对横、纵行单元格均进行绝对引用。第二次按下 F4 键，公式内容将变为 "=SUM(C$3:E$4)"，表示对横行进行绝对引用，对纵行进行相对引用。

解决。

❖ 将除数更改为非零的数值。

❖ 将单元格引用更改到另一个单元格。

❖ 在单元格中输入一个非零数值作为除数。

❖ 可以在作为除数引用的单元格中输入值 #N/A，这样就会将公式的结果从 #DIV/0! 更改为 #N/A，表示除数是不可用的数值。

❖ 使用 IF 工作表函数来防止显示错误值。例如，如果产生错误的公式是 =A5/B5，则可使用 =IF(B5=0,"",A5/B5)。其中，两个引号代表了一个空文本字符串。

10.6 思考与练习

选择题

1. 在单元格中输入公式后，需要按_____键进行确认。

   A. Enter   B. Tab

   C. 单击鼠标   D. Ctrl

2. 在下列引用中，_____不属于公式中的单元格引用。

   A. 相对引用   B. 绝对引用

   C. 链接引用   D. 混合引用

3. 在下列引用中，引用方式的结果不随单元格位置的改变而改变的是_____。

   A. 相对引用   B. 绝对引用

   C. 链接引用   D. 混合引用

4. 在确认公式后，使用下述_____方法可以重新编辑公式。

   A. 鼠标双击法   B. 利用编辑栏

   C. 按 F2 功能键   D. ABC

5. 在进行除法计算时，如果数据除以零(0)，则会出现_____提示。

   A. #DIV/0!错误   B. #REF!错误

   C. #####错误   D. #NUM!错误

操作题

首次创建"销售登记簿"工作簿，并在 Sheet1 工作表中输入如下图所示的数据信息。

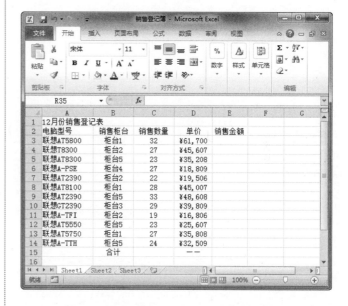

1. 在 E3 单元格中输入公式"=C3*D3"，计算销售金额，并向下填充公式。

2. 使用 SUM 函数合计销售数量和销售金额。

第 11 章

有理有据——管理并打印工作表数据

与其他电子表格软件一样，Excel 2010 在数据库管理方面不仅能够通过记录单增加、删除和移动等操作来管理数据，还在排序、筛选、汇总等方面具有较强的管理功能，下面一起来体验吧。

学习要点

- ❖ 使用记录单输入数据
- ❖ 排序和筛选数据
- ❖ 分类汇总数据
- ❖ 设置打印页面
- ❖ 设置打印区域
- ❖ 打印工作表

学习目标

通过对本章的学习，读者首先应该熟练掌握使用记录单录入数据的方法；其次要求掌握一些数据分析技巧，包括数据排序、数据筛选以及数据分类汇总等操作；最后要求掌握设置打印页面的方法，并能够打印工作表。

11.1 使用记录单输入数据

数据库是一个相关信息的集合，是一种数据清单。在工作表中输入字段和记录后，系统会自动创建数据库和生成记录单，运用记录单可以很方便地添加、修改和删除记录，还可以快速查找满足设定条件的记录，下面将分别进行讲解。

11.1.1 添加记录

首先来创建一个销售清单，并使用记录单录入本年度的销售数据。其操作步骤如下。

操 作 步 骤

❶ 新建一个名为"销售管理"的工作簿，然后重命名 Sheet1 工作表为"销售清单"。

❷ 在 A1 单元格中输入表格标题，并设置其字体格式。然后在第二行输入列标题，包括订单编号、订单日期、发货日期、汽车类型、订货金额、地区、城市、联系人和地址，如下图所示。

❸ 切换到【文件】选项卡，并在打开的 Backstage 视图中选择【选项】命令，如下图所示，打开【Excel 选项】对话框。

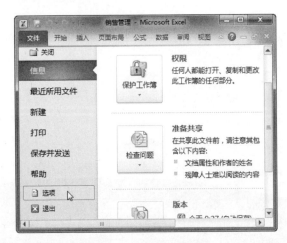

❹ 在左侧导航窗格中选择【快速访问工具栏】选项，

然后在右侧窗格中单击【从下列位置选择命令】下拉列表框右侧的下拉按钮，从打开的下拉列表中选择【不在功能区中的命令】选项，接着在下方的列表框中选择【记录单】按钮，再单击【添加】按钮，如下图所示，最后单击【确定】按钮。

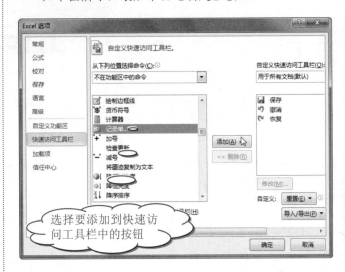

选择要添加到快速访问工具栏中的按钮

❺ 【记录单】按钮被添加到快速访问工具栏中了。在第三行输入一条销售信息，再单击【记录单】按钮，如下图所示。

❻ 弹出【销售清单】对话框，可以发现工作表中的列标题都反映在记录单中了，在右侧显示有"1/1"，其中，第二个"1"表示此销售记录单中共有 1 条记录，当前显示的是第一条记录，如下图所示。

表示记录总数

如果需要调整某一列的列宽，以获得最适合的宽度，可以用鼠标双击该列标的右侧边界；如果需要将多列调整到适合的宽度，可以同时选中多列，然后双击任一列的右侧边界部分，这样所有被选中的列其宽度都会自动适应内容了。

提示

记录单对话框的名称以工作表名称命名，对话框中的内容由工作表中的列标题决定，即不同的工作表，打开的记录单对话框名称不同，对话框内容也不尽相同。

提示

如果工作表中还没有数据记录，那么，单击【记录单】按钮，则会弹出如下图所示的提示对话框，单击【确定】按钮将选中的行作为列标签，即可打开【新建记录】窗口。

7 单击【新建】按钮，记录单会自动清空文本框，然后根据列标签逐条输入每条销售记录，如下图所示。在输入过程中，用户可以按 Tab 键或 Shift+Tab 组合键在列标签文本框中切换。

8 当输入完一条记录后，单击【新建】按钮或按 Enter 键将该记录写入工作表中，如下图所示是把第二条销售信息输入工作表后的情况。

这是新添加的记录信息

11.1.2　查找记录

当工作表中的数据太多时，手动查找会很麻烦，这时可以使用记录单中的【条件】功能快速查找需要的记录，具体操作如下。

操作步骤

1 打开【销售清单】对话框，单击【条件】按钮，如下图所示。

2 这时销售清单会自动清空列标签文本框，同时【条件】按钮变为【表单】按钮。用户可以在列标签文本框中输入查询条件，例如在【汽车类型】文本框中输入"轿车"，如下图所示。

列标签文本框被清空，然后输入查询条件

3 按 Enter 键，要搜索的记录将会显示在记录单对话框中，如下图所示。单击【下一条】按钮查看满足查询条件的其他数据信息。

11.1.3 修改和删除记录

当发现输入的数据有错误时，也可以通过记录单来进行修改，其操作步骤如下。

操 作 步 骤

1 打开销售清单对话框，单击【上一条】或【下一条】按钮可以逐条查看记录信息，如下图所示。在销售清单中修改数据将会被保存到文档中。

2 如果用户不小心修改了某条记录中的列标签内容，再按住 Enter 键，这时【还原】按钮将变成可用状态，单击【还原】按钮就可以还原修改的信息了，如下图所示。

3 如果要删除某条信息，可以在销售清单对话框中先找到该条信息，再单击【删除】按钮，如下图所示。

4 弹出 Microsoft Excel 对话框，提示显示的记录将被删除，单击【确定】按钮即可删除该条销售信息，如下图所示。

11.2 排序和筛选数据

排序和筛选是分析数据的重要手段。对数据进行排序，有助于快速直观地显示数据并更好地理解数据，有助于组织并查找所需数据，最终做出更有效的决策。如果是要查找某个单元格区域或某个表中的上限或下限值，就需要筛选功能了。

11.2.1 数据排序

数据排序是把一列或多列无序的数据变成有序的数据，这样能方便地管理数数。其操作步骤如下。

操 作 步 骤

1 选中 A2:I23 单元格区域，然后在【数据】选项卡下的【排序和筛选】组中单击【排序】按钮，如下图所示。

提 示

单击【排序与筛选】工具栏上的【升序】按钮，可进行升序排列。

❖ 若排序对象是数字，则从最小的负数到最大的正数进行排序。

❖ 若排序对象是文本，则按照英文字母 A~Z 的顺序进行排序。

❖ 若排序对象是逻辑值，则按 False 值在 True 值前的顺序进行排序，空格排在最后。

按 Ctrl+Tab 组合键，可以在打开的工作簿间切换。

单击【降序】按钮进行降序排序时，结果与升序相反。

❷ 弹出【排序】对话框，然后设置【主要关键字】为【汽车类型】，【排序依据】为【数值】，【次序】为【升序】，如下图所示。

❸ 单击【添加条件】按钮，这时出现【次要关键字】条件，设置次要关键字及其次序，再单击【确定】按钮，如下图所示。

提示

　　【主要关键字】条件是排序时的第一顺序，所以务必要将最具代表性的数据作为【主要关键字】的条件。

　　【次要关键字】的条件是在排序时作为第二顺序的，仅次于【主要关键字】的条件，其他条件以此类推。

　　【复制条件】按钮的作用是将前面已有的条件再作为其他次序的条件。

　　【选项】按钮的作用是对排序条件进行更详细的设置。例如，单击该按钮，然后在弹出的【排序选项】对话框中可以设置排序方向和方法，如下图所示。

❹ 排序后的结果如下图所示。

11.2.2 数据筛选

　　使用数据的筛选功能可以在表格中选择满足条件的记录，数据筛选可以分为自动筛选和高级筛选。下面一起来研究一下吧。

1. 自动筛选

　　自动筛选是按照一定的条件自动将符合条件的内容筛选出来。其操作步骤如下。

操 作 步 骤

❶ 在【数据】选项卡下的【排序和筛选】组中单击【筛选】按钮，如下图所示。

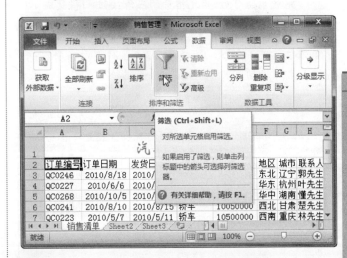

❷ 此时选中的单元格右侧出现三角按钮，如下图所示。单击某一表头字段右侧的三角按钮，在弹出的列表框中选择筛选条件，例如单击【地区】旁边的按钮，从列表框中选择要显示的地区名称，再单击【确定】按钮。

　　排序条件随工作簿一起保存，这样，每当打开工作簿时，都会对 Excel 表(而不是单元格区域)重新应用排序。如果希望保存排序条件，以便在打开工作簿时可以定期重新应用排序，最好使用表。这对于多列排序或花费很长时间创建的排序尤其重要。

❸ 结果如下图所示。

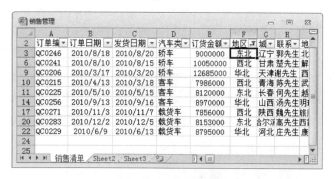

提示

完成步骤2后,单元格旁的三角按钮 ▼ 将变成 📊 形状,单击该按钮,在弹出的列表中选中【全部】复选框,再单击【确定】按钮,或是选择【从"地区"中清除筛选】命令,即可重新显示工作表中的所有记录,如下图所示。

❹ 单击【订货金额】旁边的三角按钮,从弹出的菜单中选择【数字筛选】|【大于】命令,如右上图所示。

❺ 弹出【自定义自动筛选方式】对话框,设置如下图所示的参数,再单击【确定】按钮。

❻ 这时,只有订货金额大于 10 000 000 的记录单显示出来了,如下图所示。

技巧

在【数据】选项卡下的【排序和筛选】组中,单击【清除】按钮,可以清除当前数据范围内的筛选和排序状态,如下图所示。

选择【筛选】命令对数据进行筛选后,再次单击【筛选】按钮,表头中各字段右侧的倒三角形按钮将会消失。

2. 高级筛选

高级筛选可以筛选出同时满足两个或两个以上约束条件的数据，其操作方法如下。

操作步骤

❶ 在 K2:L3 单元格区域中输入筛选条件，如下图所示。

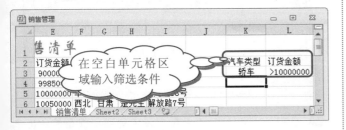

❷ 在【数据】选项卡下的【排序和筛选】组中单击【高级】按钮，如下图所示。

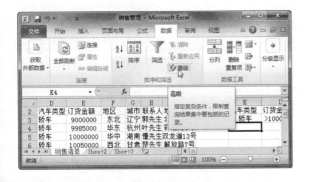

❸ 弹出【高级筛选】对话框，然后在【方式】组中选中【在原有区域显示筛选结果】单选按钮，接着设置列表区域和条件区域，如下图所示，最后单击【确定】按钮。

❹ 筛选出符合条件的记录单，如下图所示。

11.3　数据的统计与分析

分类汇总是对数据清单进行数据分析的一种方法，分类汇总对数据库中指定的字段进行分类，然后统计同一类记录的有关信息。统计的内容可以由用户指定，也可以统计同一类记录中的记录条数，还可以对某些数据段求和、求平均值、求极值等。

11.3.1　分类汇总数据

分类汇总功能在 Excel 的数据分析中有着十分重要的作用。

> **注意**
>
> 在进行分类汇总操作之前，用户需要先对数据进行排序操作。并且，这样的排序是针对分类汇总操作的字段进行的。

操作步骤

❶ 在"销售管理"工作簿中新建一个名称为"分类汇总"的工作表，然后将"销售清单"工作表中的数据信息复制到该工作表中，并按【汽车类型】进行排序。

❷ 在【数据】选项卡下的【分级显示】组中单击【分类汇总】按钮，如下图所示。

❸ 弹出【分类汇总】对话框，然后设置【分类字段】选项为【汽车类型】、【汇总方式】为【求和】，接着在【选定汇总项】列表框中选中【订货金额】复选框，再选中【替换当前分类汇总】和【汇总结果显示在数据下方】两个复选框，如下图所示。

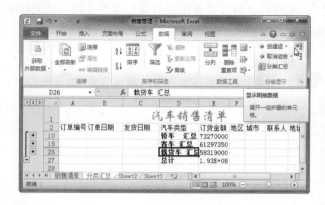

字段，然后在【分级显示】组中单击【显示明细数据】按钮，如下图所示。

❹ 设置完成后单击【确定】按钮，结果如下图所示。

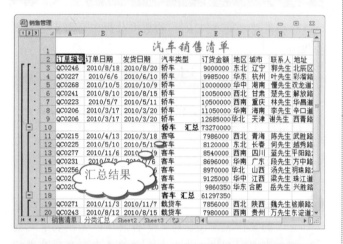

❸ 这时，"载货车 汇总"字段中的明细数据显示出来了，如下图所示。

11.3.2 显示与隐藏汇总结果

或许您刚刚应该发现在进行每日汇总后的工作表的左边多了一些减号(-)。其实为了方便查看数据，可将分类汇总后暂时不需要的数据隐藏，以减小界面的占用空间，当需要查看被隐藏的数据时再将其显示。

技巧

单击工作表左侧的 + 按钮，也可以把第三级别的数据显示出来，并且在单击后，+ 按钮会变成 − 按钮。如下图所示的是通过单击 + 按钮显示"轿车 汇总"字段的明细数据。

操作步骤

❶ 单击工作表左上角的 1 2 3 级别按钮可以快速隐藏或显示次级别数据，例如单击 2 按钮可以隐藏明细数据，再单击 3 按钮可以将明细数据显示出来。下图所示的是单击 2 按钮隐藏明细数据后的结果。

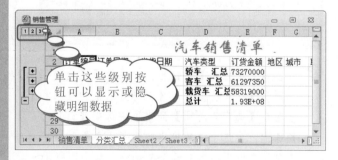

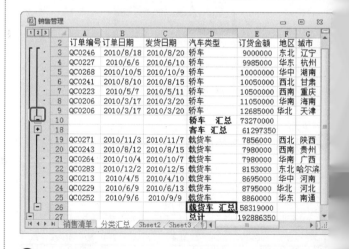

❷ 选择要显示明细数据的字段，例如"载货车 汇总"

❹ 选择要隐藏明细数据的字段，例如"轿车 汇总"字段，然后在【分级显示】组中单击【隐藏明细数据】按钮，如下图所示。

如果想将工作簿保存为模板，可以在【另存为】对话框设置文件的【保存类型】为【Excel 模板】，再单击【保存】按钮即可。

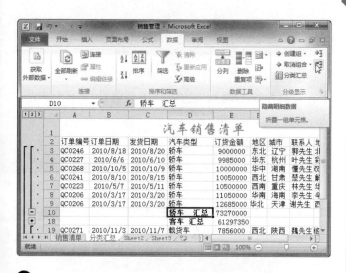

⑤ "轿车　汇总"字段中的明细数据被隐藏起来了，如下图所示。

技巧

单击工作表左侧的 ➖ 按钮也可以隐藏某字段的明细数据，并且在单击后 ➖ 按钮会变成 ➕ 按钮。

11.3.3　删除分类汇总

运行分类汇总后，如果对分类汇总的内容不满意，可以将其删除，具体的方法如下。

操作步骤

❶ 在"销售管理"工作簿中切换到"分类汇总"工作表，然后打开【分类汇总】对话框。

❷ 单击对话框中的【全部删除】按钮即可删除，如右上图所示。

11.4　页面设置与打印

制作了那么多工作表，想不想把它们打印出来永久保存呢？别急，下面就来学习如何设置和打印工作表。

11.4.1　设置页面

在打印工资条之前，需要先设置一下工作表页面。其操作步骤如下。

操作步骤

❶ 打开要打印的工作簿，然后在【页面布局】选项卡下的【页面设置】组中单击【纸张大小】按钮，从打开的菜单中选择要使用的纸张，如下图所示。

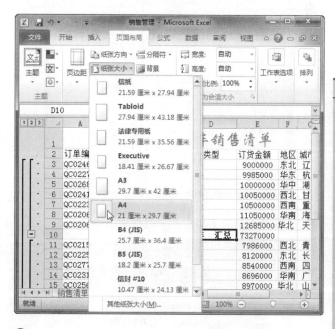

❷ 接着在【页面设置】组中单击【页边距】按钮，从弹出的菜单中选择需要的页边距，如下图所示。

学以致用系列丛书

创建的模板可保存在本地电脑中的任何位置。而保存在 Templates 文件夹下的模板文件将出现在【模板】对话框的【常用】选项卡的列表框中。

选择页边距类型

提示

如果在页边距菜单中找不到需要的页边距，可以选择【自定义边距】命令，然后在弹出的【页面设置】对话框中切换到【页边距】选项卡，设置页边距的具体数据，接着在【居中方式】选项组中选中【水平】复选框，最后单击【确定】按钮，如下图所示。

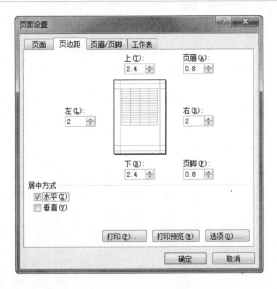

❸ 在【页面设置】组中单击【纸张方向】按钮，然后从弹出的菜单中选择纸张方向，如下图所示。

11.4.2 添加页眉页脚

您想让不同的工作表打印出来后，除了标题以外，还有其他与众不同的地方吗？下面就是一个不错的方法，给工作表添加页眉页脚。

操作步骤

❶ 在【页面布局】选项卡下的【页面设置】组中，单击对话框启动按钮，并在弹出的对话框中切换到【页眉/页脚】选项卡，如下图所示，在这里可以设置预定格式的页眉和页脚。

❷ 单击上图中的【自定义页眉】按钮，打开如下图所示的【页眉】对话框，输入如下图所示的参数，然后单击【确定】按钮。

❸ 结果如下图所示。

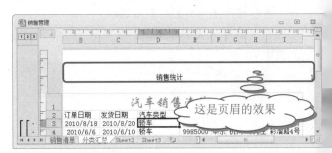

这是页眉的效果

在【插入】选项卡下的【文本】组中单击【页眉和页脚】按钮，可以激活页眉/页脚区域，直接设置或修改页眉和页脚的内容，最后单击工作表的任意位置，即可退出页眉/页脚区域。

1.4.3　设置打印区域

如果只需要打印工作表的一部分，可以通过设置打印区域的方法预先选中需要打印的部分。下面一起来研一下吧！

设置打印区域

设置打印区域的方法如下。

操 作 步 骤

激活要打印的工作表，然后选中需要打印的单元格区域。

在【页面布局】选项卡下的【页面设置】组中单击【打印区域】按钮，在弹出的菜单中选择【设置打印区域】命令即可设置打印区域，如下图所示。

选中的打印区域被虚线包围，如下图所示。

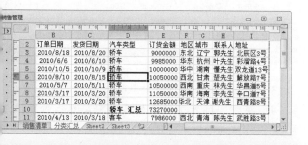

添加打印区域

如果在设置打印区域时有遗漏部分，可以通过下述去添加打印区域。

操 作 步 骤

在工作表中选中需要添加的打印区域。

在【页面布局】选项卡下的【页面设置】组中单击

【打印区域】按钮，在弹出的菜单中选择【添加到打印区域】命令，如下图所示。

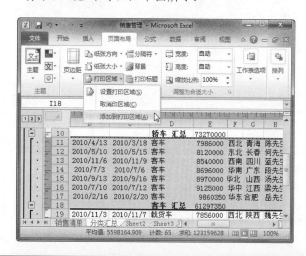

3.　取消打印区域

如果要取消设置的打印区域，可以通过下述方法实现：在【页面布局】选项卡下的【页面设置】组中单击【打印区域】按钮，从弹出的菜单中选择【取消印区域】命令，如下图所示。

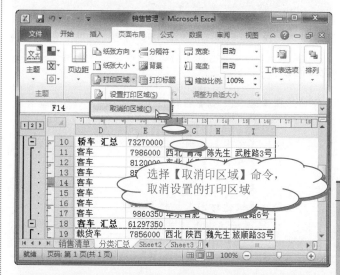

11.4.4　预览并打印

页面设置完成后，先预览一下设置的效果，再将其打印出来。

操 作 步 骤

❶ 切换到【文件】选项卡，在打开的 Backstage 视图中选择【打印】命令。

❷ 接着在右侧窗格中预览打印效果，并在中间窗格中设置打印参数，最后单击【打印】按钮即可开始打

印工作表了，如下图所示。

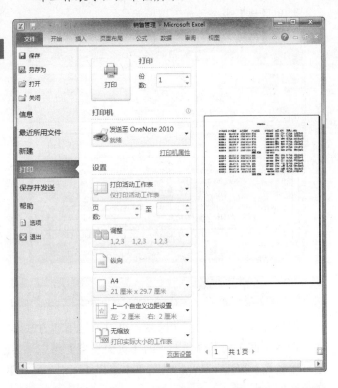

11.5 思考与练习

选择题

1. 在【Excel选项】对话框中，通过_____选项可以把【记录单】命令添加到快速访问工具栏中。

    A. 【常用】选项

    B. 【自定义】选项

    C. 【高级】选项

    D. 【快速访问工具栏】选项

2. 在排序对话框中，可以设置_____ 个排序关键字。

    A. 1个   B. 2个

    C. 3个   D. 1个以上

3. 数据分类汇总的前提是_____。

    A. 筛选   B. 排序

    C. 记录单   D. 以上全错误

4. 下列按钮中，_____是【打印预览和打印】按钮。

    A.   B.

    C.   D.

操作题

1. 将【打印预览和打印】、【快速打印】、【记录单】、【页面设置】命令添加到快速访问工具栏中，效果如下图所示。

2. 创建如下图所示的"工资表"工作簿。接着按要关键字是"部门"、"升序"，次要关键字是"基本工资"、"降序"进行条件排序。

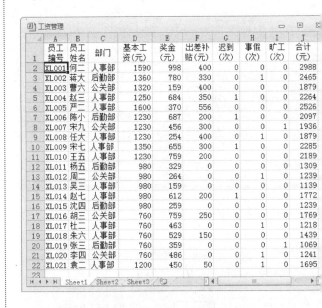

员工编号	员工姓名	部门	基本工资(元)	奖金(元)	出差补贴(元)	迟到(次)	事假(次)	旷工(次)	合计(元)
XL001	何二	人事部	1590	998	400	0	0	0	2988
XL002	蒋大	后勤部	1360	780	330	0	1	0	2465
XL003	曹六	公关部	1320	159	400	0	0	0	1879
XL004	赵三	人事部	1250	684	350	1	0	0	2264
XL005	严二	人事部	1600	370	556	0	0	0	2526
XL006	陈小	后勤部	1230	687	200	1	0	0	2097
XL007	宋九	公关部	1230	456	300	0	0	1	1936
XL008	任大	人事部	1230	254	400	0	1	0	1879
XL009	宋七	人事部	1350	655	300	1	0	0	2285
XL010	王五	人事部	1230	759	200	0	0	0	2189
XL011	杨五	人事部	980	329	0	0	0	0	1309
XL012	周二	公关部	980	264	0	0	1	0	1239
XL013	吴三	人事部	980	159	0	0	0	0	1139
XL014	赵七	人事部	980	612	200	1	0	0	1772
XL015	沈四	后勤部	980	259	0	0	0	0	1239
XL016	胡三	公关部	760	759	250	0	0	0	1769
XL017	杜二	人事部	760	463	0	0	0	1	1218
XL018	朱六	人事部	760	529	150	0	0	0	1439
XL019	张三	后勤部	760	359	0	0	0	1	1069
XL020	李四	公关部	760	486	0	0	1	0	1241
XL021	袁二	人事部	1200	450	50	0	1	0	1695

3. 筛选奖金小于 550 的数据信息。

4. 将时间插入工作表的页脚中，然后预览设置效果。

使用 Ctrl+F10 组合键可以最大化窗口；使用 Ctrl+F9 组合键可以最小化窗口；使用 Ctrl+F5 组合键可以恢复选定的作簿窗口的大小；使用 Alt+F4 组合键可以关闭当前活动窗口。

第 12 章

沿波讨源——应用图表分析数据

Excel 2010 中文版具有许多高级的制图功能，可以绘制出更易于理解和交流的图表。这就是本章要介绍的 Excel 2010 的另一项功能——用图表分析数据。下面一起来学习吧。

学习要点

- ❖ 创建图表
- ❖ 添加趋势线
- ❖ 添加误差线
- ❖ 修改图表数据
- ❖ 编辑图表
- ❖ 使用迷你图分析数据
- ❖ 创建时间透视表
- ❖ 编辑数据透视表
- ❖ 使用切片器筛选数据透视表数据

学习目标

通过对本章的学习，读者首先应该掌握图表的创建方法；其次要求掌握图表的编辑操作，包括移动图表位置和调整图表大小、改变图表类型、设置图表区及绘图区格式等操作；其次要求掌握迷你图的使用方法；最后要求掌握数据透视表的创建及编辑方法，并能够使用切片器分析数据。

12.1 图表的组成

图表(Chart)是一种很好的将对象属性数据直观、形象地"可视化"的手段,可以更形象地表示数据的变化趋势。

12.1.1 了解图表类型

Excel 2010 为用户提供了 11 类图表,每种图表类型又包含若干个子图表类型,并且用户还可以自定义图表模板。不同的图表类型具有各自表现数据的特点,下表列出了图表类型和它典型的用途。

Excel 2010 图表的类型及用途

图表类型	用　途
柱形图	在竖直方向上比较不同类型的数据
折线图	按类别显示一段时间内数据的变化趋势
饼图	在单组中描述部分与整体的关系
条形图	在水平方向上比较不同类型的数据
面积图	强调一段时间内数值的相对重要性
XY 散点图	描绘两种相关数据的关系
股价图	综合了柱形图和折线图,专门设计用来跟踪股票价格
曲面图	当第三个变量改变时,跟踪另两个变量的变化轨迹,是一个三维图
圆环图	以一个或多个数据类别来对比部分与整体的关系;在中间有一个更灵活的饼状图
气泡图	突出显示值的聚合,类似于散点图
雷达图	表明数据或数据频率相对于中心点的变化

创建图表后,会形成一个绘图层,也称为图表区。一般图表区中包括绘图区、图表标题、图例项、图例和坐标轴等几部分,如下图所示。

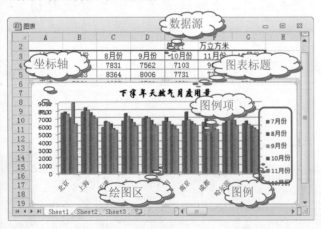

1. 绘图区

在二维图表中,绘图区是指通过轴来界定的区域,包括所有数据系列。在三维图表中,同样是通过轴来界定的区域,包括所有数据系列、分类名、刻度线标志和坐标轴标题。

绘图区会根据图表的类型不同而有所不同。在条形图等有坐标的图表中,绘图区是指以两条坐标轴为界的矩形区域;而在饼图和圆环图等没有坐标的图表中,绘图区是指存放数据系列图形的矩形区域。

2. 图例项

图例项又称数据系列,在图表中绘制的相关数据点,这些数据源自数据表的行或列。图表中的每个数据系列具有唯一的颜色或图案并且在图表的图例中表示。可以在图表中绘制一个或多个数据系列。饼图只有一个数据系列。

提示

数据点是指图表中绘制的单个值,这些值由条形图、柱形图、折线图、饼图或圆环图的扇面、圆点和其他被称为数据标记的图形表示。相同颜色的数据标记组成一个数据系列。

3. 图表标题区

图表标题是说明性的文本,可以自动与坐标轴对齐或在图表顶部居中。

如果图表中只有一列数据,图表标题会默认为该列数据的字段名称。如果图表含有两列数据,默认情况下无图表标题,用户可以手动添加图表标题。

4. 图例

图例是一个方框,用于标识为图表中的数据系列或分类指定的图案或颜色。每一个数据系列的名称即是一个图例标题,图例中的颜色即是所表示的数据系列的颜色。

5. 坐标轴

坐标轴是界定图表绘图区的线条,用作度量的参照框架。用来定义坐标系的一组直线。一般分为垂直轴(称值轴并包含数据)和水平轴(又称类别轴并包含分类)。

功能键 F11 可以创建当前范围内数据的图表,与之相关的组合键有:按 Shift+F11 组合键可以插入一个新工作表;按 Alt +F11 组合键将打开 Microsoft Visual Basic 编辑器,可以使用 VBA 来创建宏。

12.1.2　使用一次按键创建图表

图表工作表是指在生成图表时，将图表作为一个单独的工作表，不包含数据源区域。创建该类图表的操作方法如下。

操作步骤

❶ 新建一个名为"图表"的工作簿，然后在 Sheet1 工作表中创建如下图所示的表格，并输入数据信息。

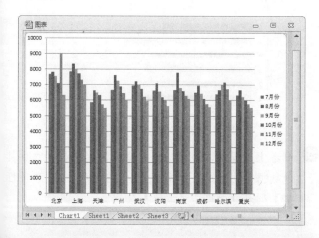

❷ 单击要创建图表的数据区域，这里选中 B3:G13 单元格区域，然后按下 F11 键，Excel 会根据选择的数据插入一个新的图表工作表，并命名为 Chart1，如下图所示。

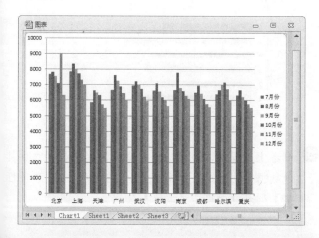

12.1.3　使用组创建图表配图

使用【图表】组中的图表按钮创建图表的操作步骤如下。

操作步骤

❶ 选中要创建图表的数据源，这里选中 B3:G13 单元格区域，然后在【插入】选项卡下的【图表】组中，单击【柱形图】按钮，在打开的下拉列表中选择【簇

状柱形图】图表，如下图所示。

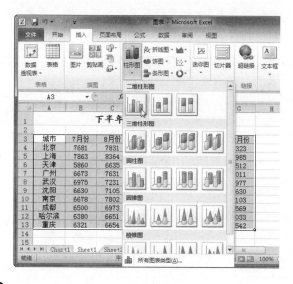

❷ 创建完成后的图表如下图所示。

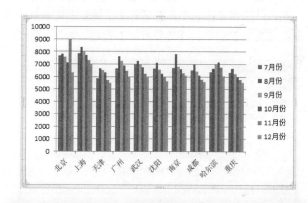

12.1.4　使用图表向导创建图表

使用图表向导创建图表的操作步骤如下。

操作步骤

❶ 选中存放图表的位置，然后在【插入】选项卡下的【图表】组中，单击对话框启动器按钮，如下图所示。

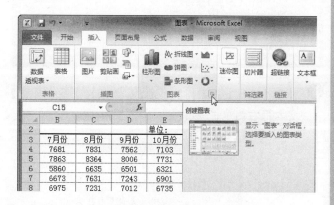

如果要使用模板创建图表，可以在【插入图表】对话框中选择【模板】选项，然后选择需要的图表模板，再单击【确定】按钮即可。

② 弹出【插入图表】对话框，然后在左侧导航窗格中
选择图表类型，接着在右侧窗格中选择子图表类型，
最后单击【确定】按钮，如下图所示。

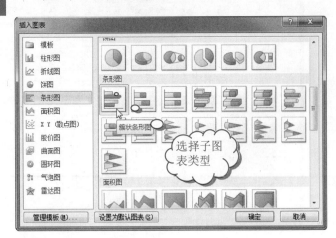

③ 这时会在工作表中创建一个空白图表区，单击该图表
区，然后在【图表工具】下的【设计】选项卡中，单
击【数据】组中的【选择数据】按钮，如下图所示。

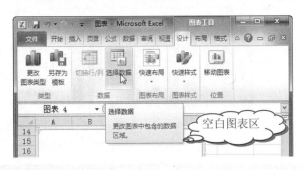

④ 弹出【选择数据源】对话框，然后在【图例项】列
表框中单击【添加】按钮，如下图所示。

⑤ 弹出【编辑数据系列】对话框，然后在【系列名称】
文本框右侧单击 按钮，如下图所示。

⑥ 【编辑数据系列】对话框变窄，在工作表中选中系
列名称所在的单元格，这里选中 C3 单元格，如下图
所示，再按 Enter 键，还原【编辑数据系列】对话框。

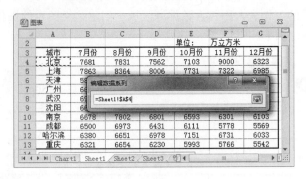

⑦ 参考步骤 5、6 的操作，设置系列值，再单击【确定】
按钮，如下图所示。

⑧ 这时会在绘图区中显示添加的数据系列，如下图
所示。

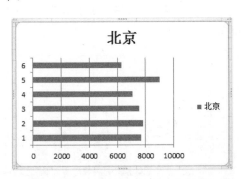

⑨ 参考上述操作，在【选择数据源】对话框中添加其
他数据系列，如下图所示。然后在【水平(分类)轴标
签】列表框中单击【编辑】按钮。

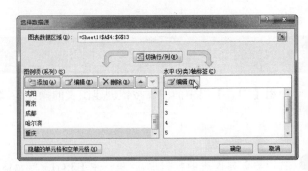

⑩ 弹出【轴标签】对话框，设置轴标签区域，再单击
【确定】按钮，如下图所示。

在 Excel 2010 中，可以很轻松地创建具有专业外观的图表，多达 11 类图表，总计 113 种图表类型可供用户选择。

11 返回【选择数据源】对话框，单击【确定】按钮，创建完成后的图表如下图所示。

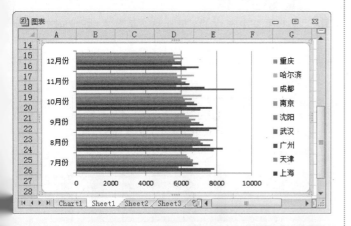

12.1.5 添加趋势线

为了更好地反映数据的变化趋势，下面将介绍如何在图表中添加趋势线，其操作步骤如下。

操作步骤

1 在 Sheet1 工作表，使用表格中 B3:H4 单元格中的数据，创建如下图所示的图表。

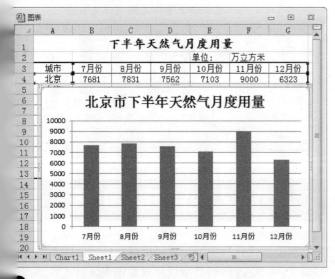

2 单击选中图表的任意位置，然后在【图表工具】下的【布局】选项卡下，单击【分析】组中的【趋势线】按钮，接着在打开的菜单中选择要添加的趋势线类型，这里选择【双周期移动平均】命令，如右上图所示。

3 添加的趋势线如下图所示。

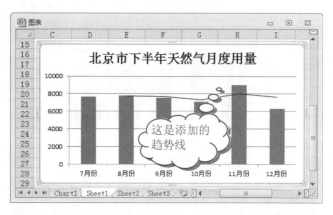

4 如果要删除趋势线，可以先选中要删除的误差线，然后在【布局】选项卡下的【分析】组中，单击【趋势线】按钮，从打开的菜单中选择【无】命令，如下图所示。

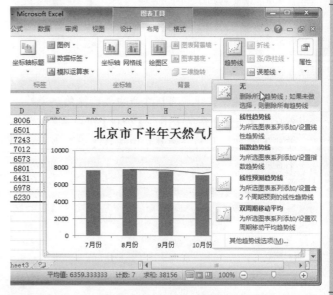

如果想通过图表模板创建图表，需要先将图表保存到 Templates(模板)文件夹下的 Charts(图表)文件夹中，如果图表被存到 Charts 以外的某个文件夹，需要单击【管理模板】按钮，找到图表模板，然后将其复制或移动到【模板】下的【图表】文件夹中，再在【插入图表】对话框中选择需要的图表模板。

12.1.6 添加误差线

误差线通常用于显示相对序列中的每个数据标记的潜在误差或不确定度。添加误差线的方法如下。

操作步骤

❶ 在图表的绘图区中单击要添加误差线的数据系列，然后在【图表工具】下的【布局】选项卡中，单击【分析】组中的【误差线】按钮，接着在打开的菜单中选择要添加的误差线类型，这里选择【标准偏差误差线】命令，如下图所示。

❷ 添加的误差线如下图所示。

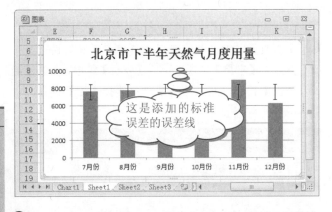

❸ 如果要删除误差线，可以先选中要删除的误差线，然后在【布局】选项卡下的【分析】组中，单击【误差线】按钮，从打开的菜单中选择【无】命令，如下图所示。

12.1.7 修改图表数据

图表与生成它们的工作表数据是链接的，当更改工作表数据时，图表会自动更新。下面就来观察一下这个神奇效果吧。

操作步骤

❶ 在工作表中选中 D4 单元格，将其中的"7562"改为"9500"，如下图所示。

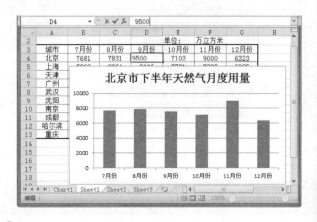

❷ 按一下 Enter 键，如下图所示，会发现 9 月份对应的条形变高了。

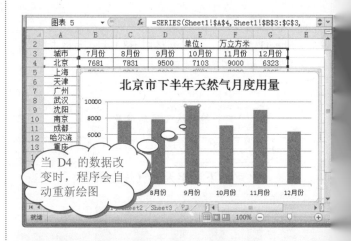

12.2 编 辑 图 表

对于创建好的图表，用户可以通过调整图表位置、图表大小、更改图表类型以及设置图表区格式等操作来美化图表，下面一起来研究一下吧。

12.2.1 调整图表位置和大小

调整图表位置和大小的操作步骤如下。

 调整图例的大小可使其中文本的排列方向发生变化，即当图例中的文本有两行时，增加图例的宽度可使文本变为一行排列。

操作步骤

❶ 单击选中图表，然后将鼠标指针移至到图表右侧边栏中间或四角处，当指针变成双向箭头形状时，按住鼠标左键并拖动，如下图所示。

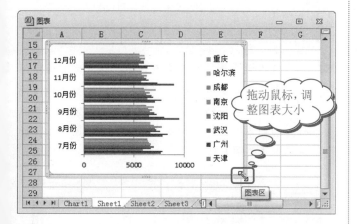

❷ 拖动到目的位置后释放鼠标左键。可以看到图表变大了，如下图所示。

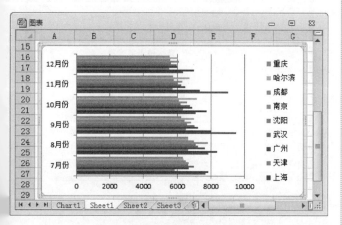

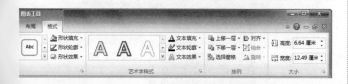

还可以通过在【图表工具】下的【格式】选项卡的【大小】组中，单击【形状高度】和【形状宽度】文本框中的微调按钮来调整图表大小，如下图所示。

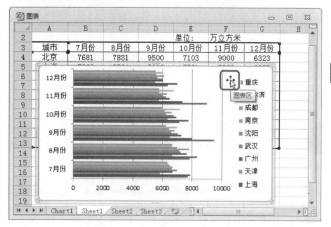

❹ 拖动到目的位置后释放鼠标左键，即可把图表移动过去，如下图所示。

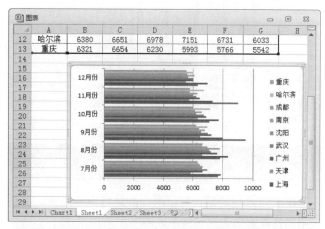

12.2.2 改变图表类型

改变图表类型的操作步骤如下。

操作步骤

❶ 单击选中图表，然后在【图表工具】下的【布局】选项卡中，单击【类型】组中的【更改图表类型】按钮，如下图所示。

❸ 单击选中图表，然后将鼠标指针移动到图表区，当指针变成 形状时，按住鼠标左键不松，拖动鼠标，如右上图所示。

❷ 弹出【更改图表类型】对话框，然后在左侧导航窗格中选择【柱形图】选项，在右侧窗格中选择子图表类型，如下图所示。

在打开【设置图表区格式】对话框的情况下，单击图表绘图区，则【设置图表区格式】对话框变成【设置绘图区格式】对话框。

❸ 单击【确定】按钮，改变类型后的图表如下图所示。

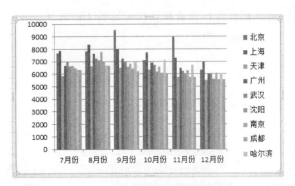

12.2.3 设置图表区和绘图区格式

图表修改完成后，可以对图表进行简单修饰。下面介绍如何设置图表区和绘图区的格式。

1. 设置图表区格式

设置图表区格式的操作步骤如下。

操作步骤

❶ 在图表的任意位置处单击，使【图表工具】选项卡显示出来。然后在【布局】选项卡下的【当前所选内容】组中，单击【图表元素】下拉列表框右侧的下拉按钮，从弹出的列表中选择【图表区】选项，如下图所示。

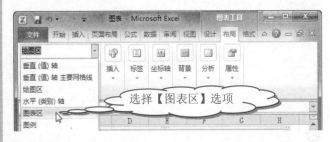

❷ 接着在【当前所选内容】组中单击【设置所选内容格式】按钮，如右上图所示。

❸ 弹出【设置图表区格式】对话框，在左侧导航窗格中单击【填充】选项，然后在右侧窗格中选择【纯色填充】单选按钮，接着单击【颜色】按钮，并从打开的列表中选择一种填充颜色，如下图所示。最后单击【关闭】按钮。

提示

在上图中打开的颜色列表中选择【其他颜色】选项，则会弹出【颜色】对话框，在【标准】选项卡下可以选择标准颜色，在【自定义】选项卡下可以设置颜色，如下图所示，最后单击【确定】按钮。

对图表区进行大小缩放的操作时，其中的绘图区和图例也将随着图表的比例进行相应的放大和缩小。

4 单击【边框颜色】选项，然后在右侧窗格中选择【无线条】单选按钮，如下图所示。

5 单击【阴影】选项，然后在右侧窗格中单击【预设】按钮，在打开的下拉列表中选择一种阴影样式，这里选择【内部居中】选项，如下图所示。

选择阴影样式

6 单击【关闭】按钮，设置的阴影效果如下图所示。

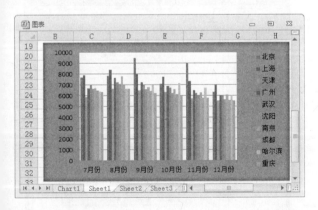

7 再次打开【设置图表区格式】对话框，在左侧导航窗格中单击【三维格式】选项，在右侧窗格中的【棱台】选项组中单击【顶端】按钮，在打开的下拉列

表中选择【凸起】选项，如下图所示。

选择三维格式

8 设置完毕后单击【关闭】按钮，效果如下图所示。

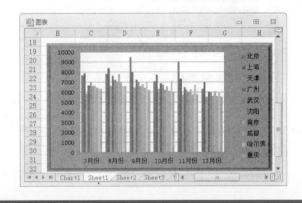

2. 设置绘图区格式

设置绘图区格式与设置图表区格式的方法类似，操作步骤如下。

操作步骤

1 单击选中图表，然后在【布局】选项卡下的【当前所选内容】组中，单击【图表元素】下拉列表框右侧的下拉按钮，从弹出的列表中选择【绘图区】选项，如下图所示。

移动绘图区和图例时，都不能超过图表区的范围。移动图表区时，绘图区和图例将一起移动。若在创建图表时为图表设置了标题和坐标轴名称等时，标题与坐标轴名称也可按照移动图表区的方法进行移动。

❷ 接着在【当前所选内容】组中单击【设置所选内容格式】按钮，打开【设置绘图区格式】对话框。

❸ 在左侧导航窗格中选择【填充】选项，然后在右侧窗格中选择【图片或纹理填充】单选按钮，接着单击【纹理】按钮，在弹出的下拉列表中选择【白色大理石】选项，如下图所示。

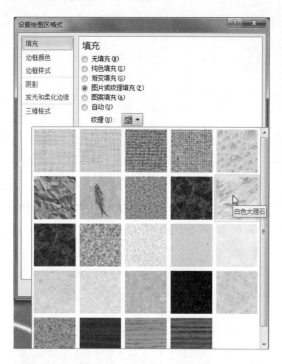

❹ 单击【边框颜色】选项，然后在右侧窗格中选中【实线】单选按钮，再单击【颜色】按钮，在弹出的下拉列表中选择边框的颜色，这里选择【绿色】按钮，如下图所示。

❺ 单击【边框样式】选项，然后在右侧窗格中设置边框宽度为【2.5 磅】，【短划线类型】为【长划线-点】，如右上图所示。

❻ 单击【阴影】选项，然后在右侧窗格中单击【预设】按钮，在弹出的下拉列表中选择【内部左侧】选项，如下图所示。

❼ 单击【三维格式】选项，接着在【棱台】选项组中单击【顶端】按钮，在打开的下拉列表中选择【柔圆】选项，如下图所示。

当图表中有负值时，在【数据系列格式】对话框中的【图案】选项卡中，选中【以互补色代表负值】复选框可自动以当前颜色的互补色填充该数据系列的负值。

⑧ 单击【关闭】按钮，最终效果如下图所示。

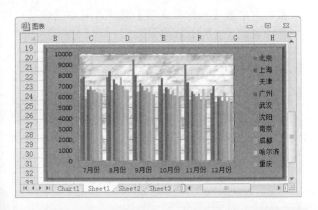

12.2.4　设置图例格式

设置图例格式的操作步骤如下。

操作步骤

① 在图表中右击图例，从弹出的快捷菜单中选择【设置图例格式】命令，如下图所示。

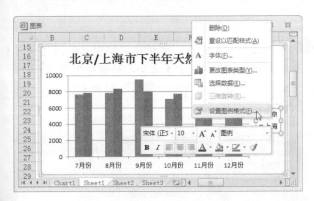

② 弹出【设置图例格式】对话框，然后在左侧导航窗格中单击【图例选项】选项，在右侧窗格中的【图例位置】选项组中选中【右上】单选按钮，再选中【显示图例，但不与图表重叠】复选框，如下图所示。

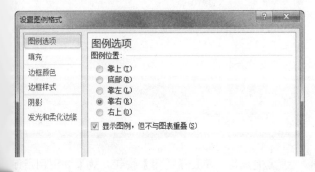

③ 单击【填充】选项，然后在右侧窗格中选中【纯色填充】单选按钮，接着单击【颜色】按钮，从弹出

的下拉列表中选择填充颜色，如下图所示。

④ 单击【边框颜色】选项，然后在右侧窗格中设置边框线条颜色，这里选中【无线条】单选按钮，如下图所示。

⑤ 单击【阴影】选项，然后在右侧窗格中单击【预设】按钮，在打开的下拉列表中选择一种阴影效果，如下图所示。

当用鼠标单击绘图区的某个图形时，该图表中相同系列的所有图形都将被选中。

6 设置完成后，单击【关闭】按钮，效果如下图所示。

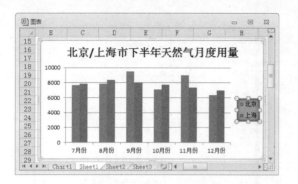

7 单击图例，然后通过【开始】选项卡下的【字体】组中的按钮，设置图例中字体的格式为【楷体】、字号为 "12"、字体颜色为【水绿色】，效果如下图所示。

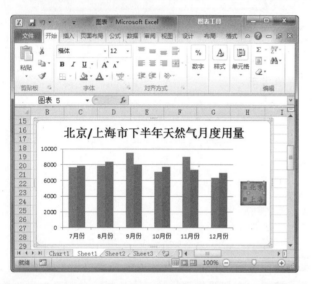

12.2.5 设置坐标轴格式

设置坐标轴格式的步骤如下。

操作步骤

1 右击要设置的坐标轴，这里右击纵坐标，从弹出的快捷菜单中选择【设置坐标轴格式】命令，如下图所示。

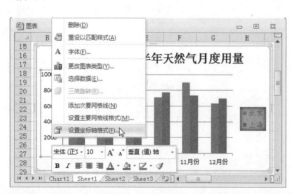

2 弹出【设置坐标轴格式】对话框，然后在左侧导航窗格中单击【坐标轴选项】选项，在右侧窗格中设置坐标轴选项，如下图所示。

3 单击【数字】选项，然后在右侧窗格中的【类别】列表框中选择【数字】选项，接着设置【小数位数】为 "0"，并选中【使用千位分隔符】复选框，如下图所示。

4 设置完成后，单击【关闭】按钮，效果如下图所示。

在选中图表数据系列时，第一次单击图表数据系列将选中所有的图表数据系列，再次单击需要选中的图表数据系列，方能选中单一的图表数据系列，对于数据标签也是同样的情况。

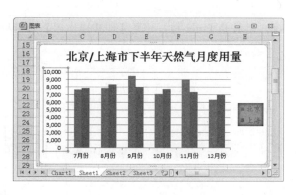

⑤ 同理，可以设置其他坐标轴格式。

12.2.6　设置数据系列的格式

数据系列是在图表中绘制的相关数据点，这些数据源自数据表的行或列。图表中的每个数据系列具有唯一的颜色或图案并且在图表的图例中表示出来，可以在图表中绘制一个或多个数据系列。

操作步骤

① 右击要设置的数据系列，这里右击"北京"数据系列，从弹出的快捷菜单中选择【设置数据系列格式】命令，如下图所示。

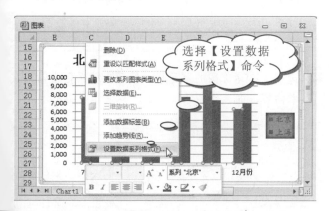

② 弹出【设置数据系列格式】对话框，在左侧导航窗格中单击【系列选项】选项，接着在右侧窗格中设置系列分隔值，如下图所示。

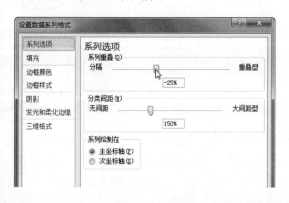

③ 单击【填充】选项，然后在右侧窗格中选中【渐变填充】单选按钮，接着单击【预设颜色】按钮，在打开的下拉列表中选择【茵茵绿原】选项，再设置渐变填充的类型、方向等选项内容，如下图所示。

④ 设置完成后，单击【关闭】按钮，效果如下图所示。

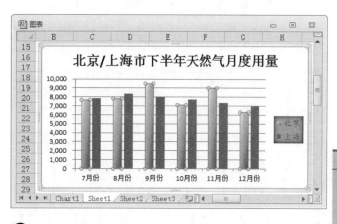

⑤ 同理可以设置另一个数据系列的格式。

12.3　使用迷你图分析数据

迷你图是 Microsoft Excel 2010 中的一个新功能，它是工作表单元格中的一个微型图表，可提供数据的直观表示。使用迷你图可以显示一系列数值的趋势(例如，季节性增加或减少、经济周期)，或者可以突出显示最大值和最小值。

在数据旁边放置迷你图可达到最佳效果。

选择第一个单元格，然后按 Ctrl+Shift+End 组合键可将选定单元格区域扩展到工作表中最后一个使用的单元格的右下角。

12.3.1　创建迷你图

与 Excel 工作表上的图表不同，迷你图不是对象，它是一个嵌入在单元格中的微型图表。创建迷你图的方法如下。

操作步骤

1 选择要在其中插入一个或多个迷你图的一个空白单元格或一组空白单元格，这里选择 H4:H13 单元格区域，如下图所示。

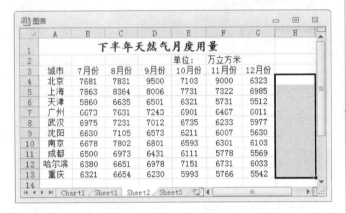

2 在【插入】选项卡下的【迷你图】组中，单击【折线图】按钮，创建完成后的图表如下图所示。

3 弹出【创建迷你图】对话框，然后在【数据范围】列表框中单击 ⟨图⟩ 按钮，如下图所示。

4 这时，【创建迷你图】对话框变窄，然后在工作表中拖动鼠标，选择 B4:G13 单元格区域，如右上图所示。

示，再按住 Enter 键，还原【创建迷你图】对话框。

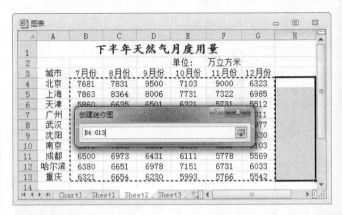

5 在【创建迷你图】对话框中单击【确定】按钮，添加的迷你图如下图所示。

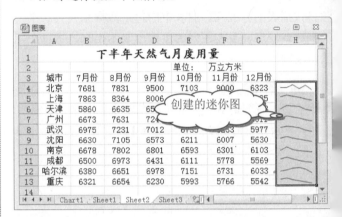

6 选中含有迷你图的单元格，然后在编辑栏中输入文本内容，向迷你图添加文本，效果如下图所示。

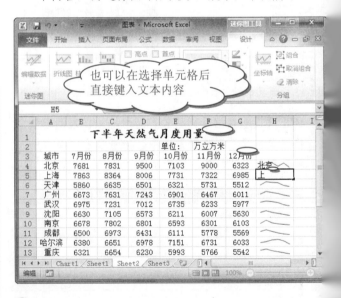

7 选中 H4:H13 单元格区域，然后参考前面的方法，设置单元格中文本的格式，包括更改其字体颜色、字号或对齐方式等，效果如下图所示。

在 Excel 工作表中，执行插入列操作，是在当前所选单元格所在列的左侧插入新列；如果执行插入行操作，是在当前所选单元格所在行的上方插入新行。

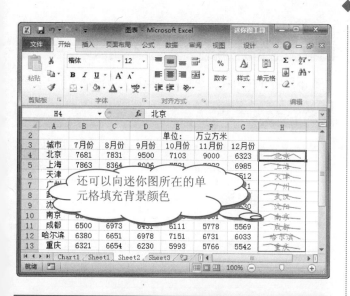

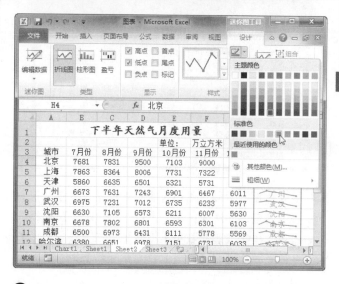

12.3.2　自定义迷你图

创建迷你图之后，可以控制显示的值点(例如，高值、低值、第一个值、最后一个值或任何负值)，更改迷你图的类型(折线、柱形或盈亏)，从一个库中应用样式或设置各个格式选项，设置垂直轴上的选项，以及控制如何在迷你图中显示空值或零值。下面将为大家一一介绍。

操作步骤

❶ 控制显示的值点。首先选择要设置格式的一幅或多幅迷你图，然后在【迷你图工具】的【设计】选项卡中，在【显示】组中选中单击需要标记的值点选项，这里选中【高点】和【低点】复选框，效果如下图所示。

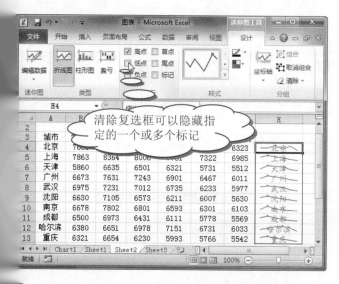

❷ 设置迷你图颜色。在【设计】选项卡下的【样式】组中，单击【迷你图颜色】按钮，从打开的菜单中选择颜色选项，如右上图所示。

❸ 设置迷你图上标记的颜色。在【设计】选项卡下的【样式】组中，单击【标记颜色】按钮，从打开的菜单中选择【高点】命令，接着从弹出的子菜单中选择【高点】标记的颜色，如下图所示。

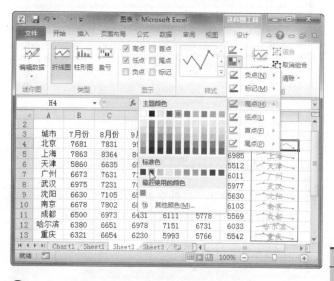

❹ 更改迷你图类型。在【设计】选项卡下的【类型】组中，单击【柱形图】按钮，如下图所示。

❺ 这时会发现折线型迷你图变成柱型迷你图了，如下图所示。

在【迷你图工具】的【设计】选项卡中，在【显示】组中选中【标记】复选框，用于显示所有数据标记；若选中【负】复选框，可以显示负值。

学以致用系列丛书

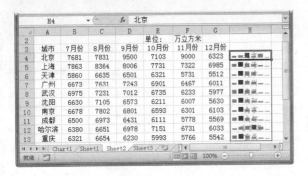

❻ 若迷你图的数据范围中包含空单元格或零值，可以将其隐藏。方法是在【设计】选项卡下的【迷你图】组中，单击【编辑数据】旁边的下三角按钮，从打开的菜单中选择【隐藏和清空单元格】命令，如下图所示。

❼ 弹出【隐藏和空单元格设置】对话框，设置空单元格显示选择，例如选中【空距】单选按钮，再单击【确定】按钮，如下图所示。

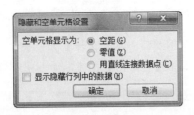

12.4 创建数据的透视表和透视图

数据透视表是一种交互、交叉制作的报表，可以对多个字段的数据进行多立体的分析汇总，从而快速合并和比较大量数据。当数据规模比较大时，这种分析的意义就显得尤为突出。

12.4.1 创建数据透视表

下面将介绍两种创建数据透视表的方法，供用户选择。

1. 使用【数据透视表】命令创建数据透视表

使用【数据透视表】命令创建数据透视表的操作步骤如下。

操作步骤

❶ 在"图表"工作簿中重命名 Sheet3 工作表为"原始数据"，接着在工作表中输入如下图所示的数据信息。

❷ 在【插入】选项卡下的【表】组中，单击【数据透视表】按钮旁边的下三角按钮，从打开的菜单中选择【数据透视表】命令，如下图所示。

❸ 弹出【创建数据透视表】对话框，然后在【请选择要分析的数据】选项组中选中【选择一个表或区域】单选按钮，接着单击【表/区域】文本框右侧的按钮，如下图所示。

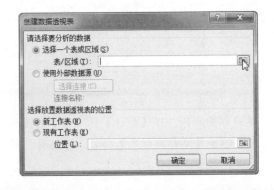

数据透视图与标准图表的区别主要体现在以下几个方面：交互性(前者具有交互性)、默认图表类型(前者堆积柱形图后者簇状柱形图)、图表位置(前者创建在图表工作表上，后者嵌入在工作表中)、源数据(前者是基于相关联的数据透视

4 这时，【创建数据透视表】对话框变窄，使用鼠标在工作表中选择需要的数据源，如下图所示，再按下 Enter 键还原【创建数据透视表】对话框。

5 在【选择放置数据透视表的位置】选项组中选中【新工作表】单选按钮，再单击【确定】按钮，如下图所示。

6 这时在工作簿中会插入一个新工作表，其右侧是【数据透视表字段列表】窗格，并且在该工作表中创建了空白数据透视表，如下图所示。

7 在【数据透视表字段列表】窗格中的【选择要添加到报表的字段】列表框中，选择要在数据透视表中

显示的字段，如下图所示。

8 在【数据透视表字段列表】窗格中的【数值】选项组中单击【求和项:月份】选项，然后从弹出的快捷菜单中选择【移动到报表筛选】命令，如下图所示。

技巧

在【数值】选项组中单击【求和项:月份】选项，拖动鼠标到【报表筛选】选项组中，再释放鼠标也可以移动数据透视表中的字段。

9 可以看到【月份】字段被添加到【报表筛选】选项组中了，如下图所示。使用该方法还可以调整数据透视表中的其他字段。

数据透视表中的数值字段个数最多可以有 256 个；报表过滤器的个数最多也只有 256 个，而且会受到可用内存大小的影响。

201

2. 使用【数据透视表和数据透视图向导】对话框
   创建数据透视表

使用【数据透视表和数据透视图向导】对话框创建数据透视表的操作步骤如下。

操作步骤

❶ 切换到【文件】选项卡，在打开的 Backstage 视图中选择【选项】命令，打开【Excel 选项】对话框。

❷ 在左侧导航窗格中选择【快速访问工具栏】选项，然后单击【从下列位置选择命令】下拉列表框右侧的下拉按钮，从打开的下拉列表中选择【不在功能区中的命令】选项，接着在列表框中选择【数据透视表和数据透视图向导】选项，再单击【添加】按钮，最后单击【确定】按钮，如下图所示。

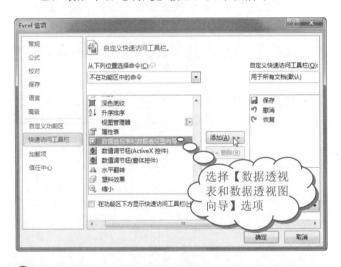

❸ 现在在【数据透视表和数据透视图向导】按钮被添加到快速访问工具栏中了，单击该按钮，如下图所示，打开【数据透视表和数据透视图向导】对话框。

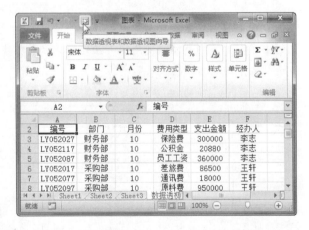

❹ 在【请指定待分析数据的数据源类型】选项组中选中【Microsoft Excel 列表或数据库】单选按钮，接着

在【所需创建的报表类型】选项组中选中【数据透视表】单选按钮，再单击【下一步】按钮，如下图所示。

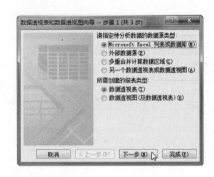

❺ 弹出【数据透视表和数据透视图向导--步骤 2(共 3 步)】对话框，在【选定区域】文本框中单击 🔽 按钮，如下图所示。

❻ 返回工作表，选择数据源区域，再按下 Enter 键进行确认，如下图所示。

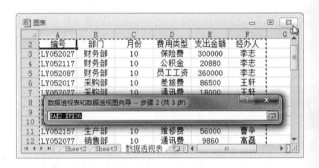

❼ 返回【数据透视表和数据透视图向导--步骤 2(共 步)】对话框，单击【下一步】按钮。

❽ 弹出【数据透视表和数据透视图向导-步骤 3(共 步)】对话框，设置数据透视表显示位置，这里选中【现有工作表】单选按钮，并在文本框中输入单元格地址，再单击【完成】按钮，如下图所示。

数据透视表字段列表有五种不同视图，包括字段部分和区域部分堆积视图、字段部分和区域部分并排视图、仅字段视图、仅 2×2 区域部分视图和仅 1×4 区域部分视图。其中字段部分和区域部分堆积视图是系统默认视图。

❾ 在【数据透视表字段列表】窗格中的【选择要添加到报表的字段】列表框中，选择要在数据透视表中显示的字段，如下图所示。

12.4.2　创建数据透视图

数据透视图是针对数据透视表统计出来的数据进行展示的一种手段，用户可以根据数据源直接创建数据透视图，或者是由数据透视表转换为数据透视图。

1. 直接创建数据透视图

直接创建数据透视图的操作方法如下。

操作步骤

❶ 激活"数据透视表"工作表，在【插入】选项卡下的【表】组中，单击【数据透视表】按钮旁边的下三角按钮，从打开的菜单中选择【数据透视图】命令，如下图所示。

❷ 弹出【创建数据透视表及数据透视图】对话框，然后在【请选择要分析的数据】选项组中选中【选择

一个表或区域】单选按钮，并在【表/区域】文本框中输入数据源地址，接着在【选择放置数据透视表及数据透视图的位置】选项组中选中【现有工作表】单选按钮，接着指定位置，如下图所示。

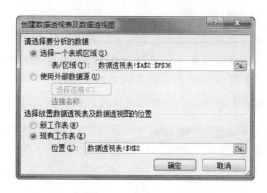

❸ 这时就同时创建了空白数据透视表和透视图，如下图所示。

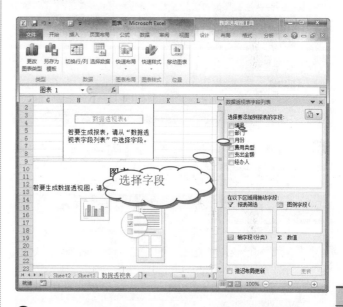

❹ 在【数据透视表字段列表】窗格中的【选择要添加到报表的字段】列表框中，选择要在数据透视表中显示的字段，再调整字段所属区域，如下图所示。

如果将报表布局设置为手动更新，那么在关闭数据透视表字段列表时、或改为【仅字段】视图时、或退出 Excel 时，Excel 将不再显示"确认"对话框，而是直接丢弃对数据透视表进行的所有布局更改。

2. 由数据透视表转换为数据透视图

如果已经创建了数据透视表,可以由数据透视表直接转换为数据透视图,其操作步骤如下。

操作步骤

1 单击数据透视表的任意位置,在【数据透视表工具】下的【选项】选项卡中,单击【操作】组中的【选择】按钮,接着从打开的菜单中选择【整个数据透视表】命令,选中整个数据透视表,如下图所示。

2 在【选项】选项卡下的【工具】组中,单击【数据透视图】按钮,如下图所示。

3 弹出【插入图表】对话框,在左侧导航窗格中选择要创建的图表类型,比如选择【柱形图】,在右侧窗格中选择子图表类型,最后单击【确定】按钮,如右上图所示。

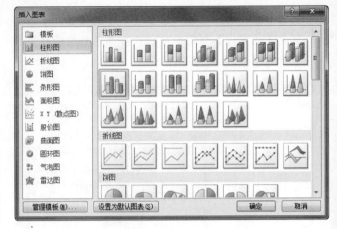

4 创建的数据透视图如下图所示。

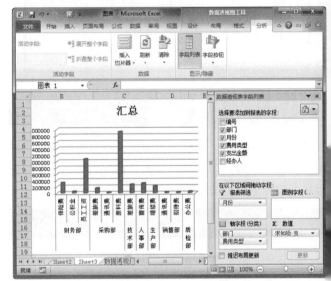

技巧

除了上述两种方法外,还可以使用【数据透视表和数据透视图向导】对话框来创建数据透视图。只不过在【数据透视表和数据透视图向导--步骤1(共3步)】对话框中选择的报表类型为【数据透视图(及数据透视表)】,如下图所示。

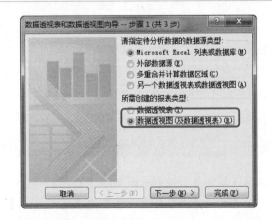

如果删除数据透视表,可以在【数据透视表工具】下的【选项】选项卡中,单击【操作】组中的【选择】按钮,然后在弹出的下拉菜单中选择【整个数据透视表】命令,接着按 Delete 键即可删除数据透视表了。

12.5 编辑数据透视表

本节将介绍一些编辑数据透视表的方法，包括添加和删除显示项目(字段)，修改汇总方式、数字格式以及排序等。

12.5.1 添加和删除显示项目

如果数据源包含的列数较多，数据量大，用户可以根据需要添加或删除数据透视表的显示项目。下面一起来研究一下吧！

1. 通过【数据透视表字段列表】窗格添加

在【数据透视表字段列表】窗格中的【选择要添加到报表的字段】列表框中分别选中各字段名称旁边的复选框，这样字段会被放置在布局部分的默认区域中，用户可在需要时重新排列这些字段。

> **提示**
>
> 在默认情况下，非数值字段会被添加到【行标签】区域，数值字段会被添加到【数值】区域，而 OLAP 日期和时间层次会被添加到【列标签】区域。

2. 使用快捷菜单

在【数据透视表字段列表】窗格中的【选择要添加到报表的字段】列表框右击需要添加的字段名称，然后在弹出的快捷菜单中选择相应的命令即可。如右上图所示，这些命令包括【添加到报表筛选】、【添加到行标签】、【添加到列标签】和【添加到值】，可以将该字

段放置在布局部分中的某个特定区域中。

删除字段的方法非常简单，只要在字段区间的需要删除的字段上右击，从弹出的快捷菜单中选择【删除字段】命令即可，如下图所示。

选择【删除字段】命令

12.5.2 修改汇总方式

在默认情况下，数据透视表使用的汇总方式是求和计算。如果用户需要更改汇总方式，可以通过下述方法实现。

操作步骤

❶ 选中要修改汇总方式的字段名称所在的单元格，然后在【数据透视表工具】下的【选项】选项卡中，单击【活动字段】组中的【字段设置】按钮，如下图所示。

在删除数据透视表时，如果删除的数据透视表是与某个数据透视图相关联的，那么，在完成删除操作之后，系统会将原有的数据透视图转换为一个无法再更改的静态图表。

提示

如果要修改字段名称，可以在【活动字段】文本框中输入字段的新名称，再按下 Enter 键即可。

技巧

在【数据透视表字段列表】窗格中的【数值】选项组中，单击要修改汇总方式的字段项，然后从弹出的菜单中选择【值字段设置】命令，也可以弹出【值字段设置】对话框，如下图所示。

❷ 在【值字段设置】对话框中，切换到【值汇总方式】选项卡，然后在【计算类型】列表框中选择需要的汇总方式，这里选择【平均值】选项，如下图所示，最后单击【确定】按钮。

提示

如果前面修改了汇总字段的名称，在修改汇总方式后，字段名称会根据选择的汇总方式自动变化，这时可以在【值字段设置】对话框中的【自定义名称】文本框中输入字段的新名称。

12.5.3　修改数字格式

在数据透视表中修改数字格式的方法如下。

操作步骤

❶ 参考 12.5.2 节的操作步骤，打开【值字段设置】对话框，然后单击【数字格式】按钮，如下图所示。

❷ 弹出【设置单元格格式】对话框，然后根据需要设置数据格式。这里在【分类】列表框中选择【货币】选项，再设置【小数位数】和【货币符号】，如下图所示。设置完成后，单击【确定】按钮，返回【值字段设置】对话框。

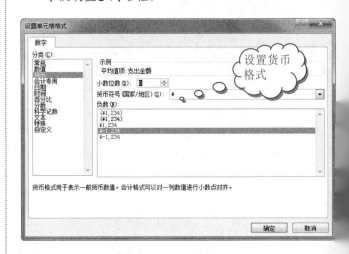

❸ 如果是对数值字段进行格式设置，可以切换到【值显示方式】选项卡，然后在【值显示方式】列表框中选择显示方式，如下图所示。

❹ 单击【确定】按钮，效果如下图所示。

在【字段部分和区域部分堆积】和【字段部分和区域部分并排】视图中，调整部分的宽度和高度的方法是：将鼠标指针悬停在部分分隔线上，直到指针变为垂直双箭头或水平双箭头，将双箭头向上下左右拖动到所需位置，然后单击箭头或按下 Enter 键即可。

12.5.4 修改字段排序

对于已经制作完成的数据透视表，可以通过下述方法修改字段排序。

操 作 步 骤

❶ 在【数据透视表字段列表】窗格中，单击【行标签】选项组中的【费用类型】选项，在打开的菜单中选择【上移】命令，如下图所示。

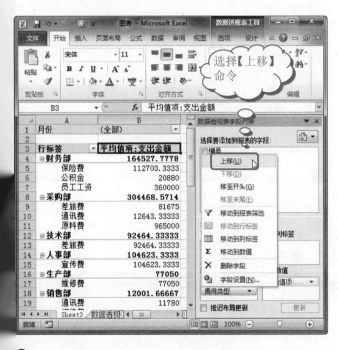

❷ 瞧，数据透视表重新布局了，如右上图所示。

提 示

如果【数据透视表字段列表】窗格没有在窗口中显示，可以单击数据透视表的任意位置，然后在【数据透视表工具】下的【选项】选项卡下，单击【显示/隐藏】组中的【字段列表】按钮即可打开【数据透视表字段列表】窗格，如下图所示。

12.5.5 更新数据

虽然数据透视表是根据数据源创建的，但是创建完成后的数据透视表并不能随着数据源的改变而自动修改透视表中的数据。这时，用户可以使用下述方法更新数据透视表中的数据。

操 作 步 骤

❶ 在"数据透视表"工作表中把财务部七月份的保险费由"300000"改为"20000"，即修改 E3 单元格中的数据，如下图所示。

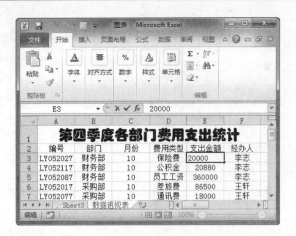

❷ 单击数据透视表中的 B6 单元格，在【数据透视表工具】下的【选项】选项卡中，单击【数据】组中的【刷新】按钮，并从打开的菜单中选择【刷新】命令，如下图所示。

❸ B6 单元格中的数据随源数据改变了，如下图所示。

✔ 技巧

还可以通过右击数据透视表数据区域中的任意一个单元格，在弹出的快捷菜单中选择【刷新】命令来更新数据透视表，如右上图所示。

12.5.6 修改布局

接下来介绍如何修改数据透视表布局，其操作步骤如下。

操作步骤

❶ 在【数据透视表工具】下的【设计】选项卡中，单击【布局】组中的【报表布局】按钮，从打开的菜单中选择一种显示方式，这里选择【以表格形式显示】命令，如下图所示。

❷ 透视表以表格的形式显示出来了，如下图所示。

❸ 在【布局】组中单击【分类汇总】按钮，从打开的菜单中选择【不显示分类汇总】命令，如下图所示

在 Excel 中，为表格处理和数据运算提供最强大支持的不是公式，也不是数据库，而是函数。不要以为 Excel 中的数只是针对数字，其实只要是写进表格中的内容，Excel 都有对它编辑的特殊函数，例如改变文本的大小等。

④ 这时，数据透视表中的汇总结果将不再显示了，如下图所示。

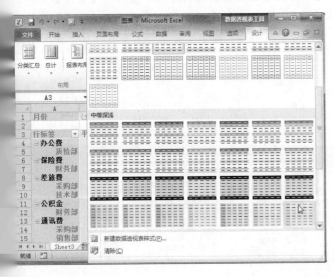

12.5.7　美化数据透视表

下面给数据透视表更换一下样式，其操作步骤如下。

操作步骤

① 单击数据透视表的任意位置，然后在【数据透视表工具】下的【设计】选项卡中，单击【数据透视表样式】组中的【其他】按钮 ▾，从弹出的列表中选择需要的数据透视表样式，如下图所示。

② 套用数据透视表样式后的效果如下图所示。

③ 在【数据透视表工具】下的【设计】选项卡中，选中【数据透视表样式选项】组中的【镶边行】复选框，如下图所示。

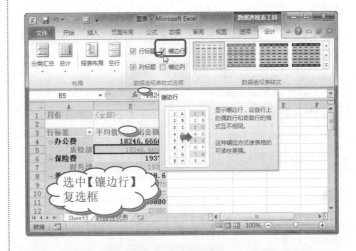

12.6　使用切片器筛选数据透视表数据

切片器是易于使用的筛选组件，它包含一组按钮，使您能够快速地筛选数据透视表中的数据，而无需打开下拉列表以查找要筛选的项目。

12.6.1　创建切片器

创建切片器的方法很多，既可以在现有的数据透视表中创建切片器，以筛选数据透视表数据，也可以创建独立切片器，此类切片器可以由联机分析处理(OLAP)多维数据集函数引用，也可在以后将其与任何数据透视表相关联。

下面以在数据透视表中插入切片器为例进行介绍，具体操作如下。

可以通过【设置单元格格式】对话框在数据透视表中手动设置单元格或单元格区域的格式。但是，不能在数据透视中使用【对齐】选项卡下的【合并单元格】复选框。

学以致用系列丛书

操作步骤

❶ 选择数据透视表中的任意单元格，在【数据透视表工具】下的【选项】选项卡中，单击【排序和筛选】组中的【插入切片器】按钮，如下图所示。

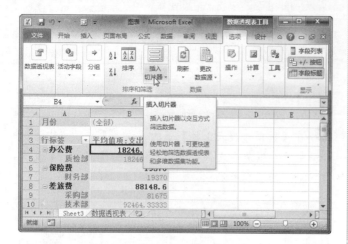

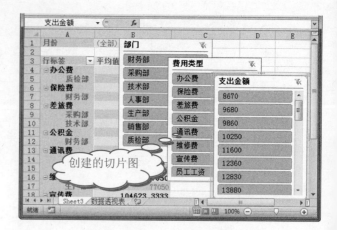

创建的切片图

❹ 在每个切片器中单击要筛选的项目，即可筛选出对应的信息，效果如下图所示。

技巧

若要创建独立的切片器，可以先切换到数据源工作表，然后在【插入】选项卡的【筛选器】组中，单击【切片器】按钮，接着在弹出的对话框中进行设置。

❷ 弹出【插入切片器】对话框，选择一个或多个关联字段，再单击【确定】按钮，如下图所示。

12.6.2 应用切片器样式

通过应用切片器样式，可以快速美化切片器，具体操作步骤如下。

操作步骤

❶ 单击要设置格式的切片器，然后在【切片器工具】下的【选项】选项卡中，单击【快速样式】按钮，从打开的样式库中选择需要的样式，如下图所示。

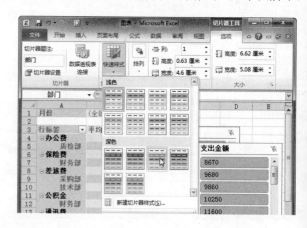

❸ 返回工作表，即可查看新创建的切片器了，如右上图所示。

切片器通常与在其中创建切片器的数据透视表相关联。不过，也可创建独立的切片器，此类切片器可从联机分析处理(OLAP)多维数据集函数引用，也可在以后将其与任何数据透视表相关联。

❷ 应用样式后的效果如下图所示。

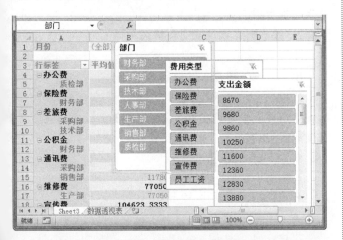

12.6.3　断开或删除切片器

如果不再需要某个切片器，可以断开它与数据透视表的连接，也可将其删除，具体操作步骤如下。

操作步骤

❶ 断开切片器的连接。单击要为其断开与切片器的连接的数据透视表中的任意位置，然后在【数据透视表工具】下的【选项】选项卡中，单击【排序和筛选】组中的【插入切片器】按钮旁边的下三角按钮，从打开的菜单中选择【切片器连接】命令，如下图所示。

❷ 弹出【切片器连接】对话框，清除要断开连接的切片器，再单击【确定】按钮即可，如右上图所示。

❸ 若要删除切片器，可以右击该切片器，例如右击"部门"切片器，从弹出的快捷菜单中选择【删除"部门"】命令，如下图所示。

技巧

选择要删除的切片器后，直接按 Delete 键也可以删除该切片器。

12.7　思考与练习

选择题

1. 在 Excel 2010 中，快速创建图表的快捷键是_____。

　A．F11　　　　　　B．F2
　C．F9　　　　　　D．F5

2. 对已生成的图表，下列说法错误的是_____。

　A．可以为图表区设置填充色
　B．可以改变图表格式
　C．图表的位置可以移动
　D．图表的类型不能改变

3. 在_____选项卡下可以找到【移动数据透视表】命令。

　A．【选项】　　　　B．【加载项】
　C．【设计】　　　　D．【视图】

在 Excel 中要进行大量的数据分析，有些时候是一件非常困难的事情，而数据透视表、图让这分析工作变得更加简单了一点，同时 Excel 2010 中新增了"切片器"功能，通过"切片器"就可以让以往的数据透视表和图如虎添翼了。

4. 下列叙述正确的是_____

A. 数据透视表可以转换为数据透视图，但是不能删除。

B. 修改数据透视表的源数据后，按 Enter 键即可刷新数据透视表。

C. 修改数据透视表的源数据后，还需要在【选项】选项卡下的【数据】组中选择【刷新】命令才能刷新数据透视表。

D. 可以移动数据透视表，但是不可以删除它。

操作题

新建工作簿，输入如下图所示的内容，然后进行以下操作。

1. 选中 B2:G8 单元格区域作为数据源，然后创建三维簇状条形图。

2. 按下列参数设置图表格式。

(1) 图表区

填　　充：图片或纹理填充(水滴)

边框颜色：水绿色。

边框样式：【宽度】为【1.25 磅】、【短划线类型】为【划线-点】。

阴　　影：默认。

三维格式：圆。

(2) 绘图区

填　　充：纯色，水绿色，强调文字 5，淡色 40%。

边框颜色：实线，红色。

边框样式：【宽度】为【1.25 磅】、【短划线类型】为【短划线】。

阴　　影：默认。

三维格式：默认。

3. 根据表中的数据创建数据透视表。

共享切片器时，会创建与包含要使用的切片器的另一个数据透视表的连接。对共享切片器所做的任何更改都会立刻反映在所有连接到该切片器的数据透视表中。

第 13 章

Excel 2010 应用实例

制作工资表和管理人事档案是助理人员最常做的工作，快速、准确地制作出这些工作簿，会让别人对您刮目相看。下面将为大家介绍如何优质、快速地完成工资表以及人事档案的管理与统计，快准备跟我操作吧。

学习要点

❖ 制作员工工资表
❖ 制作人事档案管理与统计表

学习目标

通过对本章的学习，读者首先应该掌握制作员工工资表的方法；其次要求掌握制作人事档案管理与统计表的方法，提高用户综合使用 Excel 处理分析数据的能力。

13.1 制作员工工资表

为了让员工了解每月的工资情况，要在发放工资时附带上员工工资条。那么，如何制作员工工资条呢？本章将以某公司员工的工资信息为依据来制作。

在制作员工工资条之前，应该先分析一下员工工资表中包含的字段内容，以安排字段顺序。

13.1.1 创建员工工资表

首先新建一个员工工资表，用来存放员工的基本信息。

操作步骤

❶ 新建一个工作簿，并命名为"员工工资管理"，然后重命名 Sheet1 工作表为"工资表"。

❷ 在 A2:J2 单元格区域中输入列标题，包括编号、姓名、部门、职务、基本工资、奖金、出勤扣除、应扣保险费、扣税和实发工资共 10 个项目，如下图所示。

❸ 合并 A1:J1 单元格区域，并在合并后的单元格中输入表格标题，再通过【字体】组中的命令设置标题格式，效果如下图所示。

❹ 选中 A2:J2 单元格区域，然后在【开始】选项卡下

的【字体】组中，单击【填充颜色】按钮右侧的下拉按钮，在打开的下拉列表中选择单元格背景填充颜色，如下图所示。

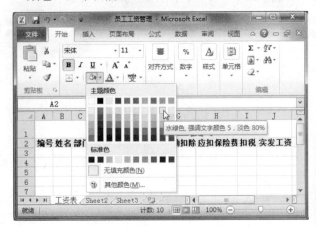

❺ 在 A3 单元格中输入员工编号，然后将鼠标指针移动到 A3 单元格的右下角，当指针变成十字形状╋时按住鼠标左键不放，并向下拖动。拖动到目标位置后释放鼠标，接着单击【自动填充选项】图标，在弹出的菜单中选择【填充序列】命令，如下图所示。

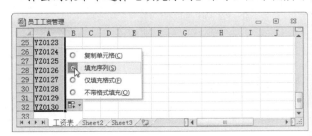

❻ 接着填写员工姓名、部门、职务等信息，如下图所示。

13.1.2 验证数据输入的有效性

在工资表中，数据的准确度尤为重要。但是，如企业的员工很多，就很容易在人工输入时出错。这时以使用 Excel 中的【数据有效性】功能来有效控制错误

在【设置单元格格式】对话框中，位于【字体】选项卡下的【字号】选项用来为所选单元格中的文本选择字号，取值范围是 1～1638，默认字号为"11"。但"字号"下拉列表中所显示的字号取决于所选字体和活动打印机。

发生。下面一起来研究一下吧！

操 作 步 骤

❶ 选中"基本工资"列中的单元格，然后按 Ctrl+1 组合键打开【设置单元格格式】对话框，切换到【数字】选项卡，在【分类】列表框中选择【货币】选项，再设置【小数位数】为 2、【货币符号(国家/地区)】为【无】，最后单击【确定】按钮，如下图所示。

❷ 在【数据】选项卡下的【数据工具】组中，单击【数据有效性】按钮，如下图所示。

弹出【数据有效性】对话框，切换到【设置】选项卡，然后单击【允许】下拉列表框右侧的下拉按钮，在打开的下拉列表中选择数据类型，这里选择【整数】选项，如右上图所示。

❹ 在【数据】下拉列表框中选择【介于】，并设置【最大值】和【最小值】参数值，如下图所示。

❺ 切换到【输入信息】选项卡，选中【选定单元格时显示输入信息】复选框，在【标题】文本框中输入标题内容，在【输入信息】文本框中输入要显示的信息，如下图所示。

❻ 切换到【出错警告】选项卡，选中【输入无效数据时显示出错警告】复选框，设置【样式】为【停止】，再设置【标题】和【错误信息】参数，如下图所示。

在不同的工作表或工作簿中引用单元格时，在工作表名称后面、单元格引用前面一定要加感叹号。

❼ 设置完成后，单击【确定】按钮。当鼠标指针移动到设置后的单元格上时，会出现一个提示框，显示输入信息，如下图所示。

❽ 如果在单元格中输入的数值超出在步骤 4 中设置的整数范围，则会弹出如下图所示的对话框，单击【重试】按钮可以重新在单元格中输入数据，单击【取消】按钮则可以取消。

13.1.3　使用语音核对员工信息

为了确保录入的员工信息的正确性，建议在输入完成后，核对一下表格中的信息。这可以通过语音核对功能实现。其操作步骤如下。

操 作 步 骤

❶ 在"员工工资管理"工作簿中切换到【文件】选项卡，并在打开的 Backstage 视图中选择【选项】命令，打开【Excel 选项】对话框。

❷ 在左侧导航窗格中单击【快速访问工具栏】选项，然后在右侧窗格中单击【从下列位置选择命令】下拉列表框右侧的下拉按钮，从打开的下拉列表中选择【不在功能区中的命令】选项，并在下方的列表框中选择【按行朗读单元格】选项，接着单击【添加】按钮将选择的选项添加到右侧的【自定义快速访问工具栏】列表框中，如右上图所示。

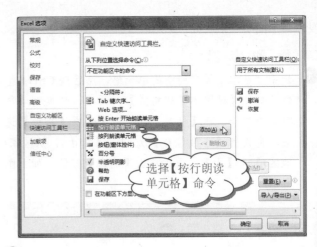

❸ 为了操作方便，将【按列朗读单元格】、【朗读单元格】、【朗读单元格-停止朗读单元格】等按钮都添加到【自定义快速访问工具栏】列表框中，然后单击 ▲ 和 ▼ 按钮调整各按钮的顺序，如下图所示，最后单击【确定】按钮。

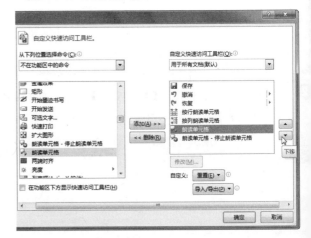

❹ 返回 Excel 工作表，然后戴上耳麦，拿出员工信息参考"记录单"，以便进行对比。

❺ 选中 A3 单元格，然后在快速访问工具栏中单击【行朗读单元格】按钮⫶，再单击【朗读单元格】钮，这样即可从 A3 单元格开始按行朗读记录单息，如下图所示。

在公式的等号前面加撇号(')，可以直接把公式转换成文本形式。

⑥ 如果发现有错误信息，可以单击【朗读单元格-停止朗读单元格】按钮，停止阅读，如下图所示，修改错误信息后，再单击【朗读单元格】按钮继续核对员工信息。

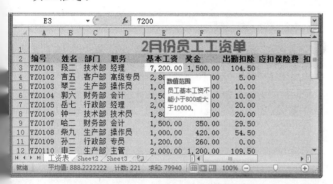

13.1.4　计算员工工资

员工实发工资是指去除个人所得税、出勤扣款和应扣保险后员工拿到手的金额。在计算前，先来了解一下个人所得税的计算税率，如下表所示。

个人所得税税率表

应税所得额	税率(%)	速算扣除数
<500	5	0
<2000	10	25
<5000	15	125
<20000	20	375
<40000	25	1375
<60000	30	3375
<80000	35	6375
<100000	40	10375
>=100000	45	15375

提示

自 2008 年 3 月份起，工资扣税起征点调整为 2000 元，即 2000 元以内不需要缴税个人所得税。

操作步骤

在 H3 单元格中输入公式 "=E3*(8%+0.5%+2%)"，并按下 Enter 键确认。然后将鼠标指针移动到 H3 单元格的右下角，当指针变成十字形状 ✚ 时，按住鼠标左键向下拖动，如右上图所示。

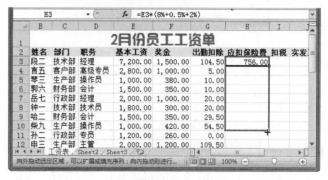

提示

一般企业为员工缴纳的"三险"包括养老保险、失业保险和医疗保险，而在 H3 单元格中输入的公式中，8%、0.5% 和 2% 分别是员工要缴纳"三险"的税率，通常企业在发放员工工资时会直接扣除。

② 拖动到目标位置后，释放鼠标左键，然后单击【自动填充选择】图标，在弹出的菜单中选择【不带格式填充】命令，如下图所示。

③ 为了计算方便，在"工资表"中设置 L 列为"应税所得额"，如下图所示。

④ 在 L3 单元格中输入公式 "=IF(E3+F3<2000,0,E3+F3 - 2000)"，并按 Enter 键确认，然后向下填充公式，如下图所示。

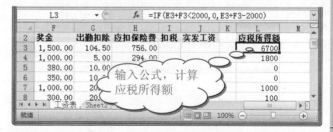

提示

个人因任职或者受雇而取得的工资、薪金、奖金、年终加薪、劳动分红、津贴、补贴以及与任职或者受雇有关的其他所得都应该交纳个人所得税。个人所得税采用分级超额累进税率的计算方法。

❺ 在 I3 单元格中输入公式"=IF(L3 < 500,L3*0.05,(IF(AND(L3 > = 500,L3 < 2000),L3*0.1 - 25,(IF(AND(L3 > = 2000,L3 < 5000),L3*0.15 - 125,L3*0.2 - 375))))"，并按下 Enter 键确认，然后向下填充公式，如下图所示。

提示

计算扣税金额公式的含义如下。

❖ =IF(L3 < 500,L3*0.05: 表示如果应税所得额低于 500 元，需交纳的税金为"应税所得额×5%"。

❖ IF(AND(L3 > = 500,L3 < 2000 = ,L3*0.1 - 25: 表示如果应税所得额在 500~2000 之间，需交纳的税金为"应税所得额×10% - 25"。

❖ IF(AND(L3 > = 2000,L3 < 5000),L3*0.15 - 125,L3*0.2 - 375: 表示如果应税所得额在 2000~5000 之间，需交纳的税金为"应税所得额×15% - 125"，而超过 5000，则需交纳的税金为"应税所得额*0.2 - 375"。

❻ 在 J3 单元格中输入公式"=E3+F3 - G3 - H3 - I3"，并按 Enter 键确认，然后向下填充公式，如下图所示。

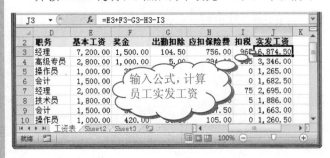

13.1.5 按部门排序

下面使用 Excel 提供的【排序】功能把员工按部门进行排序，其操作步骤如下。

操作步骤

❶ 选中 L 列并右击，从弹出的快捷菜单中选择【隐藏】命令，把 L 列隐藏，如下图所示。

❷ 在【数据】选项卡下的【排序和筛选】组中，单击【排序】按钮，弹出【排序】对话框，然后设置【主要关键字】为【部门】，【排序依据】为【数值】，【次序】为【升序】，如下图所示。

❸ 如果部门相同，可以按员工编号进行排序。方法是单击【添加条件】按钮，这时出现【次要关键字】条件，设置次要关键字及其次序，如下图所示。

如果企业为员工缴纳的是"四金"或"三险一金"，则分别是医疗保险、失业保险、养老保险和住房公积金。

如果要删除刚才添加的条件，可以选择【次要关键字】选项，再单击【删除条件】按钮即可。

单击【确定】按钮，排序结果如下图所示。

3.1.6 制作工资条

在打印工资表时，需要在每位员工的工资条上面都加上标题，下面将介绍如何利用宏来实现该功能。

录制宏

录制宏的操作步骤如下。

操 作 步 骤

切换到【文件】选项卡，并在打开的 Backstage 视图中选择【选项】命令，打开【Excel 选项】对话框。在左侧导航窗格中单击【自定义功能区】选项，然后在【自定义功能区】下拉列表框中选择【主选项卡】选项，在下方的列表框中选中【开发工具】复选框，再单击【确定】按钮，如下图所示。

这时在功能区中便添加了【开发工具】选项，在【开

发工具】选项卡下的【代码】组中，单击【录制宏】按钮，如下图所示。

❹ 弹出【录制新宏】对话框，在【宏名】文本框中输入新宏的名称，然后在【快捷键】文本框中输入一个字母作为快捷键，这里输入小写字母 a，则宏的快捷键是 Ctrl+a。在【说明】文本框中输入对该宏的描述，最后单击【确定】按钮，如下图所示。

在步骤 4 为宏设置快捷键时，若输入的字母是大写字母 A，则宏的快捷键将多一个 Shift 键，变成 Ctrl+Shift+A，如下图所示。

❺ 返回工作表，这时可以发现【录制宏】按钮变成【停止录制】按钮，如下图所示。不做任何修改，单击【停止录制】按钮创建一个空的宏录制。

在用函数处理数据时，经常不晓得使用什么函数比较适合。Excel 的"搜寻函数"功能可以帮你缩小范畴，筛选出适的函数。方法是：执行【插入】|【函数】命令，打开【插入函数】对话框，在【搜索函数】下面的方框中输入要（如"计数"），然后单击【转到】按钮，体系即刻将与【计数】有关的函数挑拣出来，并显示在【选择函数】下面的列表中。再联合查看相关的辅助文件，即可快速确定所需要的函数

 219

2. 编辑宏

下面为新创建的宏编写源代码,操作步骤如下。

操作步骤

① 在【开发工具】选项卡下的【代码】组中,单击【宏】按钮,如下图所示。

② 弹出【宏】对话框,在列表框中选择新创建的宏,再单击【编辑】按钮,如下图所示。

③ 进入 Microsoft Visual Basic for Applications 窗口,然后在【员工工资管理.xlsx-模块 1(代码)】窗口中输入如右上图所示的源代码。

④ 代码输入完成后,单击工具栏中的【视图 Microsoft Excel】按钮,返回到 Excel 窗口,如下图所示。

✓技巧❄

还可通过选择【视图】|Microsoft Excel 命令,或者按 Alt+F11 组合键返回 Excel 窗口。

⑤ 在快速访问工具栏中单击【保存】按钮,如下图所示。

⑥ 弹出 Microsoft Excel 对话框,单击【否】按钮启宏操作,如下图所示。

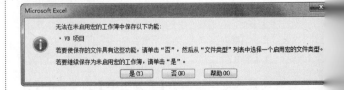

"五险一金"包含养老保险、医疗保险、失业保险、工伤保险、生育保险和住房公积金。

⑦ 弹出【另存为】对话框,设置【保存类型】为【Excel 启用宏的工作簿】,最后单击【保存】按钮即可保存含有宏的工作簿了,如下图所示。

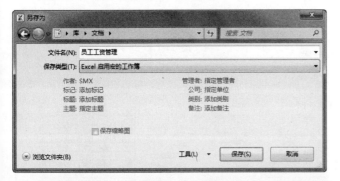

3. 执行宏

接下来介绍执行宏的操作,其操作步骤如下。

操作步骤

① 在工作表中选中 A2:J2 单元格区域,在【开发工具】选项卡下的【代码】组中,单击【宏】按钮,如下图所示。

② 弹出【宏】对话框,在列表框中选择新创建的宏,再单击【执行】按钮,如下图所示。

单击【执行】按钮,执行选中的宏程序

③ 每个数据单都自动添加列标题了,效果如下图所示。

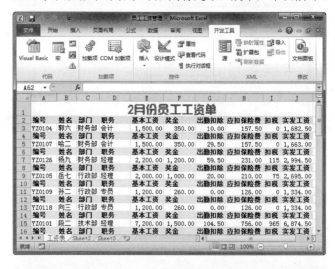

13.1.7 输出工资条

工资条制作完成后,就可以把工资条打印出来了!

操作步骤

① 在"员工工资管理"工作簿中激活"工资表"工作表。然后在【页面布局】选项卡下的【页面设置】组中,单击对话框启动器按钮。

② 弹出【页面设置】对话框,切换到【页边距】选项卡,设置页边距的具体数据,接着在【居中方式】组中选中【水平】复选框,最后单击【确定】按钮,如下图所示。

③ 选中 A2:J61 单元格区域,并右击选中区域,从弹出的快捷菜单中选择【设置单元格格式】命令,打开【设置单元格格式】对话框。

④ 切换到【边框】选项卡,设置表格边框,如下图所示,再单击【确定】按钮。

在早期版本的 Excel 中使用的是 XLM 宏语言,从 Excel 5 开始,引进了 VBA 语言作为宏语言,并且逐渐停止使用 XLM。

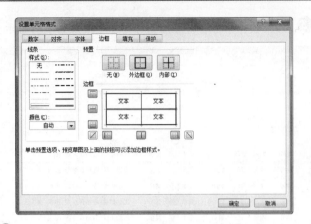

5 添加表格边框后的效果如下图所示。

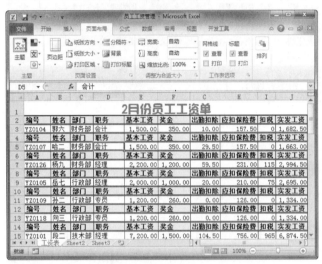

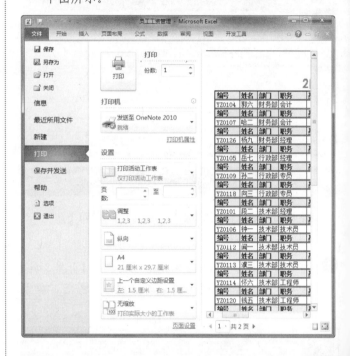

6 单击【文件】选项，并在打开的 Backstage 视图中选择【打印】命令，接着在中间窗格中设置打印参数，设置完毕后单击【打印】按钮开始打印工作表，如下图所示。

技巧

用户也可以通过下述设置，将表格中的网格线打印出来。方法是在【页面设置】对话框中切换到【工作表】选项卡，在【打印】组中选中【网格线】复选框，再单击【确定】按钮，如下图所示。

13.2 制作人事档案管理与统计表

本范例以某公司员工资料为例，介绍人事档案制作、利用图表对比员工年龄以及自动生成简历等方法。

13.2.1 创建人事档案工作表

人事档案一般包括员工编号、姓名、性别、民族、政治面貌、最高学历、隶属部门、加入公司日期、身份证、联系电话、户籍所在地等字段，这些基础数据都是需要手工输入的。因此在录入数据时一定要小心！

操作步骤

1 首先新建一个名为"人事管理"的工作簿，然后重命名 Sheet1 工作表为"员工档案"。

2 合并 A1:L1 单元格区域，然后在合并后的单元格中输入表格标题，并设置其【字体】格式为【华文新魏】、【字号】为20、【字体颜色】为【橄榄色】，如下图所示。

在 Visual Basic 编辑窗口中有七个常用窗口，分别是代码窗口、对象窗口、对象浏览器、立即窗口、本地窗口、监窗口和属性窗口。用户在【视图】菜单中选择相应的命令即可打开这些窗口。

3 合并 I2:J2 和 K2:L2 单元格区域，然后在合并后的 I2 单元格中输入"当前日期："，在 K2 单元格中输入公式"=TODAY()"，如下图所示，并按 Enter 键确认。

4 在第三行输入列标题，在 A4 单元格输入第一位员工的编号，并向下填充员工编号，如下图所示。

填充员工编号

5 接着在表格中输入员工的其他信息，如右上图所示。

6 选中 A3:L33 单元格区域，然后在【开始】选项卡下的【样式】组中，单击【套用表格格式】按钮，在打开的下拉列表中选择要应用的表格样式，如下图所示。

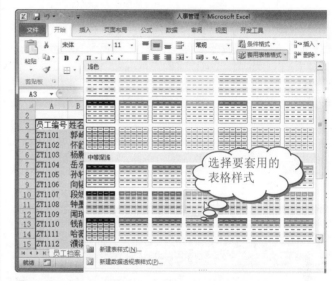

选择要套用的表格样式

7 弹出【套用表格式】对话框，设置表数据来源，接着选中【表包含标题】复选框，再单击【确定】按钮，如下图所示。

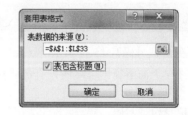

8 选中 A3:L3 单元格区域，然后在【数据】选项卡下的【排序和筛选】组中，单击【筛选】按钮，如下图所示。

功能键 F6 的功能是负责在工作表、功能区、任务窗格和缩放控件之间切换。比如 Shift+F6 组合键可以在工作表、缩放控件、任务窗格和功能区之间切换；而在多个打开的工作簿窗口，按 Ctrl+F6 组合键可切换到下一个工作簿窗口。

9 列表题单元格中的下拉按钮不见了,如下图所示。

13.2.2 从身份证号码中自动提取性别和出生日期

身份证号码代表一个人的个人信息,包括公民的籍贯、出生年月和性别等。下面将介绍如何从身份证号码中提取性别和出生年月日。

1. 分析身份证号码

在我国,身份证号码有 15 位和 18 位(从 2000 年开始升到 18 位)两种,下面解释一下这两种身份证号码包含的个人信息。

- ❖ 15 位身份证号码:第 7、8 位为出生年份(两位数),第 9、10 位为出生月份,第 11、12 位代表出生日期,第 15 位代表性别,奇数为男,偶数为女。
- ❖ 18 位身份证号码:第 7、8、9、10 位为出生年份(四位数),第 11、12 位为出生月份,第 13、14 位代表出生日期,第 17 位代表性别,奇数为男,偶数为女。

例如,某员工的身份证号码(18 位)是 3206841982092 60015,表示 1982 年 9 月 26 日出生,性别为男。

2. 提取员工性别

从身份证号码中提取员工性别的方法如下。

操作步骤

1 激活"员工档案"工作表,在 C4 单元格中输入公式 "=IF(MOD(IF(LEN(G4)=15,MID(G4,15,1),MID(G4, 17,1)),2)=1,"男","女")",如下图所示。

?提示

步骤 1 中的公式含义如下。

- ❖ LEN(G4)=15: 检查身份证号码的长度是否是 15 位。
- ❖ MID(G4,15,1): 如果身份证号码的长度是 15 位,那么提取第 15 位的数字。
- ❖ MID(G4,17,1): 如果身份证号码的长度不是 15 位,即 18 位身份证号码,那么应该提取第 17 位的数字。
- ❖ MOD(IF(LEN(G4)=15,MID(G4,15,1),MID(G 4,17,1)),2): 用于得到给出数字除以指定数字后的余数,本例表示对提出来的数值除以 2 以后所得到的余数。
- ❖ IF(MOD(IF(LEN(G4)=15,MID(G4,15,1),MI D(G4,17,1)),2)=1,"男","女"): 如果除以 2 以后的余数是 1,那么 C4 单元格显示为"男",否则显示为"女"。

如果员工的身份证号码都是 18 位,可以直接在 C4 单元格中输入 "=IF(MOD(MID(G4,17,1),2)=1,"男","女"))"公式,再按 Enter 键确认即可。

2 按 Enter 键确认,即可得到所有员工的性别了,并且出现一个【自动更正选项】图标,单击该图标,在弹出的菜单中选择【使用此公式覆盖当前列中的所

在使用 IF 等套用函数时,公式往往非常复杂。为了便于操作,用户可以先在 Word 文档、文本文档等窗口中编写公式,并按 Ctrl+C 组合键复制公式,然后在 Excel 窗口中选择要使用该公式的单元格,将光标定位到【编辑栏】中,再按 Ctrl+V 组合键粘贴公式,然后按 Enter 键确认即可。

有单元格】命令可以立即得到其他员工的性别，如下图所示。

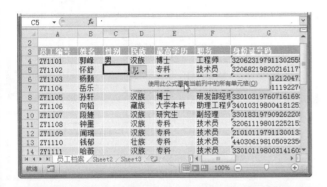

3. 提取出生年月日

除了手动输入员工的出生日期外，还可以利用公式从身份证号码中提取出生年月日，下面以从 18 位的身份证号码中提取员工出生年月日为例进行介绍，具体操作步骤如下。

操作步骤

❶ 在 H4 单元格中输入公式 "=MID(G4,7,4)&"-"&MID(G4,11,2)&"-"&MID(G4,13,2)"，如下图所示。

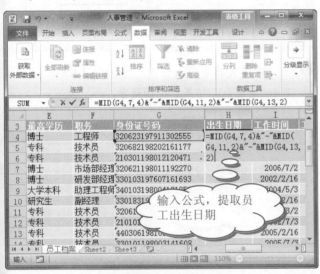

？提示

如果员工的身份证号码有 15 位和 18 位两种，可以在 H4 单元格中输入 "=IF(LEN(G4)=15,19&MID(G4,7,2)&"-"&MID(G4,9,2)&"-"&MID(G4,11,2),MID(G4,7,4)&"-"&MID(G4,11,2)&"-"&MID(G4,13,2))" 公式，再按 Enter 键确认即可。

❷ 按下 Enter 键，然后单击【自动更正选项】图标，从弹出的菜单中选择【使用此公式覆盖当前列中的所

有单元格】命令，即可得到其他员工的出生日期了，如下图所示。

13.2.3 计算员工工龄

在一些公司中，员工的基本工资是随着员工工龄逐年增加的。所以，对于会计人员来说，知道员工工龄是非常重要的。下面一起来探讨如何使用函数自动计算员工的工龄。

操作步骤

❶ 激活"员工档案"工作表，然后在 J4 单元格中输入公式 "=YEAR($K$2)-YEAR(I4)"，如下图所示。

❷ 按下 Enter 键，然后单击【自动更正选项】图标，从弹出的菜单中选择【使用此公式覆盖当前列中的所有单元格】命令，如下图所示。

❸ 其他员工的工龄被快速计算出来了，如下图所示。

如果要关闭选定的工作簿窗口，可以使用 Ctrl+W 组合键。

学以致用系列丛书

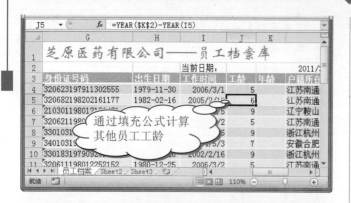

通过填充公式计算
其他员工工龄

13.2.4　使用数组公式进行年龄统计

在进行年龄统计之前，先来计算每个员工的实际年龄吧！其操作步骤如下。

操作步骤

❶ 在 K4 单元格中输入公式 "=YEAR($K$2)-YEAR(H4)"，再按 Enter 键确认，结果如下图所示。

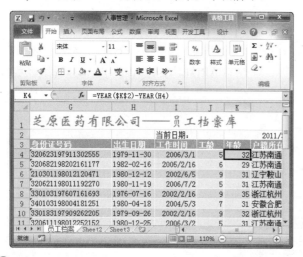

❷ 选中 I35:K37 单元格区域，添加表格边框，并输入如下图所示的数据信息。

❸ 在 J35 单元格中输入公式 "=AVERAGE(K4:K33)"，

再按 Enter 键确认，结果如下图所示。

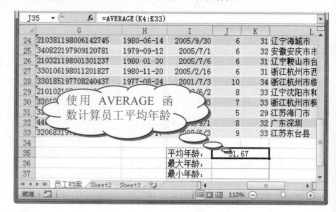

使用 AVERAGE 函数计算员工平均年龄

❹ 在 J36 单元格中输入公式 "=MAX(K4:K33)"，再按 Enter 键确认，结果如下图所示。

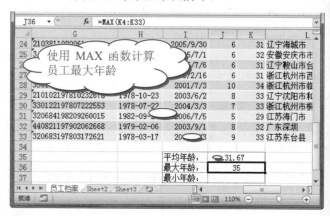

使用 MAX 函数计算员工最大年龄

❺ 在 J37 单元格中输入公式 "=MIN(K4:K33)"，再按 Enter 键确认，结果如下图所示。

使用 MIN 函数计算员工最小年龄

13.2.5　制作员工年龄分布图

下面通过制作员工年龄分布图来直观地分析员工的年龄。

操作步骤

❶ 在 "人事管理" 工作簿中重命名 Sheet2 工作表为 "年龄分布图"，然后激活 "员工档案" 工作表，选中

如果要在单元格中输入分子大于分母的分数，可以按 "整数位+空格+分数" 的规则进行输入。比如要输入分数 "17"，可以在单元格中输入 "2(空格)1/7"，再按 Enter 键即可。

A1:L33 单元格区域，并按 Ctrl+C 组合键进行复制。

2 激活 "年龄分布图" 工作表，然后选中 A1 单元格，并按下 Ctrl+V 组合键进行粘贴，结果如下图所示。

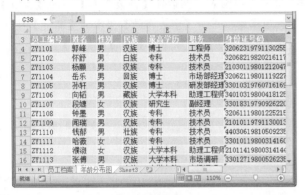

3 选中 A3 单元格，然后在【表格工具】下的【设计】选项卡中，单击【工具】组中的【转换为区域】按钮，如下图所示。

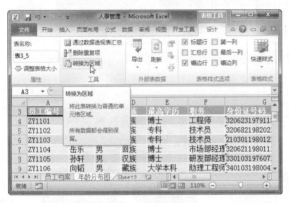

4 弹出 Microsoft Excel 对话框，提示 "是否将表转换为普通区域"，单击【是】按钮，将表转换为普通区域，如下图所示。

5 选中 A3:L33 单元格区域，然后在【数据】选项卡下的【排序和筛选】组中，单击【排序】按钮，如下图所示。

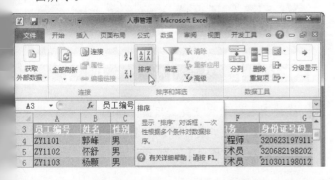

6 弹出【排序】对话框，然后设置【主要关键字】为【年龄】、【排序依据】为【数值】、【次序】为【升序】，最后单击【确定】按钮，如下图所示。

7 在【数据】选项卡下的【分级显示】组中，单击【分类汇总】按钮，如下图所示。

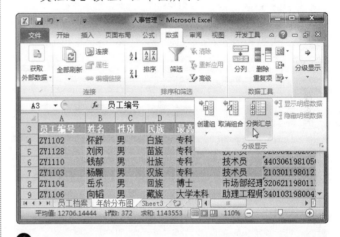

8 弹出【分类汇总】对话框，然后设置【分类字段】为【年龄】、【汇总方式】为【计数】，接着在【选定汇总项】列表框中选中【年龄】复选框，再选中【替换当前分类汇总】和【汇总结果显示在数据下方】两个复选框，如下图所示。

9 单击【确定】按钮，汇总结果如下图所示。然后在工作表左侧窗格中单击级别 2 按钮，隐藏明细数据。

当插入点位于公式中某个函数名称的右边时，按 Ctrl+Shift+A 组合键将会插入参数名称和括号。

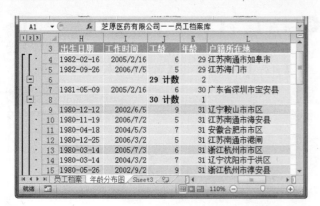

据系列格式。

操作步骤

❶ 单击选中图表，然后在【图表工具】下的【设计】选项卡中，单击【图表布局】组中的【其他】按钮，接着从打开的下拉列表中选择【布局1】图标，如下图所示。

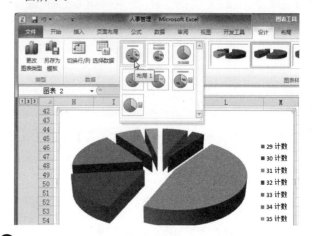

❿ 选择汇总后的结果，这里选中 J6:K40 单元格区域，然后在【插入】选项卡下的【图表】组中，单击【饼图】按钮，从打开的下拉列表中选择【分离型三维饼图】图标，如下图所示。

❷ 这时会发现图表布局改变了，如下图所示。

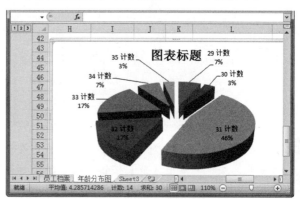

❸ 在【设计】选项卡下的【图表样式】组中，单击【其他】按钮 ，从打开的下拉列表中选择要使用的样式，如下图所示。

⓫ 创建的员工年龄分布图如下图所示。

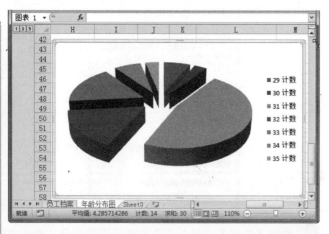

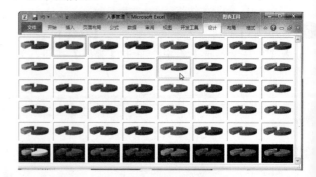

13.2.6　修饰员工年龄分布图表

下面来修饰创建的员工年龄分布图表，包括重新布局图表、替换图表样式、设置数据标签格式以及设置数

❹ 修改图表标题为"员工年龄分布图"，然后设置其【字体】为【华文行楷】、【字号】为 20、【字体颜色】为【橄榄色】，如下图所示。

在修改数据后，如果单元格的宽度容纳不下所有数据时，可以通过 Alt + Enter 组合键换行，继续输入修改内容。修改完毕后，按 Enter 键会发现该行自动调整行高了。

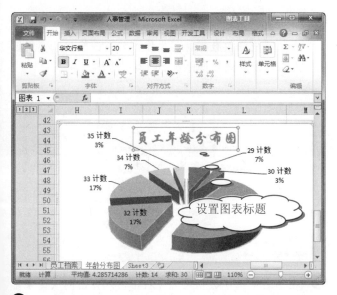

⑤ 在图表中右击数据标签，从弹出的快捷菜单中选择【设置数据标签格式】命令，如下图所示，打开【设置数据标签格式】对话框。

⑥ 在左侧导航窗格中单击【标签选项】选项，在右侧窗格中的【标签包括】组中选中【类别名称】、【百分比】以及【显示引导线】复选框，在【标签位置】组中选中【最佳匹配】单选按钮，再设置【分隔符】为【,(逗号)】，如下图所示。

⑦ 单击【填充】选项，然后在右侧窗格中选中【渐变

填充】单选按钮，接着单击【预设颜色】按钮，选择填充颜色，如下图所示。

⑧ 单击【边框颜色】选项，然后在右侧窗格中选中【无线条】单选按钮，如下图所示。

⑨ 单击【三维格式】选项，然后在右侧窗格中的【棱台】组中单击【顶端】按钮，在打开的下拉列表中选择三维格式，如下图所示。

在 Excel 中选中设置后的图片，然后在【图片工具】下的【格式】选项卡中，单击【调整】组中的【重设图片】按钮可以恢复插入图片的默认状态。

⑩ 单击【对齐方式】选项，在右侧窗格中的【文字版式】组中设置【垂直对齐方式】为【中部居中】，【文字方向】为【横排】，如下图所示。

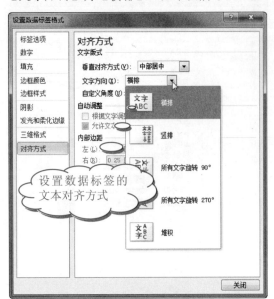

⑪ 设置完成后，单击【关闭】按钮，效果如下图所示。

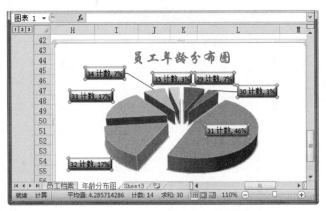

⑫ 在图表中连续两次单击"30 计数，3%"数据标签，选中该数据标签，然后将鼠标指针移动到"30"后面，再单击该数据标签，将指针定位到标签中，如下图所示，按 Delete 键删除"计数"两个字。

⑬ 在"30"后面输入"岁"，然后在图表的空白处单击，完成修改数据标签操作，如下图所示。使用该方法修改其他数据标签中的类别名称。

⑭ 在图表中选中数据系列并右击，从弹出的快捷菜单中选择【设置数据系列格式】命令，如下图所示，打开【设置数据系列格式】对话框。

⑮ 在左侧导航窗格中单击【系列选项】选项，在右侧窗格中设置【第一扇区起始角度】和【饼图分离程度】参数，如下图所示。

⑯ 单击【边框颜色】选项，然后在右侧窗格中选中【实线】单选按钮，并单击【颜色】按钮，在打开的下拉列表的【标准色】组中选择【红色】选项，如下图所示。

在添加数据系列时，如果工作表中有要添加的数据系列的名称和数值，那么最好使用单元格引用，防止在数据修改之后图表不自动更新。

中选择【信息】命令，然后在中间窗格中单击【保护工作簿】按钮，接着从打开的菜单中选择【按人员限制权限】|【限制访问】命令，如下图所示。

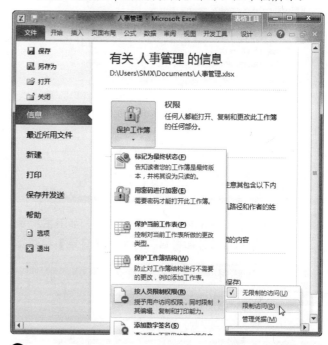

17 设置完成后，单击【关闭】按钮，效果如下图所示。

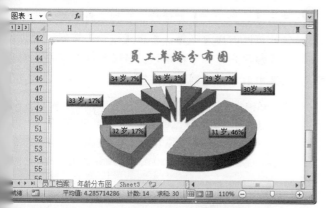

18 最后设置图表区和绘图区格式，效果如下图所示。

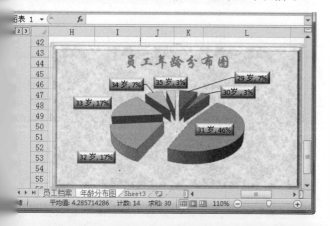

3.2.7 设置访问权限

为工作簿设置访问权限的操作步骤如下。

操作步骤

切换到【文件】选项卡，并在打开的 Backstage 视图

2 弹出【服务注册】对话框，选中【是，我希望注册使用 Microsoft 的这一免费服务】单选按钮，再单击【下一项】按钮，如下图所示。

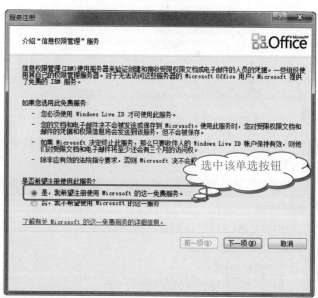

选中该单选按钮

3 弹出【Windows 权限管理】对话框，选中【是，我有 Windows Live ID】单选按钮，再单击【下一步】按钮，如下图所示。

不同类型的图表在设置格式时也有不同的设置选项，如设置饼图的格式时，便专门有设置扇区颜色的选项。

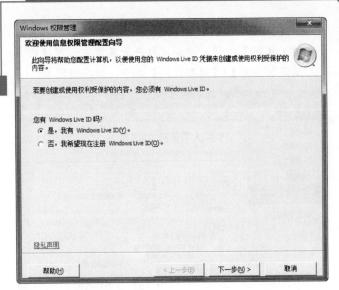

4 进入【登录到 Windows Live】对话框,如下图所示,
输入电子邮箱地址和密码,再单击【登录】按钮。

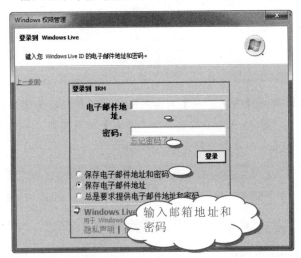

输入邮箱地址和密码

5 弹出【选择计算机类型】对话框,选中【此计算机
是私人计算机】单选按钮,再单击【我接受】按钮,
如下图所示。

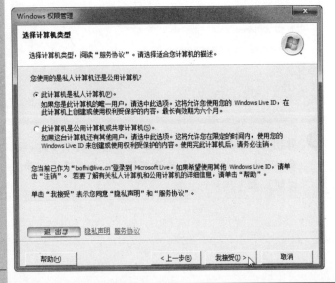

6 弹出【正在完成信息权限管理配置向导】界面,单
击【完成】按钮,如下图所示。

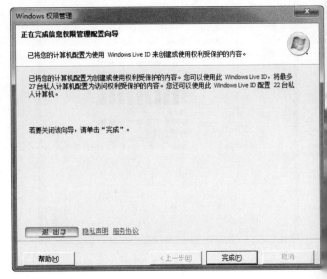

7 弹出【选择用户】对话框,在列表框中将会显示出
允许访问的用户邮箱,单击【添加】按钮,可以继
续添加用户,如下图所示。若要删除某用户,可以
在选中后单击【删除】按钮。

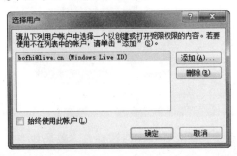

13.2.8 自动生成简历

如果公司经常需要打印某员工的简历表,而员工
基本信息是登记在 Excel 工作表中的,这时用户就可以
用 Excel 中的提取函数自动生成员工的简历表,再打
即可。

操作步骤

1 在"人事管理"工作簿中重命名 Sheet3 工作表为"
工登记表",然后创建如下图所示的表格,并输
员工的基本信息。

Excel 中把文本数据称为标志,"标志"不能用于执行数学运算,该类型靠单元格左边对齐。文本数据的输入比较简

2 在工作簿中新插入一个工作表，并重命名为"员工简历表"，然后在工作表中创建如下图所示的简历表的框架。

选中 C3 单元格，然后在【开始】选项卡下的【数字】组中，单击【数字格式】下拉列表框右侧的下拉按钮，从打开的下拉列表中选择【短日期】选项，如下图所示。

选中 B5 单元格，然后按 Ctrl+1 组合键打开【设置单元格格式】对话框，并切换到【对齐】选项卡。接着在【文本控制】组中选中【自动换行】复选框，再单击【确定】按钮，如右上图所示。

5 在【页面布局】选项卡下的【工作表选项】组中，取消选中【网格线】组中的【查看】复选框，取消工作表中的网格线，如下图所示。

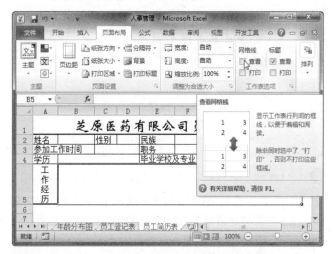

6 在 D2 单元格中输入公式"=IF(ISERROR(VLOOKUP(B2,员工登记表!A2:J32,2,FALSE)),"-",VLOOKUP(B2,员工登记表!A2:J32,2,FALSE))"，再按 Enter 键确认，如下图所示。

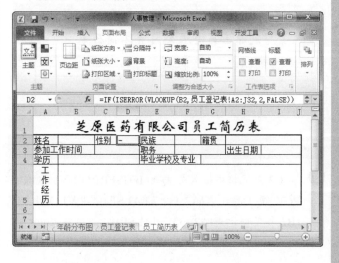

在单元格中还可以插入垂直文本框，方法是在【插入】选项卡下的【插图】组中单击【形状】按钮，单击【垂直文本框】图标，然后在单元格中按下鼠标左键拖动，即可绘制垂直文本框了。在垂直文本框中输入的字符是纵向排列的。

提示

步骤 6 中公式的含义是:如果公式"VLOOKUP(B2,员工登记表!A2:J32,2,FALSE)"返回逻辑值 False,则 ISERROR 函数返回错误,那么,IF 函数显示短划线("-"),反之显示公式的返回结果。

7 在 F2 单元格中输入公式 "=IF(ISERROR(VLOOKUP(B2,员工登记表!A2:J32,3,FALSE)),"-",VLOOKUP(B2,员工登记表!A2:J32,3,FALSE))",再按 Enter 键确认,如下图所示。

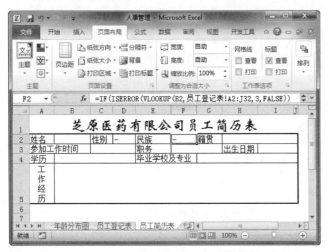

8 在 H2 单元格中输入公式 "=IF(ISERROR(VLOOKUP(B2,员工登记表!A2:J32,9,FALSE)),"-",VLOOKUP(B2,员工登记表!A2:J32,9,FALSE))",再按 Enter 键确认,如下图所示。

9 在 C3 单元格中输入公式 "=IF(ISERROR(VLOOKUP(B2,员工登记表!A2:J32,7,FALSE)),"-",VLOOKUP(B2,员工登记表!A2:J32,7,FALSE))",再按 Enter 键确认,如右上图所示。

10 在 F3 单元格中输入公式 "=IF(ISERROR(VLOOKUP(B2,员工登记表!A2:J32,5,FALSE)),"-",VLOOKUP(B2,员工登记表!A2:J32,5,FALSE))",再按 Enter 键确认,如下图所示。

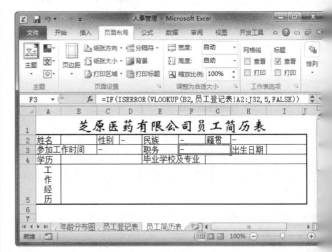

11 在 I3 单元格中输入公式 "=IF(ISERROR(VLOOKUP(B2,员工登记表!A2:J32,6,FALSE)),"-",VLOOKUP2,员工登记表!A2:J32,6,FALSE))",再按 Enter 键认,如下图所示。

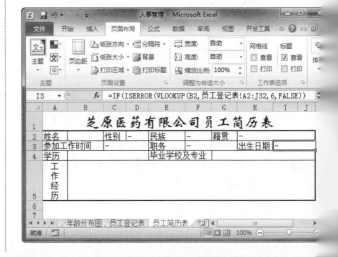

在 Excel 工作表中可以给数字添加拼音,但是在实际应用中没有作用。拼音可以是字母,也可以是汉字。

⑫ 在 B4 单元格中输入公式 "=IF(ISERROR(VLOOKUP(B2,员工登记表!A2:J32,4,FALSE)),"-",VLOOKUP(B2,员工登记表!A2:J32,4,FALSE))"，再按 Enter 键确认，如下图所示。

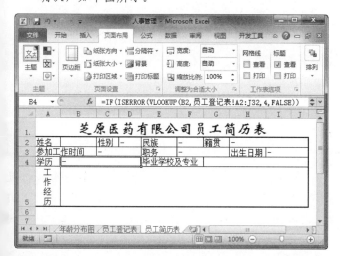

⑬ 在 G4 单元格中输入公式 "=IF(ISERROR(VLOOKUP(B2,员工登记表!A2:J32,8,FALSE)),"-",VLOOKUP(B2,员工登记表!A2:J32,8,FALSE))"，再按 Enter 键确认，如下图所示。

⑭ 在 B5 单元格中输入公式 "=IF(ISERROR(VLOOKUP(B2,员工登记表!A2:J32,10,FALSE)),"-",VLOOKUP(B2,员工登记表!A2:J32,10,FALSE))"，再按 Enter 键确认，如下图所示。

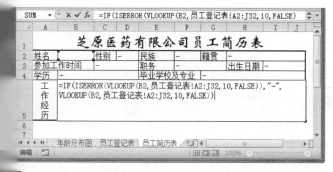

⑮ 在 B2 单元格中输入要打印简历的员工姓名，比如 "岳乐"，按 Enter 键确认后将得到如右上图所示的

员工简历表。

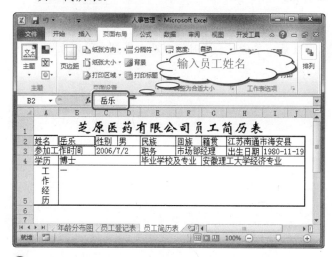

⑯ 在 B2 单元格中输入 "韩锐"，按 Enter 键确认后，可以得到该员工的简历表，如下图所示。

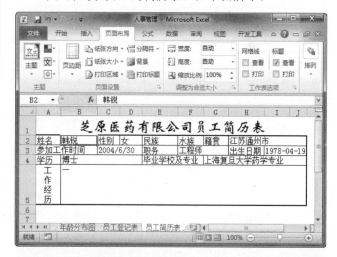

13.3　思考与练习

选择题

1. 激活 Visual Basic 编辑窗口的快捷键是_____。
   - A. Alt+F11
   - B. Alt+F1
   - C. Ctrl+F11
   - D. Shift+F4

2. 下面关于录制新宏说法错误的是_____。
   - A. 在设置宏的快捷键时，如果输入的字母是小写字母，则宏的快捷键将是 Ctrl+输入的字母
   - B. 在设置宏的快捷键时，如果输入的字母是大写字母，则宏的快捷键将多一个 Shift 键
   - C. 在【开发工具】选项卡下的【代码】组中可以找到【录制宏】按钮
   - D. 以上说法都不正确

在 Excel 工作表中，按 Alt+Page Down 组合键可以将工作表向右滑动一个屏幕；按 Alt+Page Up 组合键可以将工作向左滑动一个屏幕。

操作题

1. 创建一个产品出库表(包括产品名称、入库时间、入库数量、单价、出库时间以及出库数量等列表题)，然后通过宏功能给每个记录单添加列标题。

2. 根据当地情况，借助 PMT 函数制作购房最小还贷分析方案。

长见识　　在 Excel 工作簿中，按 Ctrl+Page Down 组合键可以激活下一个工作表；按 Ctrl+Page Up 组合键可以激活前一个工作表

第 14 章

简单上手——PowerPoint 2010 基本操作

使用演示文稿，可以将原本枯燥无味的工作变得轻松自如，更加省时、省力。下面将带领大家一起学习 Power Point 2010 的基本操作，例如创建新演示文稿、添加幻灯片以及输入文本等内容。

学习要点

❖ 认识 PowerPoint
❖ 了解 PowerPoint 的视图方式
❖ 演示文稿的基本操作
❖ 幻灯片的基本操作
❖ 编辑幻灯片

学习目标

通过对本章的学习，读者首先应该掌握演示文稿的基本操作；其次要求掌握幻灯片的基本操作，例如新建幻灯片、移动与复制幻灯片等；最后要求掌握幻灯片的编辑技巧。

14.1 认识 PowerPoint 2010

PowerPoint 和 Word、Excel 等应用软件一样，都是 Microsoft 公司推出的 Office 系列产品之一。使用 Microsoft PowerPoint 2010，可以使用比以往更多的方式创建动态演示文稿并与观众共享。

目前，最新版本的 PowerPoint 2010 具有以下新增功能及优点。

❖ PowerPoint 2010 新增了音频和可视化功能，可以使演示文稿更具有观赏性。

❖ PowerPoint 2010 改进了一些工具，以帮助制作出效果更佳的幻灯片。

❖ 使用可以节省时间和简化工作的工具管理演示文稿。例如，压缩演示文稿中的视频和音频以减小文件大小，改进播放性能。

❖ 可以从更多位置访问和共享演示文稿内容。

14.1.1 启动 PowerPoint 2010

启动 PowerPoint 2010 的操作方法与启动 Word 2010、Excel 2010 的操作方法类似，总结为以下几种。

❖ 在电脑桌面上选择【开始】【所有程序】Microsoft Office|Microsoft PowerPoint 2010 命令，启动 PowerPoint 2010 程序。

❖ 在电脑桌面双击 PowerPoint 2010 程序图标快速启动该程序，如下左图所示。

❖ 通过双击已经存在的 PowerPoint 2010 文档，如上右图所示，也可以启动 PowerPoint 2010 程序。

14.1.2 熟悉 PowerPoint 2010 的工作环境

PowerPoint 的主界面主要包含标题栏、菜单栏、工具栏、工作区和状态栏，如右上图所示。

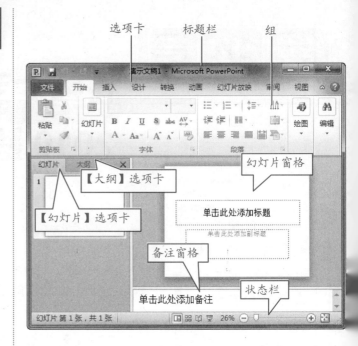

PowerPoint 2010 的界面与 Word 和 Excel 的很相似，下面一起看看它们的不同之处吧。

1. 工作区

工作区就是我们用来创建和编辑演示文稿的区域，在这里我们可以直观地对演示文稿进行制作。新建演示文稿的工作区种类繁多，读者可以根据自己的需要选择合适的工作区。

2. 幻灯片窗格

一篇演示文稿都会有多张幻灯片，每张幻灯片都会在【幻灯片】选项卡下有一个图标，单击这些图标，即可在幻灯片窗格中编辑该幻灯片，如下图所示。

3. 备注窗格

在【备注】窗格中显示有关幻灯片的注释内容，此区域中单击按钮可以输入备注，如果已有备注，则击【备注】窗格即可修改和编辑备注。

幻灯片视图包括普通视图、大纲视图、幻灯片放映视图、幻灯片浏览视图以及备注页视图。如果幻灯片包含备注容，可以选择普通视图和备注页视图。但普通视图的【备注】窗格不能插入也不能显示图片和图形对象，而备注页视

4. 状态栏

状态栏位于应用程序窗口的底端。PowerPoint 中的状态栏与其他 Office 软件中的略有不同，而且在 PowerPoint 的不同运行阶段，状态栏会显示不同的信息，如下图所示。

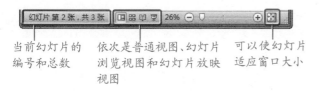

当前幻灯片的　　依次是普通视图、幻灯片　　可以使幻灯片
编号和总数　　　浏览视图和幻灯片放映　　适应窗口大小
　　　　　　　　视图

14.1.3　退出 PowerPoint 2010

退出 PowerPoint 2010，也就是要关闭所有打开的演示文稿，用户可以通过下述两种方法退出 PowerPoint 2010 程序。

❖ 在任意 PowerPoint 2010 文档窗口中单击【文件】选项卡，并在打开的 Backstage 视图中选择【退出】命令，如下图所示。

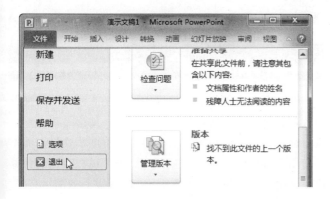

❖ 在任务栏中右击 PowerPoint 2010 程序图标，从弹出的快捷菜单中选择【关闭所有窗口】命令，如下图所示。

14.2　了解 PowerPoint 的视图方式

PowerPoint 2010 为用户提供了六种观察幻灯片的方式，分别是普通视图、幻灯片浏览视图、幻灯片放映视图、备注页视图、阅读视图和母版视图。每种视图都对应着不同的操作，使用起来极为方便。

14.2.1　普通视图

在默认情况下，启动 PowerPoint 2010 进入的即为普通视图。普通视图由三部分组成：幻灯片窗格与大纲窗格的切换窗格(包括【幻灯片】选项卡/【大纲】选项卡)、幻灯片窗格以及备注窗格。一般情况下，在进行幻灯片编辑中都使用普通视图。

1. 幻灯片窗格

在幻灯片窗格中一次只能显示一张幻灯片上，如果想查看其他幻灯片中的内容，需要在左侧窗格中单击相应的幻灯片进行切换。下图所示为普通视图的幻灯片窗格。

2. 大纲窗格

如果幻灯片是以文字为主要内容的，则使用大纲窗格更适合查看幻灯片内容，方法是在普通视图方式下单击左侧窗格中的【大纲】选项卡，即可切换到大纲视图，如下图所示。

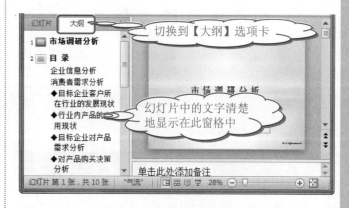

14.2.2　幻灯片浏览视图

在【视图】选项卡下的【演示文稿视图】组中，单击【幻灯片浏览】按钮，即可从普通视图方式切换到幻灯片浏览视图方式，如下图所示。在这里可以看到一张张缩小了的幻灯片。

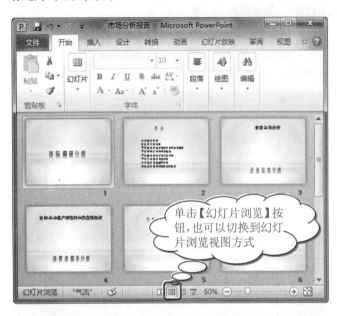

14.2.3　幻灯片放映视图

在【视图】选项卡下的【演示文稿视图】组中，单击【幻灯片放映】按钮即可从头开始放映幻灯片。在放映幻灯片时，幻灯片会铺满整个桌面，如下图所示。

14.2.4　备注页视图

备注页视图一般是打印的时候才会用到，有的时候

演讲者会在备注页里面加一些信息，但是这个备注页里的信息在放映幻灯片的时候是看不到的，只有在打印的时候才会打印出来。用户可以通过在【视图】选项卡下的【演示文稿视图】组中，单击【备注页】按钮来切换到备注页视图方式，如下图所示。

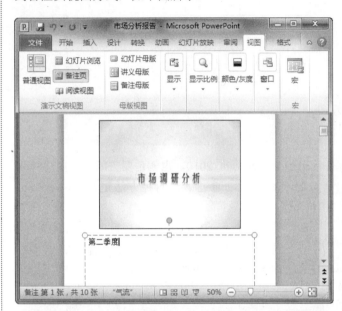

14.2.5　阅读视图

阅读视图是用于在计算机的屏幕上阅读文档的视图模式，它是一种比较特殊的查看模式。如果希望在一个设有简单控件以方便审阅的窗口中查看演示文稿，而不想使用全屏的幻灯片放映视图，则也可以在自己的计算机上使用阅读视图，如下图所示。如果要更改演示文稿，可随时从阅读视图切换至某个其他视图。

快速显示最后一张幻灯片：无论当前显示的是哪一张幻灯片，按 Ctrl + End 组合键即可显示演示文稿的最后一张幻灯片。

14.2.6 母版视图

母版视图包括幻灯片母版视图、讲义母版视图和备注母版视图。它们是存储有关演示文稿的信息的主要幻灯片，其中包括背景、颜色、字体、效果、占位符大小和位置。使用母版视图的一个主要优点在于，在幻灯片母版、备注母版或讲义母版上，可以对与演示文稿关联的每个幻灯片、备注页或讲义的样式进行全局更改。

14.3 演示文稿的基本操作

在了解了 PowerPoint 2010 的视图方式后，下面将介绍一些演示文稿的基本操作，包括创建新演示文稿、保存演示文稿以及关闭演示文稿等操作。

14.3.1 创建新演示文稿

在 PowerPoint 2010 中，创建演示文稿的方法有很多种：可以创建空演示文稿，也可以根据设计模板创建演示文稿，还可以根据现有的演示文稿或相册进行创建。

操作步骤

❶ 启动 PowerPoint 2010 程序，然后切换到【文件】选项卡，并在打开的 Backstage 视图中选择【新建】命令，接着在中间窗格中单击【样本模板】选项，如下图所示。

技巧

如果要创建空白演示文稿，则可以通过在【可用的模板和主题】窗格中单击【空白演示文稿】选项，接着单击右侧窗格中的【创建】按钮，或者是按 Ctrl+N 快捷键来实现。

❷ 在【样本模板】窗格中选择要使用的模板，再单击【创建】按钮，如下图所示。

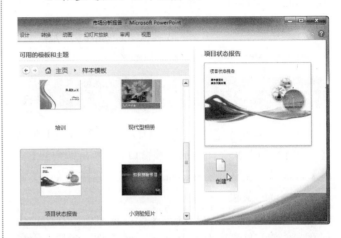

❸ 这时将会根据宣传手册模板创建一个新的演示文稿，如下图所示。

14.3.2 保存演示文稿

演示文稿创建好之后，必须将其保存到磁盘文件中，这样才能把已完成的设置保存下来。

PowerPoint 演示文稿的保存方法与 Word 2010 文档相同，最简单的方法是直接在快速访问工具栏中单击【保存】按钮或是按 Ctrl+S 组合键。如果是第一次保存，

快速展开所有演示文稿：按 Alt + Shift + 9 组合键或 Alt + Shift + A 组合键，即可快速实现在【大纲】视图或其他视图的【大纲】窗格中快速展开演示文稿的所有内容。

241

会弹出【另存为】对话框，如下图所示。设置文件的保存位置和文件名，再单击【保存】按钮即可。

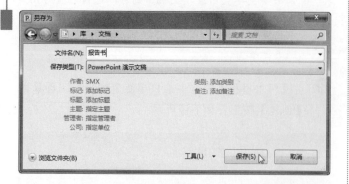

14.3.3 关闭与打开演示文稿

演示文稿保存完毕后，可以通过单击窗口左上角的【关闭】按钮 ✕ 来关闭演示文稿窗口。或者是切换到【文件】选项卡，在打开的 Backstage 视图中选择【关闭】命令来关闭演示文稿。

如果需要再次打开该演示文稿，最简单的方法是在保存文件的文件夹中双击 PowerPoint 文件。当然，用户也可以通过切换到【文件】选项卡，在打开的 Backstage 视图中选择【打开】命令，然后在弹出的对话框中选择要打开的 PowerPoint 文件，再单击【打开】按钮来实现，如下图所示。

14.4 幻灯片的基本操作

用过 PowerPoint 软件的用户都知道，演示文稿中的内容都是存放在幻灯片中的，一张幻灯片就是一页内容，方便用户对幻灯片进行添加、删除、复制、移动等操作。下面将一一进行介绍。

14.4.1 新建幻灯片

演示文稿创建完成后，是不是该添加演示文稿的内容了？不过在这之前，需要在演示文稿中添加一些幻灯片用来存放演示文稿内容。其操作步骤如下。

操作步骤

❶ 首先在普通视图模式下选择需要插入幻灯片的位置，例如这里选择幻灯片 1，然后在【插入】选项卡的【幻灯片】组中，单击【新建幻灯片】按钮旁的下三角按钮，从弹出的菜单中选择一种幻灯片模板，如下图所示。

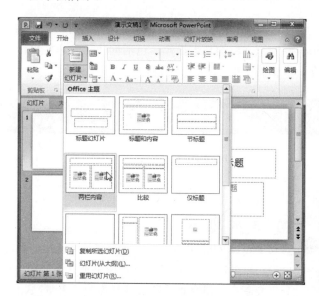

注意

如果只是单击【幻灯片】组中的【新建幻灯片】按钮，而不是单击按钮旁边的下三角按钮，则同样会创建一个新的幻灯片，只是幻灯片的主题只有系统设定的一种，即【标题与内容】幻灯片。

❷ 此时在编号为 2 的幻灯片后面就插入了一张新的幻灯片，如下图所示。

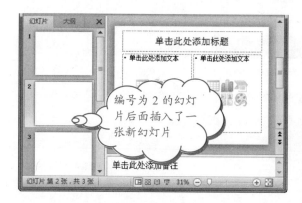

编号为 2 的幻灯片后面插入了一张新幻灯片

快速折叠所有演示文稿：按 Alt + Shift + 1 组合键即可快速实现在【大纲】视图或其他视图的【大纲】窗格中快速折叠演示文稿的所有标题，并只显示第一层的标题。

选择了要插入幻灯片的位置后,只需要在该幻灯片上单击鼠标右键,从弹出的快捷菜单中选择【新建幻灯片】命令也可以插入幻灯片,如下图所示。但这也只能插入系统设定的一种,即【标题与内容】主题。

14.4.2 移动与复制幻灯片

下面将介绍移动与复制幻灯片的操作,一起来体会吧。

1. 移动幻灯片

用户可以在普通视图方式和幻灯片浏览视图方式中进行幻灯片移动操作,下面逐一进行介绍。

1) 在普通视图方式的幻灯片窗格中移动幻灯片

其操作步骤如下。

操作步骤

首先选中要移动的幻灯片,然后切换到幻灯片浏览视图,拖动需要移动的幻灯片,比如编号为 "2" 的幻灯片,此时会出现一个 I 形的虚柱,如下图所示。

松开鼠标左键,我们会发现编号为 "2" 的幻灯片移

动到编号为 "3" 的位置上了,如下图所示。

2) 在幻灯片浏览视图方式中移动幻灯片

方法是先切换到幻灯片浏览视图,接着单击要移动的幻灯片并按住鼠标进行拖动,例如,拖到幻灯片 3 到幻灯片 1 与 2 之间的位置,此时会出现一个 I 形的虚柱,如下图所示,松开鼠标左键,即可将幻灯片 3 移动到目标位置。

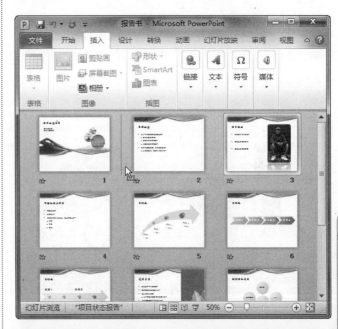

2. 使用工具栏中的按钮复制幻灯片

在演示文稿的制作过程中,如果需要相同内容的幻灯片,可以复制幻灯片,其操作步骤如下。

操作步骤

❶ 在演示文稿的普通视图方式下选中需要复制的幻灯片,这里选择幻灯片 3,然后在【开始】选项卡下的【剪切板】组中,单击【复制】按钮,如下图所示。

更改演示文稿的默认保存位置:切换到【文件】选项卡,从打开的菜单中选择【PowerPoint 选项】命令,然后在打开【PowerPoint 选项】对话框中单击【保存】选项,接着在右侧窗格中的【服务器草稿位置】文本框中输入新路径,再单

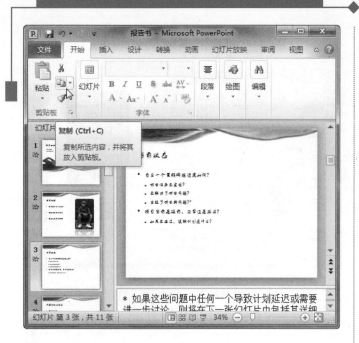

❷ 选择幻灯片的粘贴位置，然后在【开始】选项卡下的【剪切板】组中，单击【粘贴】按钮，如下图所示。

技巧

还可以在幻灯片浏览视图方式下单击要复制的幻灯片，并按住 Ctrl 键拖动鼠标，这时会出现一条竖线，鼠标指针旁边出现小加号，如下图所示。将鼠标拖动到目标位置后释放鼠标左键，完成幻灯片的复制操作。

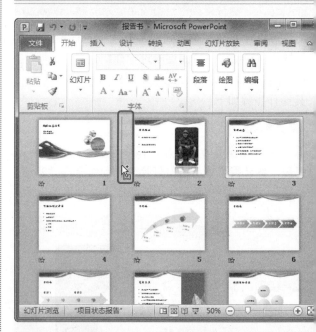

技巧

右击要复制的幻灯片，在弹出的快捷菜单中选择【复制幻灯片】命令，如右上图所示，然后在目标位置右击，从弹出的快捷菜单中选择【粘贴】命令，也可以复制粘贴幻灯片。

14.4.3 删除幻灯片

如果用户不小心复制错了不需要的幻灯片，可以右击错误的幻灯片，从弹出的快捷菜单中选择【删除幻灯片】命令，或者按 Delete 键将幻灯片删除，如下图所示。

复制图形对象时，使用 Ctrl + D 组合键即可完成【复制】、【粘贴】两步操作；如果对复制对象调整了位置，则对复制对象按下 Ctrl + D 组合键时，不仅可以复制该对象，该对象的移动操作也会被复制。

② 输入完毕后，在文本框以外的其他地方单击，即可将文本保存在文本框中，如下图所示。

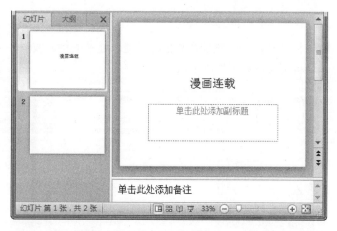

③ 单击"单击此处添加备注"提示框，输入副标题，如下图所示。

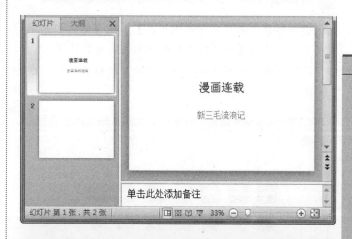

技巧

　　若要删除多张连续的幻灯片，请单击要删除的第一张幻灯片，再在按住 Shift 键的同时单击要删除的最后一张幻灯片，右键单击选择的任意幻灯片，再选择【删除幻灯片】命令。若要选择并删除多张不连续的幻灯片，可以在按住 Ctrl 键的同时单击要删除的每张幻灯片，然后右键单击选择的任意幻灯片，再选择【删除幻灯片】命令。

14.5　编辑幻灯片

　　幻灯片添加完成后，下面将介绍如何编辑幻灯片，包括向幻灯片中输入文本、设置字体格式和段落格式等。

14.5.1　在幻灯片中输入文本

　　下面先来介绍如何向幻灯片中输入文本，其操作如下。

操作步骤

　　新建一个演示文稿，然后插入需要的幻灯片，接着选中要输入文本的幻灯片，这里选中幻灯片 1，再将光标添加到占位符中，开始输入文本内容，如右上图所示。

14.5.2　编辑幻灯片文本

　　如果发现输入的标题太靠近幻灯片底部，该怎么办呢？别急，下面就来告诉大家如何移动标题内容，其操作步骤如下。

在放映过程中，如果需要临时跳到某一张，并且用户知道是第几张，例如是第 6 张，可以直接按键盘上的　"6"　再按 Enter 键。

245

学以致用系列丛书

操作步骤

1 在幻灯片中单击显示标题的文本框，然后将鼠标指针移动到文本框的边框线上，当指针变成 ✛ 形状时，按住鼠标左键不放并向上方拖动，如下图所示。

2 拖动到目标位置后释放鼠标左键，选中的标题被移动过来，如下图所示。

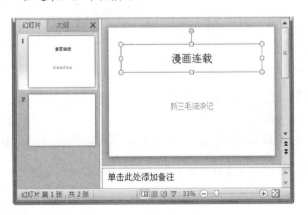

3 选中标题，然后在【绘图工具】下的【格式】选项卡下，单击【形状样式】组中的【其他】按钮 ▾，从弹出的下拉列表中选择需要的形状样式，如下图所示。

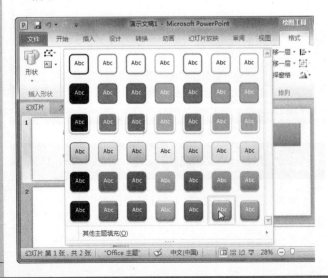

4 在【绘图工具】下的【格式】选项卡中，单击【形状样式】组中的【形状效果】按钮，从打开的菜单中选择【发光】命令，接着从打开的子菜单中选择发光效果，如下图所示。

5 在【绘图工具】下的【格式】选项卡下，单击【艺术字样式】组中的【其他】按钮 ▾，从弹出的下拉列表中选择需要的字体样式，如下图所示。

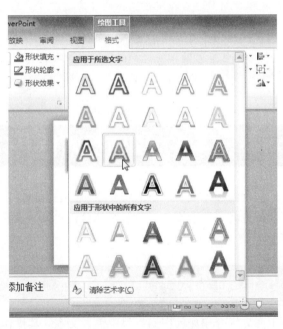

6 在【绘图工具】下的【格式】选项卡下，单击【艺术字样式】组中的【文本填充】按钮，从弹出的下拉列表中选择文本的填充颜色，这里选择【橄榄色】选项，如下图所示。

自动显示/隐藏指针和按钮：放映演示文稿时，按 Ctrl+U 组合键后，如果过一段时间不使用鼠标，系统将自动隐藏屏幕上的指针和按钮，当再次移动鼠标时，指针和按钮又会自动显示出来。

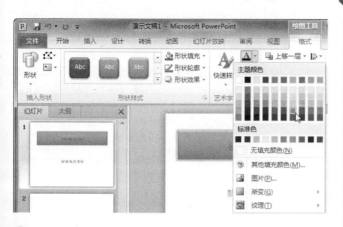

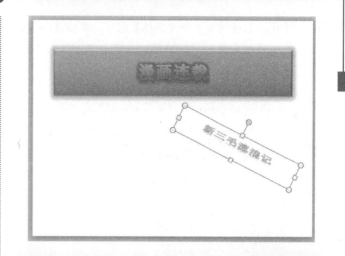

7 在【绘图工具】下的【格式】选项卡下，单击【艺术字样式】组中的【文本效果】按钮，从打开的菜单中选择【发光】命令，接着从打开的子菜单中选择文本发光效果，如下图所示。

14.5.3 设置字体和段落格式

如果想设置与众不同的标题样式，可以通过设置标题的字体格式与段落格式，逐步编辑标题。下面将一一进行讲解。

1. 设置字体格式

首先来介绍如何在幻灯片中设置字体格式，其操作步骤如下。

操 作 步 骤

1 在幻灯片中选中要设置的文本，然后在【开始】选项卡下的【字体】组中，单击【字体】下拉列表框右侧的下拉按钮，从弹出的下拉列表中选择需要的字体样式，这里选择【华文行楷】选项，如下图所示。

8 编辑完成后，标题效果如下图所示。

同理，编辑副标题，其效果如右上图所示。

如果单击【幻灯片浏览视图】按钮时按下 Shift 键就可以切换到【讲义母版】视图。

❷ 在【开始】选项卡下的【字体】组中，单击【字号】下拉列表框右侧的下拉按钮，从弹出的下拉列表中选择需要的字体大小，如下图所示。

❸ 在【开始】选项卡下的【字体】组中，单击【字体颜色】按钮旁边的下三角按钮，从弹出的下拉列表中选择需要的字体颜色，这里选择【橙色】选项，如下图所示。

❹ 在【开始】选项卡下的【字体】组中，单击【加粗】按钮加粗文本，如下图所示。

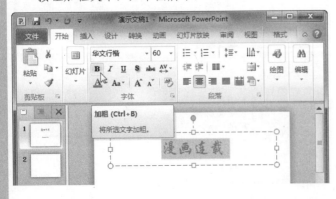

❺ 在【开始】选项卡下的【字体】组中，单击【倾斜】按钮，如下图所示。

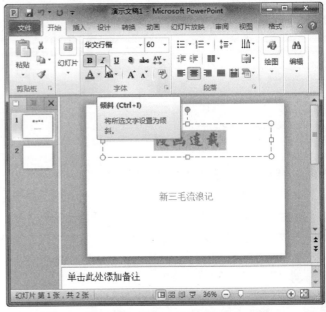

技巧

在【开始】选项卡下的【字体】组中，单击对话框启动器按钮 □ ，则会弹出【字体】对话框，在【字体】选项卡下面可以快速设置字体样式、大小以及颜色等内容，如下图所示。在【字符间距】选项卡下可以设置字符之间的距离。

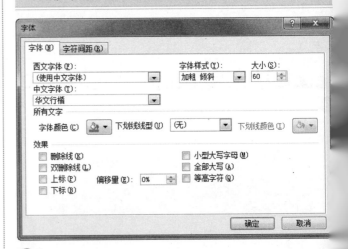

❻ 如果对设置的字体效果不满意，可以在【开始】选项卡下的【字体】组中，单击【清除所有格式】按钮，清除设置的字体效果，再重新进行设置，如下图所示。

阅读视图中显示的页面设计用于很好地适应屏幕的显示，但是这些页面不代表打印文档时所看到的页面。若要以实际打印时的效果显示页面，请单击【阅读版式】工具栏上的"实际页数"。

前】、【段后】间距为【6 磅】。

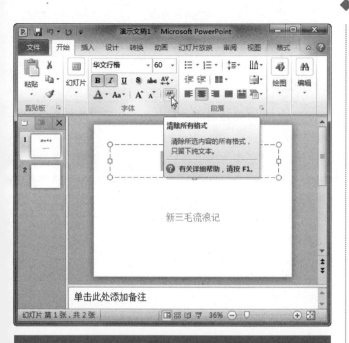

2．设置段落格式

在幻灯片中设置段落格式的方法如下。

操作步骤

① 在幻灯片中选中要设置段落格式的文本内容，然后在【开始】选项卡下的【段落】组中，单击对话框启动器按钮，如下图所示。

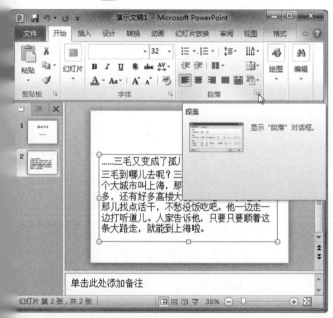

② 弹出【段落】对话框，切换到【缩进和间距】选项卡，然后设置【对齐方式】为【左对齐】，在【特殊格式】下拉列表框中单击下拉按钮，从弹出的下拉列表中选择【首行缩进】选项，接着在【行距】下拉列表框中单击下拉按钮，从弹出的下拉列表中选择【单倍行距】选项，如右上图所示，再设置【段

③ 单击【确定】按钮，设置段落格式后的效果如下图所示。

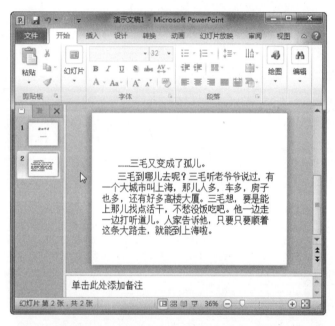

14.6　思考与练习

选择题

1. PowerPoint 2010演示文稿保存以后，默认的文件扩展名是_____。

    A．PPT　　　　　　　B．EXE
    C．BAT　　　　　　　D．PPTX

2. "PowerPoint 视图"这个名词表示_____。

    A．一种图形
    B．显示幻灯片的方式
    C．编辑演示文稿的方式
    D．一张正在修改的幻灯片

3. 在_____方式下能实现在一个屏幕中显示多张幻

灯片。

   A. 幻灯片视图　　　　　　B. 大纲视图
   C. 幻灯片浏览视图　　　　D. 备注页视图

4. 在＿＿＿中有幻灯片的三个视图切换按钮。

   A. 状态栏　　　　　　　　B. 标题栏
   C. 选项卡　　　　　　　　D. 组

5. 在 PowerPoint 2010 程序中，可以通过按 Ctrl 和
   ＿＿＿键来新建一个 PowerPoint 演示文稿。

   A. S　　　　　　　　　　B. M
   C. N　　　　　　　　　　D. O

6. 在 PowerPoint 2010 程序中，可以通过按 Ctrl 和
   ＿＿＿键来添加新幻灯片。

   A. S　　　　　　　　　　B. M
   C. N　　　　　　　　　　D. O

操作题

   1. 由模板快速创建一个古典型相册，将其名字保存为"怀旧"。

   2. 在"怀旧"电子相册上修改相册标题。要求：主标题的名字是"电子相册"，格式为"艺术字强调文字颜色6，字号为48，宋体"的格式。副标题的名字是"吴尊"，格式为"艺术字强调文字颜色3，内部阴影，字号40，宋体"。

快捷键：按 Ctrl+Shift+V 组合键，可以粘贴文本格式；按 Ctrl+E 组合键，可以居中对齐段落；按 Ctrl+J 组合键，可以使段落两端对齐。

第 15 章

美轮美奂——丰富幻灯片内容

为了提高工作质量，读者需要向创建的演示文稿中插入图形图像、插入声音与影片、添加旁白等内容，这就是本章将要介绍的内容。相信通过对本章的学习，读者将能够制作出一份出色的演示文稿。

 学习要点

- ❖ 插入图形图像
- ❖ 插入页眉/页脚
- ❖ 插入相册
- ❖ 插入声音
- ❖ 插入视频
- ❖ 添加旁白
- ❖ 设置幻灯片背景
- ❖ 应用主题

 学习目标

通过对本章的学习，读者首先应该掌握一些丰富幻灯片内容的方法，例如插入图形、设置页眉/页脚、插入声音与影片等操作；其次要求掌握插入相册功能，并能快速创建相册文档；最后要求掌握一些幻灯片美化操作，例如设置幻灯片背景、应用主题样式等。

15.1 插入图形图像

本节将为大家介绍如何在幻灯片中插入图形图像，下面一起来学习吧！

15.1.1 插入图片

在幻灯片中插入图片的操作步骤如下。

操作步骤

① 在演示文稿中选择需要插入图片的幻灯片，这里选择幻灯片 1，然后在【插入】选项卡下的【插图】组中，单击【图片】按钮，如下图所示。

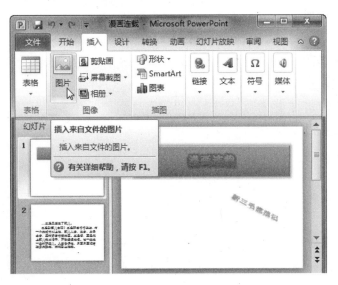

② 弹出【插入图片】对话框，选择要插入的图片，再单击【插入】按钮，如下图所示。

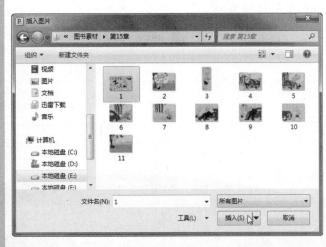

③ 图片被插入到幻灯片 1 中，如右上图所示。

④ 将光标移动到插入的图片上，然后按住鼠标左键拖动，移动图片位置，如下图所示。

⑤ 选中图片，然后在【图片工具】下的【格式】选项卡中，单击【调整】组中的【颜色】按钮，在弹出的列表中设置图片颜色参数，如下图所示。

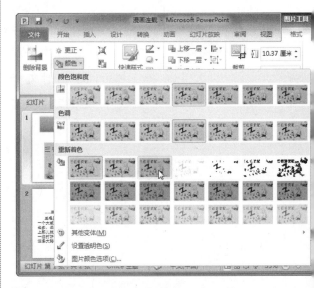

⑥ 在【图片工具】下的【格式】选项卡中，单击【调整】组中的【更正】按钮，从弹出的列表中设置亮度和对比度，如下图所示。

如果用户选择的幻灯片版式包含图片，需要插入图片时，只需要切换到该幻灯片，然后在右侧的幻灯片窗格中单击【插入来自文件的图片】图标，接着在打开的【插入图片】对话框中选择需要的图片即可。

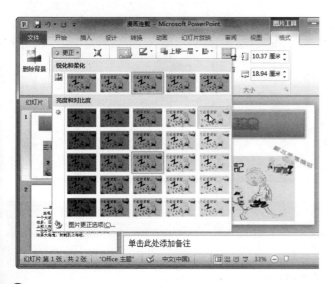

❼ 在【格式】选项卡的【调整】组中，单击【艺术效果】按钮，从弹出的列表中选择要使用的艺术效果，如下图所示。

❽ 在【格式】选项卡的【排列】组中，单击【对齐】按钮，从弹出的列表中选择【左右居中】和【底端对齐】命令，如下图所示。

选择【右对齐】和【底端对齐】命令。

❾ 这时即可发现图片被移动到幻灯片底端了，如右上图所示。

除了使用上述方法逐步设置图片格式外，还可以在【图片工具】下的【格式】选项卡中，单击【对话框启动】按钮，弹出【设置图片格式】对话框，在左侧窗格中单击某选项，在右侧窗格中设置相应参数，如下图所示，设置完毕后，单击【关闭】按钮，返回演示文稿。

15.1.2　插入自选图形

在幻灯片中插入自选图形的操作步骤如下。

操作步骤

❶ 在演示文稿中选择要插入自选图形的幻灯片，然后在【插入】选项卡下的【插图】组中，单击【形状】

对插入的图片进行编辑后，如果用户不满意设置的效果，想要重新设置图片，则不需要一直单击【撤销操作】按钮销多次操作，只需要在【图片工具】下的【格式】选项卡中，单击【调整】组中的【重设图片】命令，然后重新设置片。

按钮，从弹出的列表中选择【云形标注】选项，如
下图所示。

❷ 在幻灯片中拖动鼠标，插入云形标注图形，如下图
所示。

❸ 右击图形，从弹出的快捷菜单中选择【编辑文字】
命令，如下图所示。

❹ 在图形中输入文本内容，如右上图所示。再通过【字
体】组中的按钮设置字体格式，完成后在幻灯片的
其他位置处单击即可。

15.1.3 插入剪贴画

插入剪贴画的方法与插入图片的方法相似，下面简
单介绍一下。

操作步骤

❶ 在演示文稿中选择要插入剪贴画的幻灯片，然后在
【插入】选项卡下的【插图】组中，单击【剪贴画】
按钮，如下图所示。

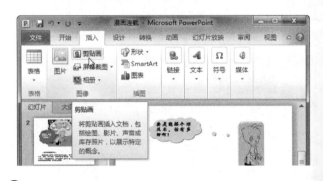

❷ 打开【剪贴画】窗格，然后在【搜索文字】文本框
中输入要搜索的文字，再单击【搜索】按钮，接着
在列表框中单击要插入到幻灯片中的剪贴画，如下
图所示。

❸ 这样，选中的剪贴画就被插入到幻灯片中了，如

PowerPoint 也可做图形处理，其实在 PowerPoint 中右击任何内容都可以执行【另存为图片】命令，这样是不是更值
图形处理软件了。

图所示。

❹ 选中剪贴画，然后在【图片工具】下的【格式】选项卡中，调整【大小】组中的【高度】和【宽度】值来改变剪贴画的大小，如下图所示。

❺ 参考前面的方法，设置图片格式，最终效果如下图所示。

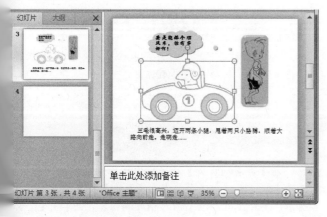

15.1.4 插入屏幕截图

使用【屏幕截图】功能可以截取当前活动窗口或是电脑桌面上的图像，将其插入到幻灯片中，具体操作步骤如下。

操 作 步 骤

❶ 把光标定位在需要插入图形的位置，然后在【插入】选项卡下的【插图】组中，单击【屏幕截图】按钮旁边的下三角按钮，从打开的菜单中选择【屏幕剪辑】命令，如下图所示。

❷ 此时的屏幕已被冻结，按住鼠标左键并拖动鼠标，即可形成矩形区域，如下图所示。

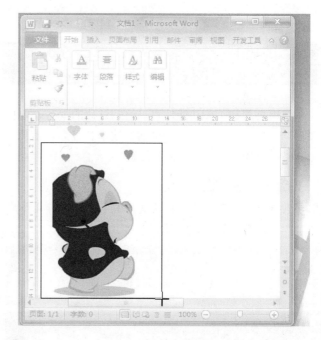

❸ 松开鼠标左键，插入截取的图片，效果如下图所示。

使用 PowerPoint 本身自带的【图表】命令制作出来的图表，一般都不太美观，大大影响了课件的精美程度。其实，用户可以借用 Swiff Chart 3 Pro Evaluation 来制作精美的图表，然后再将这些图表导入 PowerPoint 中。

255

④ 参考前面的方法，设置图片格式，并将图片移动到
幻灯片的右下角，效果如下图所示。

15.2　插入页眉/页脚

使用页眉和页脚功能，可以将幻灯片的编号、时间
和日期、演示文稿标题或文件名、演示者姓名等信息添
加到幻灯片的底部，其操作步骤如下。

操作步骤

① 在【插入】选项卡下的【文本】组中，单击【页眉
和页脚】按钮，如下图所示。

② 弹出【页眉和页脚】对话框，切换到【幻灯片】选
项卡，然后选中【页脚】复选框，接着在文本框中

输入脚本内容，如果要在页脚中显示日期和幻灯片
编号，可以选中【日期和时间】和【幻灯片编号】
复选框，最后单击【全部应用】按钮，如下图所示。

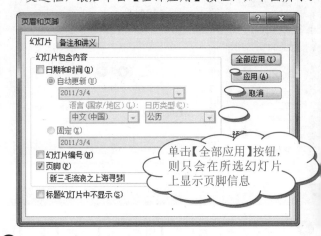

单击【全部应用】按钮，
则只会在所选幻灯片
上显示页脚信息

③ 这时，在所有幻灯片底部都添加了页脚信息，如下
图所示。

提示

在默认情况下，幻灯片不包含页眉，但是用户可
以将页脚占位符移动到页眉位置。

技巧

在【页眉和页脚】对话框中切换到【备注和讲义】
选项卡，然后选中【页眉】和【页脚】复选框，如下图
所示，接着在文本框中输入相应的内容，再单击【全部
应用】按钮在备注和讲义中添加页眉和页脚信息。

在 PowerPoint 中，按住 Ctrl+Shift+ "幻灯片浏览视图" 按钮则可以把演示文稿显示为大纲模式；Ctrl+Shift+ "幻灯
放映" 按钮会打开一个【设置放映方式】对话框。

15.3 插入相册

通过创建相册，可以展示个人照片或工作照片。其操作步骤如下。

操作步骤

1️⃣ 在【插入】选项卡下的【插图】组中，单击【相册】按钮，从打开的菜单中选择【新建相册】命令，如下图所示。

2️⃣ 弹出【相册】对话框，然后在【插入图片来自】组中单击【文件/磁盘】按钮，如下图所示。

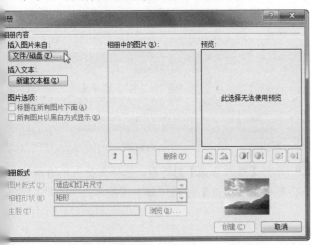

3️⃣ 弹出【插入新图片】对话框，按住 Ctrl 键选择要插入的图片，再单击【插入】按钮，如下图所示。

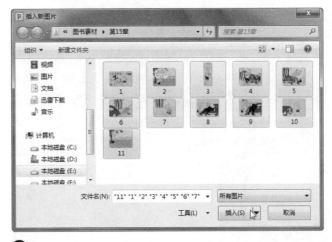

4️⃣ 返回【相册】对话框，在【相册中的图片】列表框中选择图片，然后单击【新建文本框】按钮，添加文本框，再单击【创建】按钮，如下图所示。

5️⃣ 创建的相册如下图所示。

快捷键：按 Tab 键，可以选择电子邮件头的下一个框，如果电子邮件头的最后一个框处于激活状态，则选择邮件正；按下 Shift+Tab 组合键，可以选择邮件头中的前一个字段或按钮。

257

❻ 在【插入】选项卡下的【插图】组中，单击【相册】按钮，从打开的菜单中选择【编辑相册】命令，如下图所示。

❼ 弹出【编辑相册】对话框，单击【图片版式】下拉列表框右侧的下拉按钮，从弹出的列表中选择【1张图片(带标题)】选项，如下图所示。

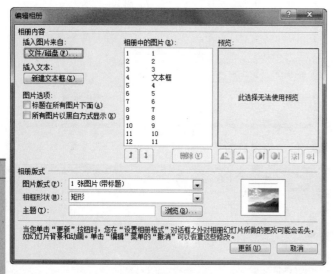

！注意

如果此选项不可用，则必须先为相册中的图片选择版式。

❽ 单击【更新】按钮，然后在普通视图方式下单击标题文本占位符，再键入标题内容，如右上图所示。

15.4 插入声音

要让人感到"耳目一新"，声音当然也就少不了了。下面我们将学习如何将声音插入幻灯片中，让您的幻灯片"动听"起来。

15.4.1 插入音频文件

在 PowerPoint 程序中，用户不仅可以插入剪辑管理器的声音文件，还可以插入硬盘中的音频文件，具体操作如下。

操作步骤

❶ 首先选择要插入声音的幻灯片，然后在【插入】选项卡的【媒体】组中，单击【音频】按钮旁边的下三角按钮，从打开的菜单中选择【文件中的音频】命令，如下图所示。

❷ 弹出【插入音频】对话框，选择要插入的音频文件，再单击【插入】按钮，如下图所示。

PowerPoint 中的快捷键，如单击"普通视图"按钮时，如果按下 Shift 键就可以切换到"幻灯片母版视图"，再单击一次"普通视图"按钮(不按 Shift 键)则可以切换回来。

❸ 这时会发现幻灯片中出现了一个小喇叭图标，它表示刚插入的声音文件，如下图所示。

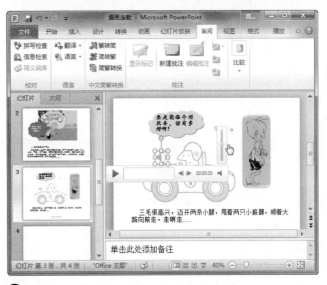

❷ 在【音频剪辑】工具栏中单击【播放/暂停】按钮，如下图所示。

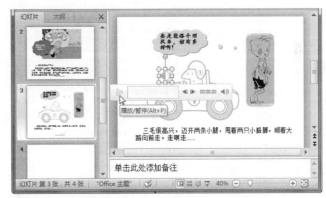

❸ 开始预览音频剪辑，如下图所示，再次单击【播放/暂停】按钮即可停止播放。

提示

删除音频剪辑的方法是先找到包含要删除的音频剪辑的幻灯片，然后在普通视图方式下单击声音图标 或 CD 图标 ，再按 Delete 键即可。

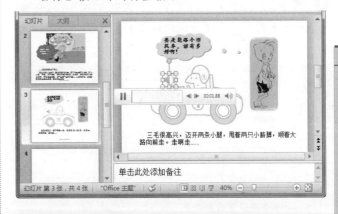

5.4.2　在幻灯片中预览音频剪辑

通过音频控制工具，可以在幻灯片中预览音频剪辑，体操作步骤如下。

操作步骤

在幻灯片上，选择代表声音的小喇叭，这时将会发现在幻灯片上出现一个【音频剪辑】工具栏，单击【声音】图标，从打开的列表中调整音频声音，如右上图所示。

15.4.3　控制声音播放

接下来介绍如何控制音频文件在幻灯片中的播放，具体操作步骤如下。

操作步骤

❶ 首先切换到含有音频文件的幻灯片，然后单击小喇

在 PowerPoint 2010 程序中兼容的音频文件有 AIFF 音频文件、AU 音频文件、MIDI 文件、MP3 音频文件、Windows 频文件和 Windows Media Audio 文件。

259

叭图标，接着在【音频工具】下的【播放】选项卡中，在【音频选项】组中单击【开始】选项，从打开的列表中选择【自动】选项，如下图所示。

❓ 提示

下面简单介绍【开始】下拉列表中三个选项的含义。

❖ 选择【自动】选项：在放映该幻灯片时自动开始播放音频剪辑。

❖ 选择【单击时】选项：通过在幻灯片上单击音频剪辑来手动播放。

❖ 选择【跨幻灯片播放】选项：在演示文稿中单击切换到下一张幻灯片时播放音频剪辑。

❷ 若要连续播放音频剪辑直至用户停止，请在【播放】选项卡下的【音频选项】组中，选中【循环播放，直到停止】复选框，如下图所示。

❸ 在【音频工具】下的【播放】选项卡中，在【音频选项】组中选中【放映时隐藏】复选框，可以隐藏音频剪辑图标，如下图所示。

15.5　插入视频

想不想制作"有声有色"的演示文稿呢？还等什么，赶快跟我一起插入视频剪辑吧。

15.5.1　插入视频文件

在 PowerPoint 程序中插入视频文件的操作与插入音频文件的操作相似，具体操作方法如下。

操作步骤

❶ 打开"公司宣传片"文件，选择要插入视频的幻灯片，接着在【插入】选项卡的【媒体】组中，单击【视频】按钮旁的下拉按钮，从打开的菜单中选择【文件中的视频】命令，如下图所示。

❷ 弹出【插入视频文件】对话框，选择要插入的视频文件，再单击【插入】按钮，如下图所示。

❓ 提示

如果要删除插入的影片，可以先选中这个影片，然后按 Delete 键将它删除。

15.5.2　设置视频

下面来设置视频格式吧，包括调整视频窗口的大小

iPod 和 Zune 都支持高级音频编码(AAC)文件格式。如果安装了正确的编解码器，则 PowerPoint 2010 将支持此文件格式。AAC 文件格式的编解码器示例包括 Apple QuickTime 播放器和 ffDShow。

移动视频位置、设置视频的音量、预览设置效果等。具体操作步骤如下。

操作步骤

❶ 将鼠标指针移动到视频窗格的控制点上，当指针变成双向箭头形状时，按住鼠标左键并拖动，调整视频窗口的大小，如下图所示。

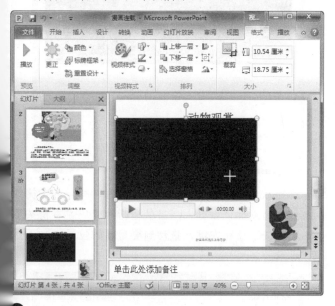

❷ 将鼠标指针移动到视频窗格上，当指针变成十字箭头形状时，按住鼠标左键并拖动，调整视频窗口的位置，如下图所示。

❸ 在【视频工具】下的【播放】选项卡中，在【视频选项】组中单击【开始】选项，从打开的列表中选择【自动】选项，如右上图所示。

❹ 设置视频的音量。在【视频工具】下的【播放】选项卡中，单击【视频选项】组中的【音量】按钮，并从打开的菜单中选择音量，如下图所示。

❺ 不播放时隐藏视频。在【播放】选项卡的【视频选项】组中，选中【未播放时隐藏】复选框，如下图所示。

❻ 若要在演示期间持续重复播放视频，可以使用循环播放功能。方法是在【播放】选项卡下的【视频选项】组中，选中【循环播放，直到停止】复选框。

❼ 设置完毕后，在【播放】选项卡下的【预览】组中，单击【播放】按钮，预览视频设置后的效果，如下图所示。同时，【播放】按钮变成【暂停】按钮，单击该按钮即可停止播放。

在 PowerPoint 2010 程序中兼容的视频文件格式有 Adobe Flash Media、Windows Media 文件、Windows 视频文件、电□文件、Windows Media Video 文件。

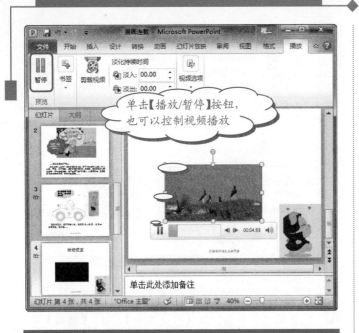

15.5.3 裁剪视频剪辑

通过裁剪视频剪辑，可以将不需要的视频部分去掉，以减少文件体积，具体操作步骤如下。

操作步骤

❶ 单击视频图标，然后在【视频工具】下的【播放】选项卡中，单击【编辑】组中的【剪裁视频】按钮，如下图所示。

❷ 弹出【剪裁视频】对话框，单击【播放】按钮，开始播放视频，选择要截取视频的开始位置，如右上图所示。

❸ 当播放到要裁剪位置时，将鼠标指针移动到左侧绿色的起点标记图标上，当鼠标指针变成左右箭头形式时按下鼠标左键，拖动到要剪裁的位置，如下图所示。

❹ 将鼠标指针移动到右侧红色的终点标记图标上，当鼠标指针变成左右箭头形式时按住鼠标左键，拖动到要剪裁的结束位置，如下图所示。

✅ 技巧 ❄

在视频放映过程中，若用户记得要保留视频的开始时间和结束时间位置，可以直接在【剪裁视频】对话框的【开始时间】和【结束时间】数值框中输入数值，再单击【确定】按钮保存即可。

如果安装了 Apple QuickTime 播放器，则可以在 PowerPoint 2010 程序中播放 .mp4、.mov 和 .qt 格式的视频。

最后单击【确定】按钮，保存剪裁的视频，如下图所示。

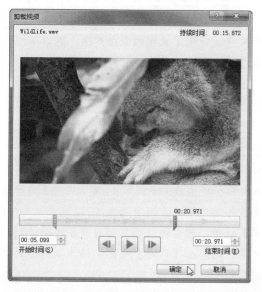

15.6　添加旁白

如果找不到需要的音频文件，那就自己动手录制吧，其操作步骤如下。

.6.1　录制旁白

要插入旁白，首先要录制旁白，需要做的准备工作将麦克风或者话筒连接到电脑上，并且做好相关的设不同的电脑会有不同的设置，请您根据情况自行设这里不再赘述。

1．录制旁白

通过【幻灯片放映】选项卡中的【录制旁白】命令，可以在放映幻灯片的同时，录制旁白，让添加的旁白与幻灯片放映同步。

操作步骤

❶ 首先选择要添加旁白的幻灯片，然后在【幻灯片放映】选项卡下的【设置】组中，单击【录制幻灯片演示】按钮旁边的下三角按钮，从打开的菜单中选择【从头开始录制】命令，如下图所示。

❷ 弹出【录制幻灯片演示】对话框，设置【开始录制之前选择想要录制的内容】选项，再单击【开始录制】按钮，如下图所示。

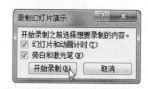

❸ 弹出【录制】对话框，开始录制旁白，并在对话框中显示旁白的录制时间，如下图所示。

❹ 在幻灯片上单击鼠标左键，翻到下一张幻灯片，开始录制该幻灯片的旁白，如下图所示。

如果将视频设置为全屏显示并自动启动，则可以将视频帧从幻灯片上拖动到灰色区域，这样在视频全屏播放之前，将不会显示在幻灯片上或出现短暂的闪烁。

……三毛又变成了孤儿。

三毛到哪儿去呢？三毛听老爷爷说过，有一个大城市叫上海，那儿人多，车多，房子也多，还有好多高楼大厦。三毛想，要是能上那儿找点活干，不愁没饭吃吧。他一边走一边打听道儿。人家告诉他，只要只要顺着这条大路走，就能到上海啦。

❺ 旁白录制完成后，按 Esc 键返回【幻灯片浏览】视图方式，即可在幻灯片左下角看到每张幻灯片录制旁白的时间，如下图所示。

2. 使用【录制音频】命令录制旁白

通过【插入】选项卡中的【录制音频】命令也可以插入旁白，具体操作如下。

操作步骤

❶ 首先选择要插入旁边的幻灯片，然后在【插入】选项卡的【媒体】组中，单击【音频】按钮旁边的下三角按钮，从打开的菜单中选择【录制音频】命令，如下图所示。

❷ 弹出【录音】对话框，然后在【名称】文本框内输入名称，如右上图所示。

❸ 单击【录音】按钮，就可以通过话筒将要录制的容输入到幻灯片中了，如下图所示。

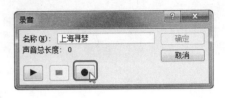

❹ 录制完毕，单击【停止】按钮，如下图所示。

❺ 如果想试听刚才录制的旁白效果，可以单击下图的【播放】按钮来播放录制的旁白。

❻ 如果要停止播放录制的声音，可以单击【停止】按钮。

❼ 如果不满意刚才录制的声音，可以单击上图中的【取消】按钮，然后再按照前面的步骤重新录制。如满意，则单击【确定】按钮，将录制的旁边插入幻灯片中。

注意

如果添加了多个音频剪辑，则会层叠在一起，按照添加顺序依次播放。如果希望每个音频剪辑都在单击时播放，请在插入音频剪辑后拖动声音剪辑图标，使它们互相分开。

15.6.2　隐藏旁白

旁白录制完成后，如果不想在放映时播放旁白，以先切换到该旁白所在的幻灯片，然后在【幻灯片放选项卡下的【设置】组中，取消选中【播放旁白】复框，让旁白隐藏起来，如下图所示。

如果要在录制旁白的过程中暂停录制或者继续录制，可以用鼠标右键单击幻灯片，在打开的快捷菜单中选择【旁白】或者【继续旁白】命令。

当用户不再需要使用旁白时，可以在选中旁白声音图标后，按 Delete 键将其删除。

15.7　设置幻灯片背景

在默认情况下，幻灯片的背景是白色的，用户可以根据需要给幻灯片添加上填充颜色或是其他填充效果，下面一起来研究一下。

15.7.1　设置幻灯片的背景颜色

在很多情况下，需要相对单调的背景，比如进行比较时，就需要背景不突出，在这种情况下，使用纯色作为背景色是最佳的选择。

操作步骤

在【设计】选项卡下的【背景】组中，单击【背景样式】按钮，从弹出的列表中选择【样式 11】选项，如下图所示。

结果如右上图所示。

15.7.2　设置幻灯片的填充效果

如果用户觉得上面所做的纯色背景比较单调时，可以通过下面将要学习的内容，对幻灯片进行美化。

操作步骤

1 在【设计】选项卡下的【背景】组中，单击【背景样式】按钮，从弹出的列表中选择【设置背景格式】命令，如下图所示。

2 弹出【设置背景格式】对话框，在左侧导航窗格中单击【填充】选项，然后在右侧窗格中选中【图片或纹理填充】单选按钮，接着单击【纹理】按钮，从弹出的列表中选择【水滴】选项，如下图所示。

为了使文字与旁白一起出现，可以采用【自定义动作】中按字母形式的向右擦除或溶解的动画形式。但若是一大段字采用这种方式则字的出现速度还是太快。这时可将一段文字分成一行一行的文字块，甚至是几个字一个文字块，再按顺序设置每个字块中字的动画形式为按字母向右擦除或溶解，并在时间项中设置与前一动作间隔为 1～3 秒，这样使文字的出现速度和旁白的一致了。

265

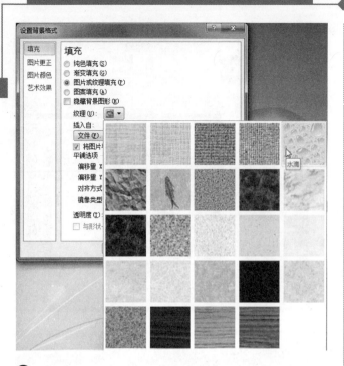

❸ 设置完成后，单击【关闭】按钮，设置的背景效果只使用与当前选中的幻灯片，如下图所示。

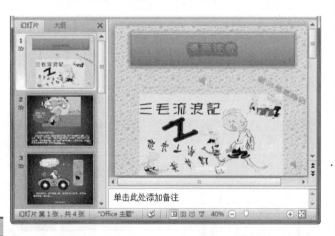

❹ 单击【全部应用】按钮，则可以把刚才所设置的纹理填充应用到全部的幻灯片中，其效果如下图所示。

15.8 应 用 主 题

通过应用文档主题(主题是指一组统一的设计元素，使用颜色、字体和图形设置文档的外观)，用户可以快速而轻松地设置整个文档的格式，赋予其专业和时尚的外观。文档主题是一组格式选项，包括一组颜色、一组字体(包括标题字体和正文字体)和一组效果(包括线条和填充效果)。

15.8.1 自动套用主题

PowerPoint 提供了多种设计主题，包含协调配色方案、背景、字体样式和占位符位置。使用预先设计的主题，可以轻松快捷地更改演示文稿的整体外观。

默认情况下，PowerPoint 会将普通 Office 主题应用于新的空演示文稿。但是，用户也可以通过应用不同的主题来轻松地更改演示文稿的外观。

操 作 步 骤

❶ 在【设计】选项卡下的【主题】组中，单击【其他】按钮，接着从打开的列表中选择一种主题样式，如下图所示。

❷ 这时即可发现选择的主题效果应用到演示文稿了，效果如下图所示。

快捷键：按 Tab 键，可以转到幻灯片上的第一个或下一个超链接；按 Shift+Tab 组合键，可以转到幻灯片上的最后一个或上一个超链接。

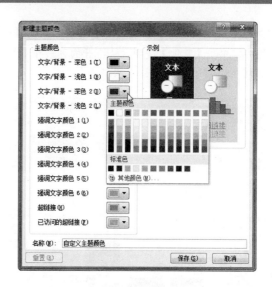

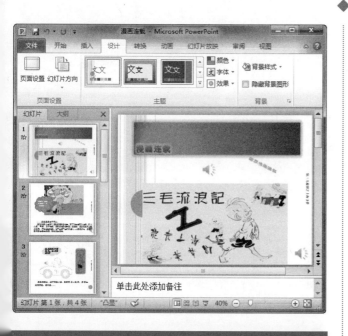

15.8.2　自定义主题

在 PowerPoint 2010 程序中，用户可以通过设置主题颜色和字体自定义新主题，具体操作步骤如下。

操作步骤

❶ 在【设计】选项卡下的【主题】组中，单击【颜色】按钮，从打开的列表中选择主题颜色，如下图所示。

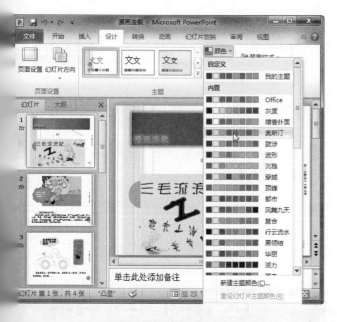

❷ 在【设计】选项卡下的【主题】组中，单击【字体】按钮，从打开的列表中选择主题字体，如下图所示。

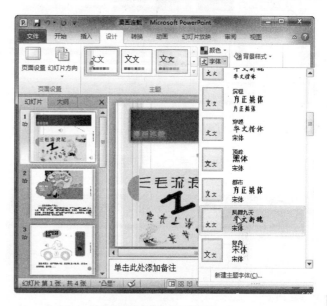

技巧

如果用户在上图中没有找到需要的字体选项，可以选择【新建主题字体】命令，弹出【新建主题字体】对话框，在这里自定义主题字体，如下图所示。

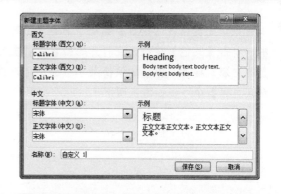

技巧

若在步骤 1 中选择【新建主题颜色】命令，则会弹出【新建主题颜色】对话框，在这里可以自定义主题颜色，如右上图所示。

快捷键：按 Shift+F10 组合键(相当于单击鼠标右键)，可以显示右键快捷菜单。

学以致用系列丛书

❸ 保存自定义的主题。在【设计】选项卡下的【主题】组中，单击【其他】按钮，从打开的列表中选择【保存当前主题】命令，如下图所示。

❹ 弹出【保存当前主题】对话框，然后在【文件名】文本框中输入主题名称，再单击【保存】按钮，如下图所示。

❺ 设置默认主题。在【设计】选项卡下的【主题】组中，单击【其他】按钮，在打开的列表中右击自定义的主题，接着从弹出的快捷菜单中选择【设置为默认主题】命令，如右上图所示。

❻ 删除自定义的主题。在【设计】选项卡下的【主题】组中，单击【其他】按钮，在打开的列表中右击要删除的主题，接着从弹出的快捷菜单中选择【删除】命令，如下图所示。

❼ 弹出如下图所示的对话框，询问是否删除此主题，单击【是】按钮即可。

15.9 思考与练习

选择题

1. 插入到幻灯片中的影片_____通过鼠标自由控播放。

    A. 可以　　　　　　　　B. 不可以

快捷键：按 B 或句号键，显示黑屏或从黑屏返回幻灯片放映；按 W 或逗号键，显示白屏或从白屏返回幻灯片放映；按 S 或加号键，将停止或重新启动自动幻灯片放映程序。

2. 插入声音后，在幻灯片中会出现_____图标。

　　A. 　　　　　　B.

　　C. 　　　　　　D.

3. 选中幻灯片中的影片或者声音后，按下_____键可以将它删除。

　　A. Enter　　　　　　B. Backup

　　C. Delete　　　　　　D. Ctrl

4. 　幻灯片可以设置_____所列的背景。

　　(1)纯色　　　(2)图片　　　(3)纹理

　　(4)音乐　　　(5)影片　　　(6)渐变

　　A. (1)、(2)、(3)、(6)

　　B. (1)、(3)、(4)、(5)

　　C. (1)、(2)、(3)、(5)

　　D. (1)、(2)、(3)、(4)、(5)、(6)

操作题

1. 新建一个名称为"练习"的演示文稿，并完善演示文稿的内容。

2. 设置幻灯片背景，效果如下图所示。

3. 在幻灯片中插入影片。

学以致用系列丛书

在 PowerPoint 中按 F5 键，然后按照设计的方式使用 PowerPoint，如果你已经在使用三分屏的模式，按 Shift + F5 组键，就能够从当前的幻灯片开始进行播放。

长见识　269

第 16 章

曲艺奇妙——设计动感幻灯片

模板是 PPT 中重要的组成部分，它内含了片头的动画、目录、片尾的动画、封底过渡页等页面，使 PPT 的文稿更加的美观、清晰，这样不仅能提高读者的学习速率，而且还便利了读者可以直接的应用模板，方便了读者对图表、文字等内容的处理。

 学习要点

- ❖ 设计幻灯片母版
- ❖ 管理幻灯片母版
- ❖ 给幻灯片添加动画效果
- ❖ 增加幻灯片的切换效果
- ❖ 使用设计模板

学习目标

通过对本章的学习，读者首先应该掌握幻灯片母版的编辑技巧；其次要求掌握给幻灯片添加动画效果以及幻灯片切换效果的方法；最后要求掌握模板的创建及使用方法。

16.1 设计幻灯片母版

为了使演示文稿具有统一的外观，经常会使用母版设置每张幻灯片的预设格式，这些格式包括：每张幻灯片都要出现的文本或图形、标题文本的大小、位置以及各个项目符合的样式等。

16.1.1 了解母版类型

母版定义演示文稿中所有幻灯片或页面格式的幻灯片视图或页面，主要有三种类型，分别是幻灯片母版、讲义母版和备注母版。

❖ 幻灯片母版：幻灯片母版是模板的一部分，它存储的信息包括：文本和对象在幻灯片上的放置位置、文本和对象占位符的大小、文本样式、背景、颜色主题、效果和动画。如果将一个或多个幻灯片母版另存为单个模板文件(.potx)，将生成一个可用于创建新演示文稿的模板。每个幻灯片母版都包含一个或多个标准或自定义的版式集。

❖ 讲义母版：PowerPoint 提供了讲义的制作方式，用户可以将幻灯片的内容以多张幻灯片为一页的方式打印成听众文件，直接发给听众使用，而不需要自行将幻灯片缩小再合起来打印。讲义模板用于控制讲义的打印格式，还可以在讲义母版的空白处加入图片、文字说明等内容。

❖ 备注母版：备注的最主要功能是进一步提示某张幻灯片的内容。通常情况下，演示文稿中每张幻灯片的文本内容都比较简练，演讲者可以事先将补充的内容放在备注中，备注可以单独打印出来。备注模板就是设置备注的预设格式，使多数备注有统一的外观。

16.1.2 设计母版

每个演示文稿的每个关键组件(幻灯片、标题幻灯片、演讲者备注和听众讲义)都有一个母版。用户可以对母版的页眉/页脚和占位符进行移动、调整大小和格式设置。下面一起来研究一下吧。

要使用统一风格的幻灯片，需要先设置幻灯片母版，然后将其保存为演示文稿模板。下面就来看看如何设置幻灯片母版吧！

操作步骤

1 打开需要编辑幻灯片母版的演示文稿，然后在【视图】选项卡下的【母版视图】组中，单击【幻灯片母版】按钮，如下图所示。

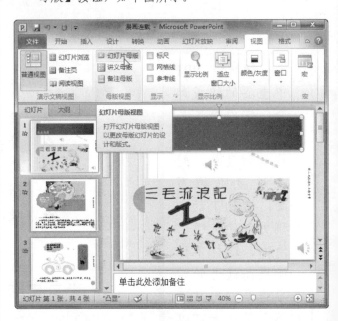

2 此时会进入幻灯片母版编辑状态，并在功能区中出现【幻灯片母版】选项卡，如下图所示。

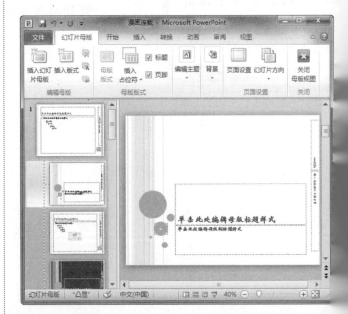

3 在【幻灯片母版】选项卡下的【背景】组中，单击对话框启动器按钮，如下图所示。

母版功能让我们一劳永逸，并且位于母版上的图片或文字在普通视图上无法修改，避免了误操作的发生。

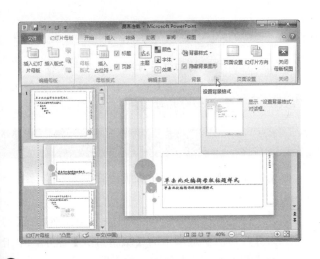

入页脚信息，如下图所示。最后单击【全部应用】按钮，将设置的页眉应用到所有幻灯片。

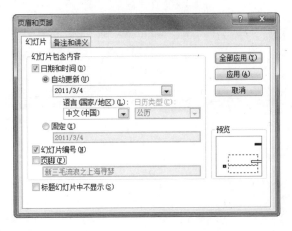

4 弹出【设置背景格式】对话框，在左侧导航窗格中单击【填充】选项，然后在右侧窗格中选中【渐变填充】单选按钮，接着单击【预设颜色】按钮，从弹出的下拉列表中选择图形样式，如下图所示。

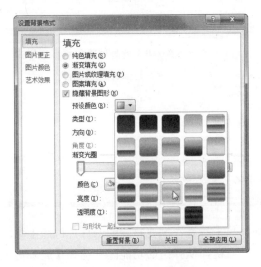

8 在幻灯片 1 中右击标题的占位符，从弹出的快捷菜单中选择【字体】命令，如下图所示。

5 单击【关闭】按钮，效果如下图所示。

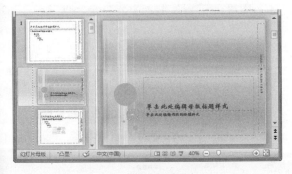

9 弹出【字体】对话框，然后在【中文字体】下拉列表框中选择【华文新魏】选项，在【字体颜色】下拉列表框中选择【橙色】选项，在【字体样式】下拉列表框中选择【常规】选项，字体大小设置为"30"，如下图所示，最后单击【确定】按钮。

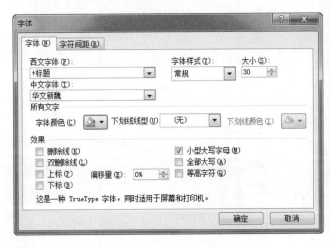

6 在【插入】选项卡下的【文本】组中，单击【页眉和页脚】按钮，打开【页眉和页脚】对话框。

7 在【幻灯片】选项卡下选中【日期和时间】复选框，然后选中【自动更新】单选按钮，再选中【幻灯片编号】和【页脚】复选框，并在下面的文本框中输

10 同理，设置幻灯片片中其他占位符中的字体格式。

11 母版编辑完毕后，可以通过在【幻灯片母版】选项

母版是模板的一部分，创建的母版是可以保存成模板格式的，这样可以更好地提高效率。

学以致用系列丛书

卡下的【关闭】组中，单击【关闭母版视图】按钮来退出幻灯片母版窗口，如下图所示。

16.1.3 管理幻灯片母版

前面讲过了如何设置幻灯片母版，接下来介绍如何管理幻灯片母版。在【幻灯片母版】选项卡下有一个【编辑母版】组，下面就以该组中的按钮为例进行说明。

1. 插入幻灯片母版

在【幻灯片母版】选项卡的【编辑母版】组中单击【插入幻灯片母版】按钮就可以插入一个新的母版，如下图所示。读者可以按照前面讲过的方法对编号为"2"的幻灯片母版进行相应的设置。这里不再赘述。

？提示

在编号为"1"的幻灯片母版上面单击鼠标右键，从弹出的快捷菜单中选择【插入幻灯片母版】命令也可以插入一个新的幻灯片母版。

2. 删除幻灯片母版

如果不需要那么多主题的母版，就删除它们，有两种方法。

❖ 一种是选择需要删除的幻灯片母版，然后在【幻灯片母版】选项卡的【编辑母版】组中，单击【删除幻灯片】按钮，如下图所示。

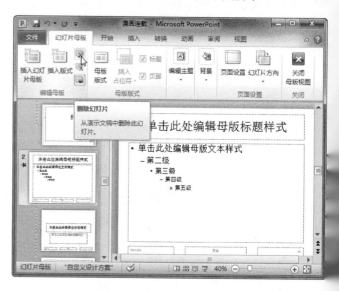

❖ 另一种是在需要删除的幻灯片母版上单击鼠标右键，从弹出的功能区中选择【删除母版】选项，如下图所示。

快捷键：按Ctrl+U组合键，可以应用下划线；按Ctrl+I组合键，可以应用斜体格式；按Ctrl+等号组合键，可以应用下标格式(自动调整间距)。

3. 重命名幻灯片母版

如果创建的幻灯片母版太多了，不好区别，可以将母版重命名。方法有两种。

(1) 使用工具栏上的工具重命名。

新创建的幻灯片母版的名字都是系统自己定义的，比如"自定义设计方案"之类，下面就来介绍如何重命名幻灯片母版，具体操作如下。

操作步骤

❶ 选择需要重命名的幻灯片母版，然后在【幻灯片母版】选项卡的【编辑母版】组中，单击【重命名】按钮，如下图所示。

❷ 弹出【重命名版式】对话框，然后在【版式名称】文本框内输入新的名字，再单击【重命名】按钮，如下图所示。

(2) 另一种方法是在需要重命名的幻灯片母版上单击鼠标右键，然后从弹出的快捷菜单中选择【重命名母版】命令，如下图所示。

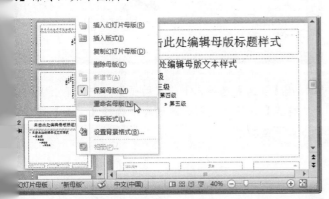

16.2 给幻灯片添加动画效果

下面将介绍如何给幻灯片添加动画效果，让幻灯片"动"起来。

16.2.1 应用幻灯片切换方案

通过为幻灯片设置不同的切换效果，可以增加演示文稿的吸引力，让您的幻灯片能迅速吸引观众的注意力。

操作步骤

❶ 首先选中要设置的幻灯片，接着在【转换】选项卡下的【切换到此幻灯片】组中，单击【其他】按钮，如下图所示。

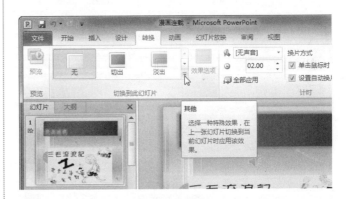

❷ 从打开的列表中选择需要的切换效果，这里单击【揭开】选项，如下图所示。

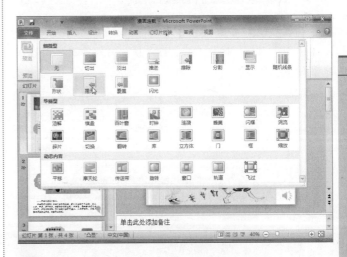

❸ 在【转换】选项卡下的【切换到此幻灯片】组中，单击【效果选项】按钮，从打开的菜单中选择【自顶部】选项，如下图所示。

❹ 在【转换】选项卡下的【计时】组中,单击【声音】选项右侧的下拉按钮,从打开的下拉列表中选择声音,例如选择【疾驰】选项,如下图所示。

❺ 在【转换】选项卡下的【计时】组中,设置幻灯片的切换时间、换片方式、自动换片时间等选项内容,如下图所示。

❻ 设置完毕后,在【预览】组中单击【预览】按钮,

即可预览设置后的效果。若对预览效果满意,可以将此切换效果应用到其他幻灯片中。方法是在【转换】选项卡下的【计时】组中,单击【全部应用】按钮。

16.2.2 自定义动画效果

动画效果就是给文本或其他对象添加特殊视觉或声音效果。在 PowerPoint 2010 中有以下四种不同类型的动画效果。

❖ 【进入】效果:可以使对象逐渐淡入焦点、从边缘飞入幻灯片或者跳入视图中。

❖ 【退出】效果:这些效果包括使对象飞出幻灯片、从视图中消失或者从幻灯片旋出。

❖ 【强调】效果:这些效果的示例包括使对象缩小或放大、更改颜色或沿着其中心旋转。

❖ 动作路径:使用这些效果可以使对象上下移动、左右移动或者沿着星形或圆形图案移动(与其他效果一起)。

下面以设置进入效果为例进行介绍,具体操作如下。

操作步骤

❶ 首先选择要添加动画效果的对象,这里在第 1 张幻灯片中选择【标题 1】文本框,如下图所示。

❷ 在【动画】选项卡下的【动画】组中,单击【动画样式】按钮,从打开的列表中选择【飞入】选项,如下图所示。

在 PowerPoint 演示文稿中,有时候用鼠标定位对象不太准确,按住 Shift 键的同时用鼠标水平或竖直移动对象,可以基本接近于直线平移。在按住 Ctrl 键的同时用方向键来移动对象,可以精确到像素点移动。

长见识

3 在【动画】选项卡下的【动画】组中，单击【效果选项】按钮，从打开的列表中选择【自右下部】选项，如下图所示。

4 这时即可将【飞入】动画效果应用到"标题"对象了，并且在标题左侧出现一个数字"1"，表示这是该张幻灯片中的第一个动画效果，如下图所示。

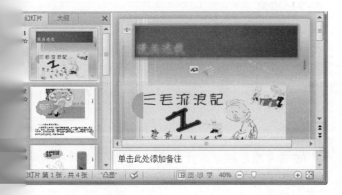

16.2.3　复制动画效果

Microsoft PowerPoint 2010 的新增功能之一就是动画刷。利用动画刷，可以轻松、快速地复制动画效果。具体操作步骤如下。

操作步骤

1 首先在幻灯片中选择要复制动画效果的对象，这里选择幻灯片 1 中的标题对象；然后在【动画】选项卡下的【高级动画】组中，单击【动画刷】按钮，如下图所示。

2 此时，鼠标指针会变成刷子形状，将其移动到目标对象上单击，即可完成动画效果的复制操作，如下图所示。

16.2.4　管理动画效果

在动画窗格中可以方便调整动画顺序，预览动画设

一般来说，可以为单张幻灯片设置背景，也可以使用母版对多张幻灯片设置背景。无论是对幻灯片操作还是对母版作，都只能使用一种背景。

置的效果，其操作步骤如下。

操_作_步_骤

❶ 在【动画】选项卡的【高级动画】组中，单击【动画窗格】按钮，如下图所示。

❷ 打开【动画窗格】窗格，如下图所示。

提示

在默认情况下，添加的各个动画效果在【动画窗格】窗格中是按照添加的顺序显示的。下面简单介绍一下窗格的列表框中的各图标代表的含义。

- ❖ 编号：该任务窗格中的编号表示动画效果的播放顺序。该任务窗格中的编号与幻灯片上显示的不可打印的编号标记相对应。
- ❖ 时间线：代表动画效果的持续时间。
- ❖ 图标：代表动画效果的类型。

❸ 在列表框中选择某个动画项目，然后单击【播放】按钮，可以测试设置的动画效果，如右上图所示。

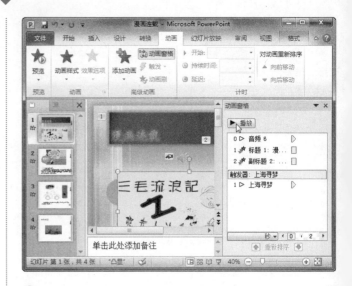

❹ 选择某个动画项目，然后单击【向上】或【向下】按钮，可以调整动画排序，如下图所示。

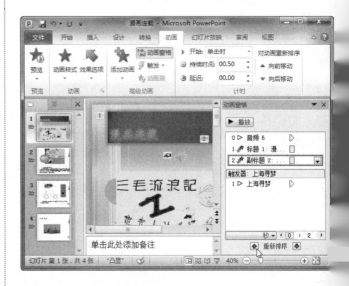

技巧

选择某个动画项目后，在【动画】选项卡下的【计时】组中，单击【向前移动】或【向后移动】按钮，也可以调整动画排序，如下图所示。

❺ 右击要删除的动画效果项目，从弹出的快捷菜单选择【删除】命令，可以删除设置的动画效果，如图所示。

在【动画窗格】窗格的列表框中可以查看指示动画效果相对于幻灯片上其他事件的开始计时的图标。若要查看所动画的开始计时图标，请单击相应动画效果旁的菜单图标，从弹出的快捷菜单中选择【隐藏高级日程表】命令。

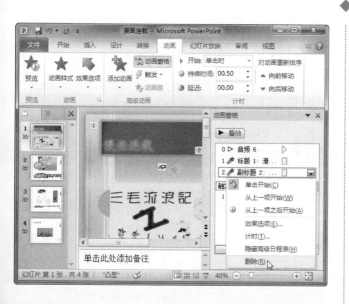

16.3　增加幻灯片的切换效果

最基本的幻灯片放映方法是一张接一张地放映，如果设置了切换效果，则可使幻灯片之间的切换带有电影的特效效果，这样可以从一个更高的层次来制作演示文稿。

16.3.1　使用超链接

在 PowerPoint 中，超链接可以是从一张幻灯片到同一演示文稿中另一张幻灯片的连接)，也可以是从一张幻灯片到不同演示文稿中另一张幻灯片，到电子邮件地址、网页或文件的连接。即可以从文本或对象(如图片、图形、形状或艺术字)创建超链接。

链接演示文稿

超链接是一种不错的切换方式，它可以实现在不连续幻灯片之间的切换，与定位幻灯片有异曲同工之妙。

1) 链接同一演示文稿中的幻灯片

操 作 步 骤

在【普通】视图中选择要用做超链接的文本或对象，这里切换到第二张幻灯片，然后选择链接文本"文字介绍"，如右上图所示。

❷ 在【插入】选项卡下的【链接】组中，单击【超链接】按钮，如下图所示。

❸ 弹出【插入超链接】对话框，在【链接到】列表中单击【本文档中的位置】选项，如下图所示。

❹ 接着在【请选择文档中的位置】列表中单击要用作超链接目标的幻灯片，再单击【确定】按钮，如下图所示。

给文字做链接时我们不要选中文字而要选中这些文字的文本框，这样做的链接文字既不变色也无下划线(注：图片做妄不会出现这种情况)。

学以致用系列丛书

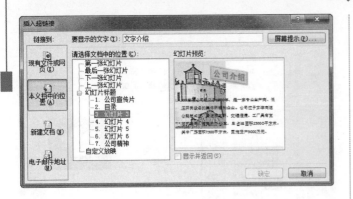

❺ 这时即可发现，选中的文本变成蓝色了，并且在文字下方有一条蓝色线条，如下图所示。

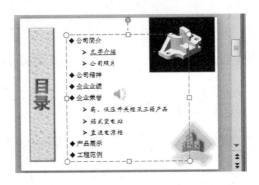

2) 链接不同演示文稿中的幻灯片

如果在主演示文稿中添加指向演示文稿的链接，则在将主演示文稿复制到便携电脑中时，请确保将链接的演示文稿复制到主演示文稿所在的文件夹中。如果不复制链接的演示文稿，或者如果重命名、移动或删除它，则当从主演示文稿中单击指向链接的演示文稿的超链接时，链接的演示文稿将不可用。

操作步骤

❶ 在幻灯片 2 中选中"产品展示"文本并右击，在弹出的快捷菜单中选择【超链接】命令，如下图所示。

❷ 弹出【插入超链接】对话框，在【链接到】列表中

单击【现有文件或网页】选项，接着在【查找范围】下拉列表框中选择文件位置，如下图所示。

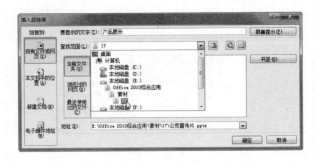

❸ 在列表框中选择要链接的演示文稿，然后单击【书签】按钮，如下图所示。

❹ 弹出【在文档中选择位置】对话框，选择要链接的幻灯片，再单击【确定】按钮，如下图所示。

❺ 返回【插入超链接】对话框，在【地址】文本框中可以看到要链接幻灯片的位置，如下图所示，再击【确定】按钮。

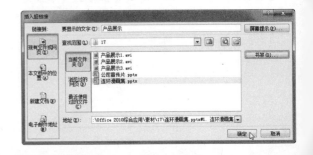

无论当前显示的是哪一张幻灯片，按 Ctrl + Home 组合键即可显示演示文稿的第一张幻灯片；按 Ctrl + End 组合可显示演示文稿的最后一张幻灯片。

2. 链接电子邮件

链接电子邮件的方法如下。

操作步骤

❶ 在普通视图中选择要用作超链接的文本或对象，然后在【插入】选项卡下的【链接】组中，单击【超链接】按钮。

❷ 弹出【插入超链接】对话框，在【链接到】列表中单击【电子邮件地址】选项，然后在【电子邮件地址】文本框中键入要链接到的电子邮件地址，或是在【最近用过的电子邮件地址】文本框中单击电子邮件地址，接着在【主题】文本框中键入电子邮件的主题，再单击【确定】按钮，如下图所示。

3. 链接 Web 网页

链接 Web 网页的方法如下。

操作步骤

❶ 在普通视图中选择要用作超链接的文本或对象，然后在【插入】选项卡下的【链接】组中，单击【超链接】按钮。

❷ 弹出【插入超链接】对话框，在【链接到】列表中单击【现有文件或网页】选项，然后单击【浏览过的网页】选项，接着在列表框中找到并选择要链接到的页面或文件，再单击【确定】按钮，如下图所示。

4. 链接新文件

若用户要链接的是一个不存在的文件，可以在链接时新建该文件，具体操作如下。

操作步骤

❶ 在普通视图中选择要用作超链接的文本或对象，然后在【插入】选项卡下的【链接】组中，单击【超链接】按钮。

❷ 弹出【插入超链接】对话框，在【链接到】列表中单击【新建文档】选项，然后在【新建文档名称】文本框中键入要创建并链接到的文件的名称，再单击【确定】按钮，如下图所示。

提示

如果要在另一位置创建文档，请在【完整路径】组中单击【更改】按钮，然后在弹出的【新建文档】对话框中　选择要创建文件的位置，再单击【确定】按钮，即可更换新文件的保存位置了，如下图所示。

5. 管理链接

链接创建完成后，若发现创建的链接不正确，该怎么办呢？这时你可以编辑该链接，也可以删除该链接，然后再重新添加超链接。一起来试试吧。

操作步骤

1 打开《公司宣传片》文件，然后右击要修正的超链接，并从弹出的快捷菜单中选择【编辑超链接】命令，如下图所示。

2 弹出【编辑超链接】对话框，在这里修正超链接，例如在【要显示的文字】列表中接着输入"照片"，再单击【确定】按钮，如下图所示。

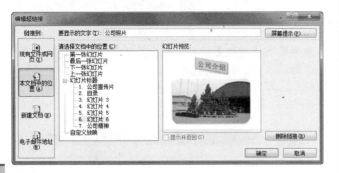

3 这时即可发现超链接文本由"公司"变为"公司照片"了，如下图所示，然后删除多余的"照片"字符即可。

4 右击要删除的超链接，从弹出的快捷菜单中选择【取消超链接】命令，即可将其删除，如下图所示。

✓技巧❄

参考前面介绍的方法，打开【编辑超链接】对话框，然后单击【删除链接】按钮，也可以删除超链接，如下图所示。

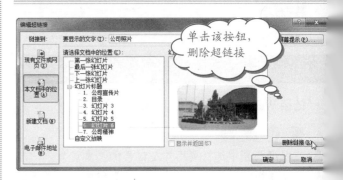

5 这时即可发现，删除超链接后，文字的颜色又变黑色了，如下图所示。

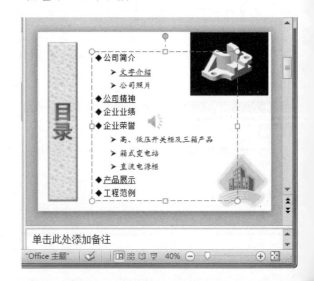

快速上移：在【大纲】视图或其他视图的【大纲】窗格中将光标置于要上移的某个段落中或选中部分段落，按Alt+Shift+↑组合键即可上移该段落或选中的段落。在幻灯片中进行本操作只能在同一文本框内上移某个段落或选中的段落。

⑥ 右击超链接，从弹出的快捷菜单中选择【打开超链接】命令，如下图所示。

⑦ 这时将会切换到链接的目的幻灯片中，如下图所示。

⑧ 同时，链接文本的颜色会跟着改变，如下图所示。

16.3.2 插入动作按钮

除了上面学习的幻灯片切换方法之外，还可以通过插入动作按钮来实现幻灯片之间的切换。下面就是通过插入动作按钮来实现返回"目录"幻灯片的。

1．添加动作按钮

添加动作按钮的操作步骤如下。

操 作 步 骤

① 打开"公司宣传片"文件，然后选择要添加动作按钮的幻灯片，这里选择幻灯片 1，如下图所示。

② 在【插入】选项卡的【插图】组中，单击【形状】按钮，从弹出的下拉列表中选择【动作按钮：后退或前一项】选项，如下图所示。

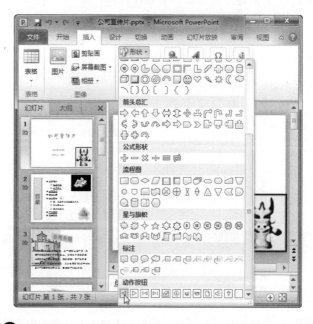

③ 拖到鼠标，在幻灯片中画出动作按钮图形，如下图所示。

快速折叠所有演示文稿：按 Alt＋Shift＋1 组合键即可快速实现在【大纲】视图或其他视图的【大纲】窗格中快速折叠演示文稿的所有标题，只显示第一层标题。

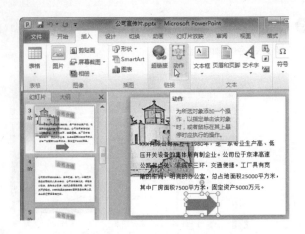

❹ 弹出【动作设置】对话框，选中【超链接到】单选按钮，然后单击右侧的下拉按钮，从打开的列表中选择【最后一张幻灯片】选项，如下图所示。

❼ 弹出【动作设置】对话框，选中【超链接到】单选按钮，然后单击右侧的下拉按钮，从打开的列表中选择【幻灯片】选项，如下图所示。

2. 美化动作按钮

接下来美化动作按钮，让它看起来更醒目。

操作步骤

❶ 选中动作按钮，然后在【绘图工具】下的【格式】选项卡中，单击【形状样式】组中的【其他】按钮，如下图所示。

❺ 接着选中【播放声音】单选按钮，并在下方的下拉列表框中选择【风铃】选项，再单击【确定】按钮，如下图所示。

❻ 选中前面插入的形状，然后在【插入】选项卡的【链接】组中，单击【动作】按钮，如右上图所示。

如果要在录制旁白的过程中暂停录制或者继续录制，可以用鼠标右键单击幻灯片，在打开的快捷菜单中选择【暂停旁白】或者【继续旁白】命令。

❷ 接着从打开的形状样式库中选择形状样式，如下图所示。

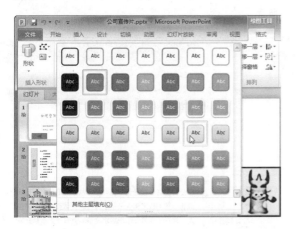

❸ 在【格式】选项卡的【形状样式】组中，单击【形状轮廓】按钮，从弹出的列表中选择【红色】选项，如下图所示。

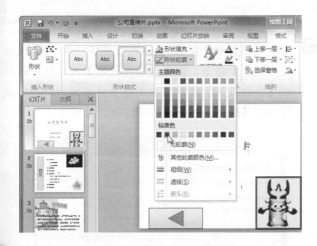

❹ 在【格式】选项卡的【形状样式】组中，单击【形状效果】按钮，从打开的列表中选择【棱台】子菜单中的【角度】选项，如下图所示。

❺ 在【格式】选项卡的【排列】组中，单击【对齐】按钮，从打开的列表中选择【左对齐】选项，如下图所示。

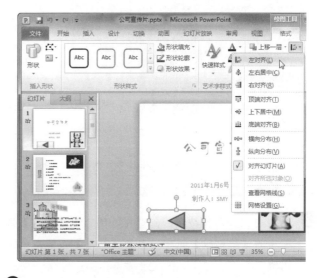

❻ 这时会发现动作按钮靠左对齐幻灯片了，效果如下图所示。

16.3.3 批量插入动作按钮

下面将为大家介绍两种批量插入动作按钮的方法，分别是使用【复制】命令和巧用幻灯片母版。

1. 通过复制插入动作按钮

通过复制动作按钮，可以在每个幻灯片中快速插入动作按钮，然后修改复制的动作按钮的链接即可。

操作步骤

❶ 选中要复制的动作按钮，然后在【开始】选项卡的【剪贴板】组中，单击【复制】按钮，如下图所示。

在 PowerPoint 演示文稿中，有时候用鼠标定位对象不太准确，按住 Shift 键的同时用鼠标水平或竖直移动对象，可以基本接近于直线平移。在按住 Ctrl 键的同时用方向键来移动对象，可以精确到像素点移动。

❷ 选中要添加动作按钮的幻灯片，然后在【开始】选项卡的【剪贴板】组中，单击【粘贴】按钮，如下图所示。

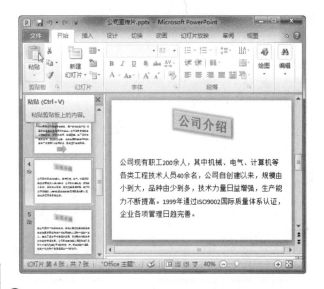

❸ 这时即可发现动作按钮被粘贴到幻灯片中了，如下图所示。这个按钮的位置及其性质是和原按钮完全相同的。

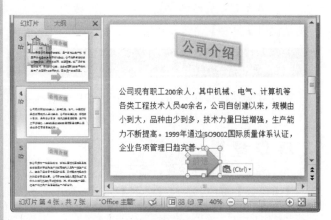

❹ 接着选择另一张幻灯片，然后在【剪贴板】组中单击【粘贴】按钮，继续粘贴动作按钮，效果如下图所示。

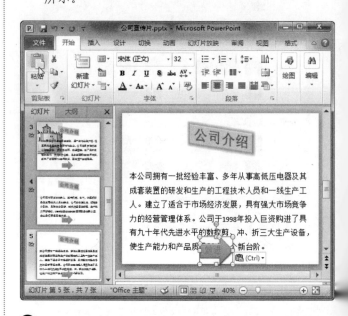

❺ 右击粘贴的动作按钮，从弹出的快捷菜单中选择【编辑超链接】命令，弹出【动作设置】对话框，然后在【单击鼠标】选项卡中调整要链接的幻灯片，最后单击【确定】按钮进行保存，如下图所示。

2. 巧用幻灯片母版插入动作按钮

如果正在使用单个幻灯片母版，可以在母版上插入作按钮，该按钮在整个演示文稿中可用。如果正在使用个幻灯片母版，则必须在每个母版上添加动作按钮。

操作步骤

❶ 打开"公司宣传片"文件，然后在【视图】选项

如果要更改动作按钮的大小，可将它拖至所需大小。如果要保持其宽与高的比不变，可以按住 Shift 键拖动角尺控点。

下的【母版视图】组中，单击【幻灯片母版】按钮，切换到幻灯片母版视图方式，如下图所示。

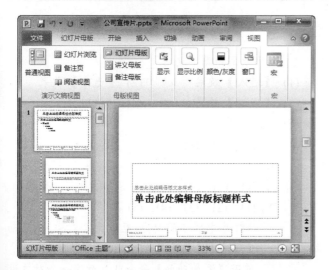

❷ 在左侧窗格中单击幻灯片母版 1，然后参考前面介绍的方法，在该幻灯片中添加动作按钮，效果如下图所示。

❸ 在【幻灯片母版】选项卡下的【关闭】组中，单击【关闭母版视图】按钮，返回普通视图方式，效果如下图所示。

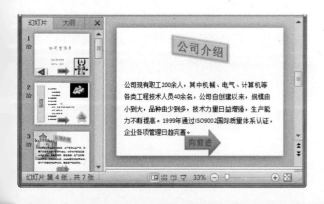

16.4　使用设计模板

设计模板是使演示文稿外观模式最有力、最快捷的方法。PowerPoint 中提供的一些设计模板是由一些专业人员精心设计的，其中的文本位置安排比较适当，配色方案比较醒目，足以满足大多数情况的需要。

16.4.1　应用已有的模板

使用设计模板可以帮助用户快速创建完美的幻灯片，因为不需要再花很多时间设计演示文稿。设计模板是通用于各种演示文稿的模型，可直接应用于用户的演示文稿。

模板包含一种配色方案、一个标题母版和一个幻灯片母版，一组用于控制幻灯片上对象位置的自动布局。下面我们一起通过制作一个精美相册来看看吧！

操 作 步 骤

❶ 打开一个演示文稿，然后切换到【文件】选项卡，并在打开的 Backstage 视图中选择【新建】命令，接着在中间窗格中单击【我的模板】选项，如下图所示。

❷ 弹出【新建演示文稿】对话框，然后在【个人模板】选项卡下选择要使用的模板，再单击【确定】按钮，即可创建一个与模板一样的演示文稿，如下图所示。

微调图形位置时，按住 Ctrl 键，再按方向键即可。复制图形对象时，使用 Ctrl + D 组合键即可完成复制、粘贴两步卡，如果对复制对象调整了位置，则对复制对象按下 Ctrl + D 组合键时，不仅可以复制该对象，该对象的移动操作也复制。

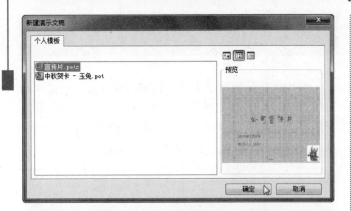

16.4.2　创建新模板

当读者制作一个精美的演示文稿后，可以将其保存为新模板，以便以后使用。

方法是切换到【文件】选项卡，并在打开的 Backstage 视图中选择【另存为】命令，弹出【另存为】对话框；接着设置【保存类型】为【PowerPoint 模板】，并在【文件名】文本框中输入模板名称，再单击【保存】按钮即可，如下图所示。

16.5　思考与练习

选择题

1. 动画效果的类型包括_____。

(1)【进入】效果　　　　(2)【退出】效果

(3)【强调】效果　　　　(4) 动作路径

(5) 影片操作

    A.　(1)、(2)、(3)

    B.　(1)、(3)、(4)

    C.　(1)、(2)、(3)、(4)

    D.　(1)、(2)、(3)、(4)、(5)

2. 对幻灯片中的不同对象(至少两个对象)应用动画样式后，下面说法正确的是_____。

    A.　使用【添加动画】命令可以对同一个对象设置不同的动画效果

    B.　可以对添加的动画重新排序

    C.　可以复制或删除动画

    D.　以上说法都正确

3. 下列_____选项不可以添加幻灯片的切换效果。

    A.　动画　　　　　　B.　动作按钮

    C.　超链接　　　　　D.　动作

操作题

1. 打开上一章练习中创建的"个人照"演示文稿，然后为每张幻灯片设置不同的切换效果。

2. 在"个人照"演示文稿中，为每张幻灯片中的图片对象设置不同的动画效果，要求每个对象至少要两种不同的动画效果。

3. 在"个人照"演示文稿中，为第二张幻灯片添加动作按钮，并将其复制到以后的各张幻灯片中。

让链接的文字单击不变色：①在演示文稿中插入文本框，将要设置为链接功能的文字放入文本框中(注意文本框不过大)；②单击【插入】按钮，在【链接】选项组中选择【动作】命令；③在弹出的对话框中根据需要进行设置，最后击【确定】按钮。

第 17 章

美丽永驻——打印和放映幻灯片

美好的事物当然要和大家一起分享，才能更好地体现它的使用价值。用户可以通过幻灯片放映功能，与大家一起浏览，也可以将演示文稿打印出来。或者使用打包演示文稿功能，在没有安装 PowerPoint 2010 软件的电脑中放映。

学习要点

❖ 幻灯片放映设置
❖ 控制幻灯片放映
❖ 输出幻灯片
❖ 打包演示文稿
❖ 打印演示文稿

学习目标

通过本章的学习，读者首先应该掌握设置幻灯片放映方法，熟练控制幻灯片放映；其次要求掌握幻灯片的输出方法，包括创建自动播放文件、保存为视频文件以及发布到幻灯片库等；最后要求掌握演示文稿的打印与打包方法。

17.1　幻灯片放映设置

前面学习的都是如何进行幻灯片的制作，下面我们将学习如何进行幻灯片的放映，也就是进入了幻灯片的应用阶段。

17.1.1　设置幻灯片的放映时间

在放映幻灯片之前，读者可以先放映一遍，将每张幻灯片的放映时间了然于胸，在真正放映时，就可以做到从容不迫了。

操作步骤

❶ 打开"公司宣传片"文件，如下图所示。

❷ 在【幻灯片放映】选项卡的【设置】组中，单击【排练计时】按钮，如下图所示。

❸ 此时就会启动幻灯片的放映程序，并进入放映状态，

如下图所示。

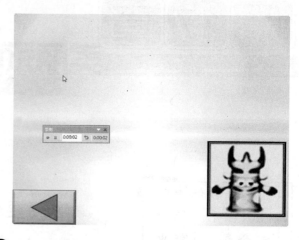

❹ 与普通放映不同的是，在幻灯片的左上角会出现一个如下图所示的【录制】对话框。

❺ 不断单击鼠标进行幻灯片的放映时，上图中的数据会不断更新，单击最后一张幻灯片后，将出现如下图所示的对话框。

❻ 单击【是】按钮后，结果如下图所示，幻灯片自动切换到【幻灯片浏览】视图方式，并且在每张幻灯片的左下角出现每张幻灯片的放映时间。

快速显示第一张幻灯片：无论当前显示的是哪一张幻灯片，按Ctrl+Home组合键即可显示演示文稿的第一张幻灯片。

17.1.2　设置幻灯片的放映方式

前面我们都是按照顺序一张一张地放映幻灯片，本节我们将学习如何设置可以有选择地放映幻灯片。

操作步骤

❶ 打开"公司宣传片"文件，如下图所示。

❷ 选择【幻灯片放映】|【设置】|【设置幻灯片放映】命令，如下图所示。

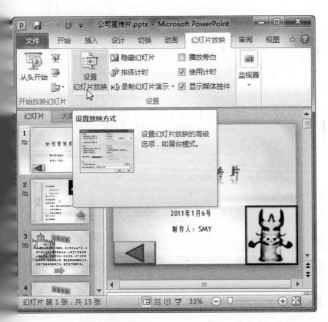

弹出【设置放映方式】对话框，在【放映类型】选项组中选择幻灯片的放映类型，这里选择【演讲者放映】单选按钮，接着设置【放映选项】、【放映

幻灯片】、【换片方式】等参数；设置完毕后，单击【确定】按钮，如下图所示。

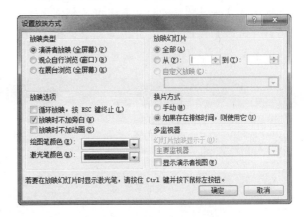

?提示

【放映类型】选项组中各选项的含义如下。

❖ 【演讲者放映】：默认的放映方式，放映时，可以看到幻灯片设置的所有效果。

❖ 【观众自行浏览】：与【演讲者放映】类似，但在全屏的顶部可以看到演示文稿的标题。

❖ 【在展台浏览(全屏幕)】：放映时，只能看到某一页的幻灯片，无法看到其他幻灯片的放映效果。

【放映选项】选项组中各选项的含义如下。

❖ 【循环放映，按 ESC 键终止】：当幻灯片放映到最后时，自动返回到第 1 张幻灯片并继续进行放映，直到用户按 Esc 键时终止。

❖ 【放映时不加旁白】：在幻灯片放映时不播放录制的旁白。

❖ 【放映时不加动画】：在幻灯片放映时不显示动画效果。

【放映幻灯片】选项组中各选项的含义如下。

❖ 【全部】：放映全部幻灯片。

❖ 【从……到】：从某张幻灯片开始放映到某张幻灯片时终止。

【换片方式】选项组中各选项的含义如下。

❖ 【手动】：用户手动控制幻灯片放映。

❖ 【如果存在排练时间，则使用它】：使用排练时间控制幻灯片放映。

17.1.3　创建放映方案

在前面的章节中，我们学习了利用超链接、动作及动作按钮等方法跳转幻灯片，打乱幻灯片的播放顺序。除此之外，还可以通过创建放映方案来指定幻灯片的放映顺序，具体操作步骤如下。

快速显示最后一张幻灯片：无论当前显示的是哪一张幻灯片，按 Ctrl + End 组合键即可显示演示文稿的最后一张幻灯片。

学以致用系列丛书

操作步骤

❶ 打开 "公司宣传片" 文件，然后在【幻灯片放映】选项卡的【开始放映幻灯片】组中，单击【自定义幻灯片放映】按钮，从打开的菜单中选择【自定义放映】命令，如下图所示。

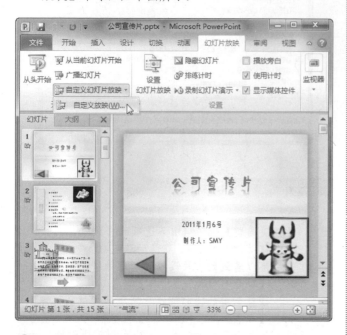

❷ 弹出【自定义放映】对话框，单击【新建】按钮，如下图所示。

❸ 弹出【定义自定义放映】对话框，输入幻灯片放映名称，默认为【自定义放映 1】，然后在【在演示文稿中的幻灯片】列表框中选择要播放的第一张幻灯片，再单击【添加】按钮，如下图所示。

❹ 这时即可发现选中的幻灯片被添加到右侧的【在自定义放映中的幻灯片】列表框中了，如下图所示，继续添加要放映的幻灯片。

❺ 添加完成后，若对某张幻灯片的播放位置不满意，可以在【在自定义放映中的幻灯片】列表框中选择该幻灯片，然后单击【向上】或【向下】按钮进行调整，如下图所示。

❻ 满意后单击【确定】按钮，返回【自定义放映】对话框，在列表框中选中新创建的放映方案，单击【编辑】按钮，可以在弹出的对话框中调整放映方案，这里单击【放映】按钮，如下图所示。

❼ 进入放映视图，开始依据创建的放映方案放映幻灯片，如下图所示。

快速展开所有演示文稿：按 Alt + Shift + 9 组合键或 Alt + Shift + A 组合键，即可快速实现在【大纲】视图或其他视的【大纲】窗格中快速展开演示文稿的所有内容。

17.2 控制幻灯片放映

在幻灯片的放映过程中，除了预先设置好的放映顺序外，用户也可以根据自己的意愿控制其放映，下面一起来练练吧。

17.2.1 控制幻灯片的切换

前面的章节中，我们学习了如何放映幻灯片，但是只是按照顺序进行放映，有没有办法控制放映过程，按照我们的意愿进行放映呢？下面就来学习如何控制幻灯片的放映。

操作步骤

❶ 打开"公司宣传片"文件，如下图所示。

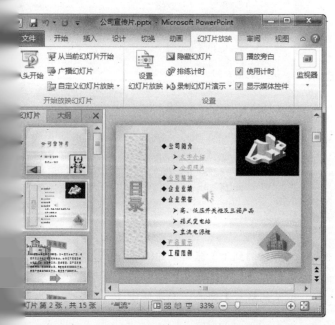

❷ 在【幻灯片放映】选项卡的【开始放映幻灯片】组中，单击【从头开始】按钮，从头开始放映幻灯片，如下图所示。

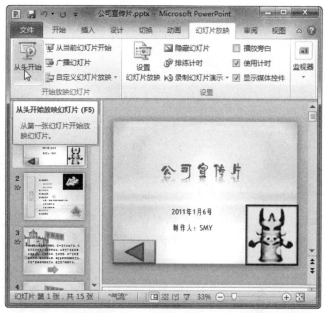

❸ 进入放映视图，如下图所示。单击鼠标左键或将鼠标滚轮向下滚动，将会弹出下一个对象(若幻灯片中只有一个对象或是所有对象都没有使用动画效果，单击会切换到下一张幻灯片)。

❹ 这时会显示出幻灯片的标题，如下图所示。然后在窗口左下角单击【下一张】按钮。

293

⑤ 这时会显示出幻灯片的副标题,如下图所示。在窗口空白处右击,从弹出的快捷菜单中选择【下一张】命令。

⑥ 这时会显示出幻灯片的图片对象,如下图所示。然后在窗口左下角单击【菜单选项】按钮,从打开的菜单中选择【下一张】命令。

⊙注意⊙

如果幻灯片中设置了动画,那么这里的【上一张】和【下一张】命令,就不是一张张放映幻灯片了,而是根据设置的动画顺序逐一放映幻灯片中的对象。

⑦ 当第一张幻灯片中的对象都显示完全并且设置的动画效果都已播放,则会进入第一张幻灯片,如下图所示。如果不想按照顺序放映幻灯片,而想放映某张幻灯片,可以在窗口的空白处右击,从弹出的快捷菜单中选择【定位至幻灯片】命令,接着从子菜单中选择要定位的幻灯片,这里选择【幻灯片6】命令。

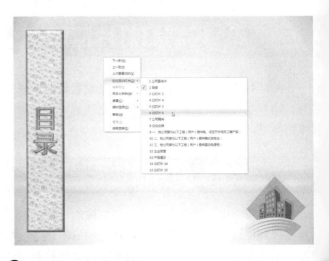

⑧ 这时将会定位至第六张幻灯片,如下图所示。若要向上切换幻灯片,可以在窗口空白处右击,从弹出的快捷菜单中选择【上一张】命令。

⑨ 这时将翻到上一张幻灯片(即第五张幻灯片)。如果想再次回到刚才放映的幻灯片,可以再次使用【定位至幻灯片】命令,或者使用【上次查看过的】

 快速暂停/播放幻灯片:放映演示文稿时,按"+"键(数字键盘上的)或 S 键即可暂停幻灯片的放映,再次按"+"键(数字键盘上的)或 S 键则继续播放。

令，快速地回到上次查看的幻灯片，如下图所示。

本公司拥有￼经验丰富、多年从事高低压电器及其成套装置的￼和生产的工程技术人员和一线生产工人。建立了适合于市场经济发展，具有强大市场竞争力的经营管理体系。公司于1998年投入巨资购进了具有九十年代先进水平的数控剪、冲、折三大生产设备，使生产能力和产品质量跃上一个新台阶。

❓ 提 示

如果在上一张幻灯片中的动画没有完全放映时定位到其他幻灯片，则使用【上次查看过的】命令后，会自动回到未放映完的动画。

🔟 这时会发现，我们又回到幻灯片 6 了，如下图所示。读者也可以使用自定义的放映方案，方法是在窗口空白处右击，从弹出的快捷菜单中选择【自定义放映】|【自定义放映 1】命令。

1️⃣ 若想退出幻灯片放映，可以在窗口空白处右击，从弹出的快捷菜单中选择【结束放映 1】命令，如右上图所示，或是按 Esc 键返回普通视图窗口。

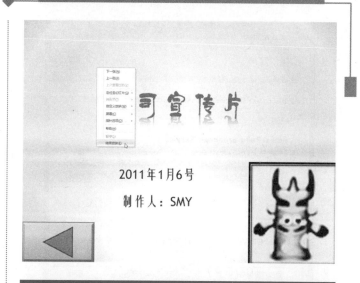

17.2.2 广播幻灯片

在 PowerPoint 2010 程序中提供了一种新的幻灯片放映方式——广播幻灯片，它利用 Windows Live 账户或组织提供的广播服务，直接向远程观众广播制作的幻灯片。您可以完全控制幻灯片的进度，而观众只需在浏览器中跟随浏览。

操作步骤

1️⃣ 打开"公司宣传片"文件，然后在【幻灯片放映】选项卡的【开始放映幻灯片】组中，单击【广播幻灯片】按钮，如下图所示。

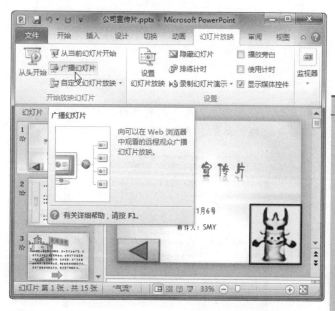

2️⃣ 弹出【广播幻灯片】对话框，单击【启动广播】按钮，如下图所示。

学以致用系列丛书

❸ 开始链接服务器，并弹出如下图所示的对话框。

❹ 同时会弹出如下图所示的对话框，输入电子邮件地址和密码，再单击【确定】按钮。

❺ 正在准备广播，并弹出如右上图所示的对话框。

❻ 在弹出的对话框中单击【开始放映幻灯片】按钮，如下图所示。

❼ 开始放映幻灯片，如下图所示。

❽ 放映完成后，弹出如下图所示的窗口，单击【结束广播】按钮即可。

在播放中途显示空白画面：在演示文稿播放过程中，若需讲解其他相关内容或回答观看者的提问，按 W 键或"."（键盘上的）键即可将正在播放的演示文稿显示为一张空白画面；讲解完毕后，再按 W 键或"."（主键盘上的）键又可返回之前的放映位置继续播放。

9 这时会弹出如下图所示的对话框，提示是否要结束此广播，单击【结束广播】按钮即可。

17.2.3　在幻灯片上标注重点

在放映幻灯片的过程中，用户也可以在幻灯片上标注重点，具体操作步骤如下。

操作步骤

1 打开"公司宣传片"文件，然后在【幻灯片放映】选项卡的【开始放映幻灯片】组中，单击【从当前幻灯片开始】按钮，如下图所示。

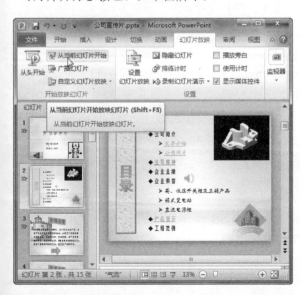

2 进入放映窗口，如下图所示。然后单击鼠标左键，让幻灯片中的对象显示出来。

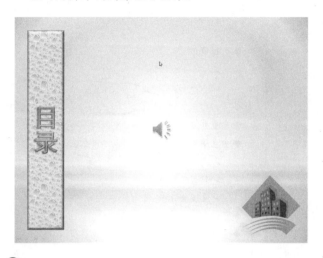

3 在空白处右击，从弹出的快捷菜单中选择【指针选项】|【笔】命令，如下图所示。

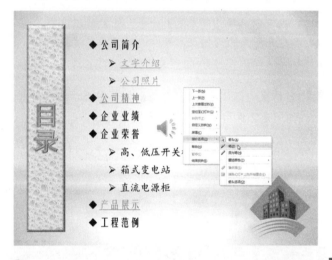

4 在窗口中右击，从弹出的快捷菜单中选择【指针选项】|【墨迹颜色】命令，接着从弹出的子菜单中选择墨迹颜色，如下图所示。

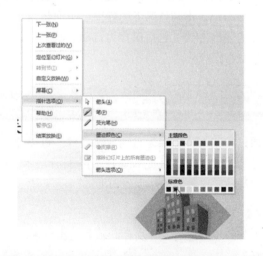

学以致用系列丛书

快速调出与取消画笔：在演示文稿播放过程中，如果需要使用画笔在幻灯片上标示重点，按 Ctrl + P 组合键即可；当不使用画笔时，按 Esc 键又可将鼠标指针恢复为原来的样子。

❺ 此时，拖动鼠标，可以在窗口中添加墨迹，结果如下图所示。

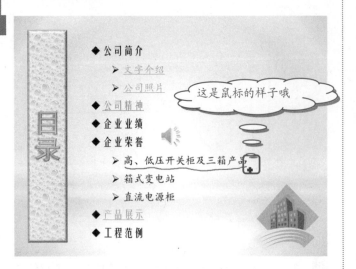

❷ 在窗口中选择【文件】|【保存并发送】|【更改文件类型】命令，如下图所示。

也可以选择【荧光笔】命令，并且可以设置墨迹的颜色，如果出现错误，可以选择【橡皮擦】命令将错误的墨迹擦除。

❻ 当结束幻灯片放映时，会弹出如下图所示的对话框，询问是否保留墨迹注释，根据情况选择即可。

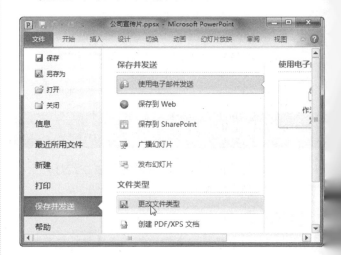

❸ 接着在右侧窗格中的【其他文件类型】组中，单击【另存为】按钮，如下图所示。

17.3 输出幻灯片

看完了编辑好的幻灯片，是不是想和大家分享呢？为了满足用户在不同情况下的需要，下面将为大家介绍幻灯片的输出方法，包括保存为自动放映文件、视频文件或是发布幻灯片。

17.3.1 输出为自动放映文件

通过将幻灯片保存为自动放映文件，可以使其始终在幻灯片放映视图(而不是普通视图)中打开演示文稿。保存为自动放映文件的操作步骤如下。

操作步骤

❶ 打开"公司宣传片"文件，如右上图所示。

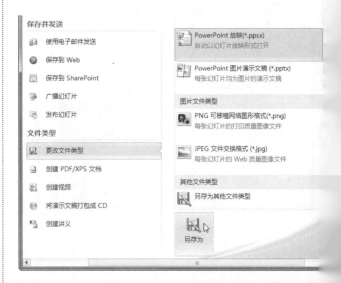

在幻灯片放映的过程中，如果想把做的标记取消则只要单击鼠标右键选择【屏幕】|【擦除笔迹】命令。

④ 弹出【另存为】对话框，然后在【保存位置】下拉列表框中选择需要保存的文件位置，接着在【保存类型】下拉列表框中选择【PowerPoint 放映】选项，再单击【保存】按钮，开始保存文件，如下图所示。

⑤ 保存完成后，在保存位置文件夹中即可看到 PowerPoint 的放映文件了，然后双击该文件，如下图所示。

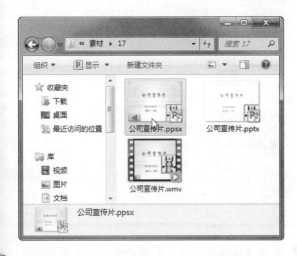

直接进入幻灯片放映窗口，如下图所示。

17.3.2 输出为视频文件

若用户想在播放器中欣赏幻灯片，可以将其保存为视频文件，具体操作步骤如下。

操 作 步 骤

① 首先打开要欣赏的演示文稿，然后单击【文件】选项卡，并在打开的 Backstage 视图中选择【保存并发送】|【创建视频】命令，如下图所示。

② 接着在右侧窗格中单击【创建视频】按钮，如下图所示。

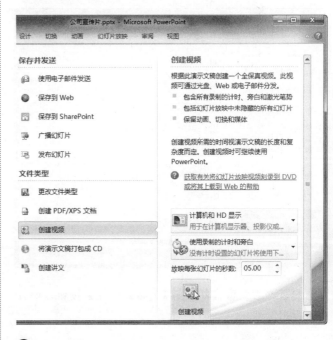

③ 弹出【另存为】对话框，然后在【保存位置】下拉

列表框中选择需要保存的文件位置,在【文件名】文本框中输入文件名称,再单击【保存】按钮,如下图所示。

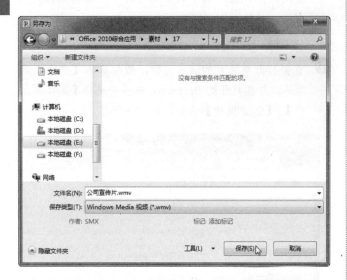

17.3.3 将幻灯片放入幻灯片库

下面介绍如何将自己制作的幻灯片放入幻灯片库中,具体操作步骤如下。

操作步骤

1 首先打开要发布幻灯片所在的文档,然后切换到【文件】选项卡,接着在打开的窗格中选择【保存并发送】|【发布幻灯片】命令,如下图所示。

2 接着在右侧窗格中单击【发布幻灯片】按钮,如右上图所示。

3 弹出【发布幻灯片】对话框,然后在【选择要发布的幻灯片】列表框中选择要发布的幻灯片,接着单击【浏览】按钮,如下图所示。

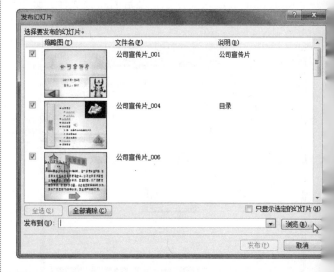

4 弹出【选择幻灯片库】对话框,选择保存位置,再单击【选择】按钮,如下图所示。

使用快捷键让幻灯片以窗口模式播放:在 PowerPoint 程序窗口中需要放映 PPTX 文档时,按 Alt+D+V 组合键即可窗口模式进行播放。

❺ 返回【发布幻灯片】对话框，在【发布到】文本框中会显示出选择的幻灯片库的保存位置，确认无误后单击【发布】按钮即可，如下图所示。

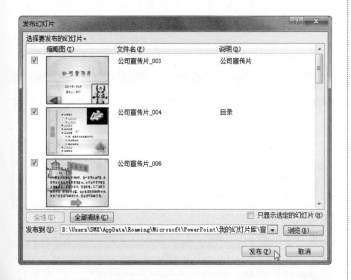

17.4 打包演示文稿

通过打包演示文稿，可以创建演示文稿的 CD 或是打包文件夹，然后在另一台计算机上进行幻灯片放映。具体操作步骤如下。

操作步骤

❶ 打开"公司宣传片"文件，如下图所示。

❷ 切换到【文件】选项卡，并在打开的 Backstage 视图中选择【保存并发送】|【将演示文稿打包成 CD】命令，如右上图所示。

❸ 接着在右侧窗格中单击【打包成 CD】按钮，如下图所示。

❹ 弹出【打包成 CD】对话框，然后在【将 CD 命名为】文本框中输入文件名称，如下图所示。若要同时打包多个文件，可以单击【添加】按钮进行添加。

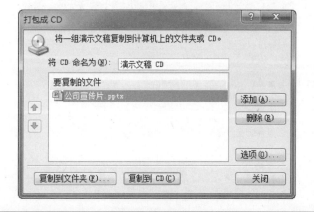

在 PowerPoint 中，可以定义并保存自己的自定义幻灯片版式，这样便于无需浪费宝贵的时间将版式剪切并粘贴到新灯片中，也无需从具有所需版式的幻灯片中删除内容。借助 PowerPoint 幻灯片库，可以轻松地与其他人共享这些自定幻灯片，以使演示文稿具有一致而专业的外观。

⑤ 在【打包成 CD】对话框中单击【选项】按钮，打开如下图所示的【选项】对话框，在这里可以设置程序包类型，是否含有链接的文件、字体，以及设置密码等参数。

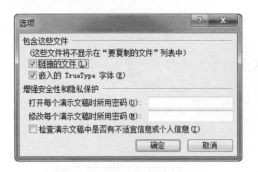

⑥ 在【打包成 CD】对话框中单击【复制到文件夹】按钮，打开如下图所示的【复制到文件夹】对话框，设置文件夹的存储位置，再单击【确定】按钮。

⑦ 弹出如下图所示的对话框，单击【是】按钮。

⑧ 接着出现如下图所示的窗口，提示正在复制文件。

⑨ 复制完成后，在存储位置找到复制的文件夹，如下图所示的文件。

❓ 提 示

如果电脑上有刻录机，可以在【打包成 CD】对话框中单击【复制到 CD】按钮，将演示文稿刻录成光盘。

17.5 设置和打印演示文稿

在前面的章节中我们学习了一些将幻灯片给他人浏览的方法。如果用户自己需要，也可以将其打印出来。下面就来学习如何设置和打印演示文稿。

17.5.1 设置幻灯片的大小

在打印之前，我们先要进行页面的设置，如果把打印比喻为作画，设置页面就是在作画之前选择纸张和确定在纸张的什么位置作画。

页面设置包括确定幻灯片的大小和方向。

操 作 步 骤

① 打开"企业广告宣传片"文件，然后在【设计】选项卡的【页面设置】组中，单击【页面设置】按钮，如下图所示。

② 弹出【页面设置】对话框，在相应的文本框内输入适当的数据，再单击【确定】按钮进行保存，如下图所示。

当幻灯片中有录制的旁白时，要使幻灯片的切换与旁白的播放速度保持同步，就需要使用【排练计时】功能，方法是：在【幻灯片放映】选项卡的【设置】组中，选中【使用排练计时】复选框。

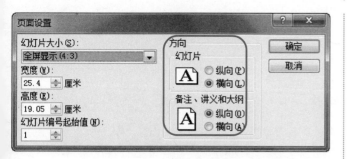

17.6　思考与练习

选择题

1.　在幻灯片打印对话框中，_____属于打印内容选项。

(1)　幻灯片　　　　(2)　讲义

(3)　备注页　　　　(4)　大纲

　　A.　(1)、(2)、(3)

　　B.　(1)、(2)、(4)

　　C.　(1)、(2)、(3)、(4)

　　D.　(1)、(3)、(4)

2.　放映幻灯片有_____种模式。

　　A.　2　　　　　　　B.　3

　　C.　4　　　　　　　D.　5

3.　下列_____选项可以添加幻灯片的切换效果。

(1)　超链接　(2)　动作　　(3)　动作按钮

(4)　动画　　(5)　自定义放映

　　A.　(1)、(2)、(3)

　　B.　(1)、(2)、(4)

　　C.　(1)、(3)、(4)

　　D.　(1)、(2)、(3)、(5)

4.　演示文稿打包时，不可以设置_____参数。

　　A.　包含链接的文件

　　B.　包含链接嵌入的 TrueType 字体

　　C.　密码

　　D.　动画

5.　自动放映文件的扩展名是_____。

　　A.　.xps　　　　　　B.　.ppsx

　　C.　.pptx　　　　　　D.　.pdf

操作题

1.　打开前面做练习中创建的"个人照"演示文稿，然后设置幻灯片的放映时间。

2.　将"个人照"演示文稿保存为自动放映文件。

3.　将"个人照"演示文稿保存为视频文件。

4.　打印"个人照"演示文稿，要求：每页打印两张幻灯片。

17.5.2　打印演示文稿

　　设置完毕后，下面就可以打印演示文稿了，方法是在窗口中切换到【文件】选项卡，并在打开的 Backstage 视图中选择【打印】命令，接着在中间窗格中设置一些打印参数，并可以在右侧窗格中预览到设置的效果，满意后单击【打印】按钮即可打印幻灯片了，如下图所示。

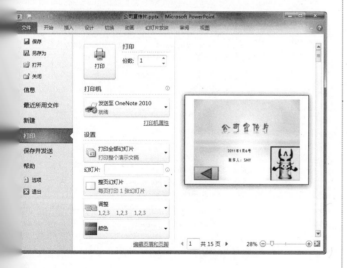

第 18 章

PowerPoint 2010 应用实例

光说不练"假把式"！本章将通过制作公司会议演示文稿和动态产品销售分析演示文稿两个实用范例进行介绍，希望读者能从中学到更多的知识与技巧。

学习要点

- ❖ 制作公司会议演示文稿
- ❖ 制作动态产品销售分析演示文稿

学习目标

通过对本章的学习，读者首先应该掌握制作公司会议演示文稿的方法；其次要求掌握制作动态产品销售分析演示文稿的方法，并能够举一反三，制作其他演示文稿。

18.1　制作公司会议演示文稿

会议演示文稿是公司开会商讨问题和决策时使用的主要媒介，因此会议演示文稿一定要体现讨论问题的核心。那么，怎样制作这样的会议演示文稿呢？下面就一起来看看吧。

18.1.1　创建会议演示文稿

一个会议演示文稿一般包含会议主题、会议日程、会议内容以及会议总结等内容，在制作之前用户最好要向会议策划者了解会议的主要议题、日程安排以及其他一些问题。

操作步骤

1 启动 PowerPoint 2010 程序，然后在窗口中切换到【文件】选项卡，并在打开的 Backstage 视图中选择【新建】命令，接着在中间窗格中单击【演示文稿】选项，如下图所示。

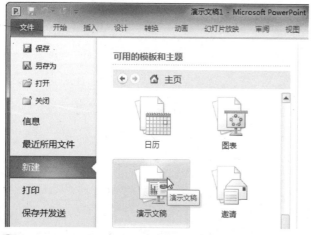

2 接着单击【商务】选项，如下图所示。

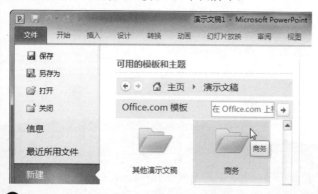

3 选择【公司会议演示文稿】选项，再单击【下载】

按钮，如下图所示。

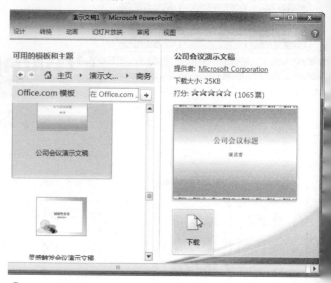

4 开始下载演示文稿模板，并弹出【正在下载模板】对话框，如下图所示。

5 下载完成后将会新建会议演示文稿，如下图所示。然后保存该演示文稿。

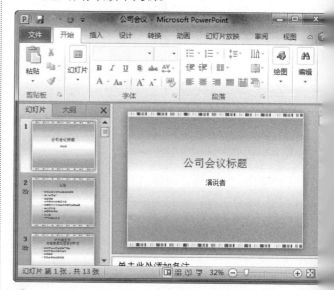

6 在【设计】选项卡下的【主题】组中，单击【其他按钮】，从弹出的下拉列表中选择要使用的主题如下图所示。

右击图形，在弹出的快捷菜单中选择【设置形状格式】命令，可以对此框图进行调整。另外用鼠标单击框图后会在图四周出现图形操作点，拖动边角上的点可以对框图大小进行调整(纵横比例不变)，拖住四条边上的点可以对框图的宽度者高度单独进行调整，最上方的绿点起旋转作用。按住 Ctrl 键，用鼠标左键拖动框图，可以对框图进行复制

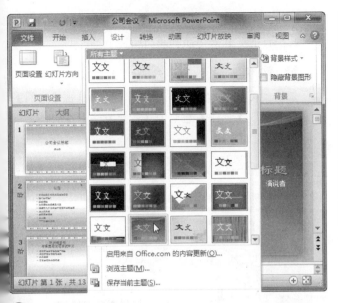

7 在幻灯片 1 中修改 "公司会议标题" 文本框中的内容，输入本次会议主题，如下图所示。

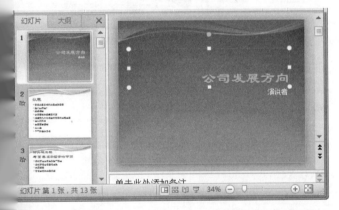

8 在 "演说者" 文本框中输入会议主持者、会议记录者、会议的副标题等内容，再将文本内容左对齐、标题居中对齐，最后调整两个占位符的位置，效果如下图所示。

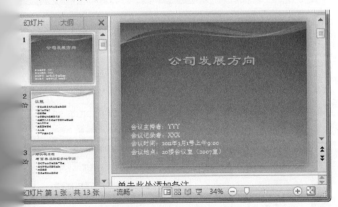

9 在【插入】选项卡下的【文本】组中，单击【文本框】按钮下方的下三角按钮，从打开的菜单中选择【横排文本框】命令，如右上图所示。

10 在幻灯片中拖动光标，插入一个横排文本框，如下图所示。

11 将光标定位到文本框中，然后输入副标题内容，并使用【字体】组中的命令设置字体格式，效果如下图所示。

12 切换到幻灯片 2，然后修改 "议程" 内容，如下图所示，并根据议程内容，在幻灯片中创建、修改议程各部分的内容。

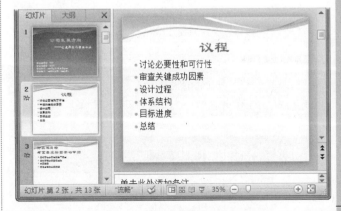

如果从剪辑管理器中插入 Microsoft Windows 图元文件，可以将其转换为图形对象。如果此图片为位图、.jpg、.gif、.png 文件，则不能将其转换成图形对象。

⑬ 对于不需要的幻灯片，用户可以右击该幻灯片，从弹出的快捷菜单中选择【删除幻灯片】命令进行删除，如下图所示。

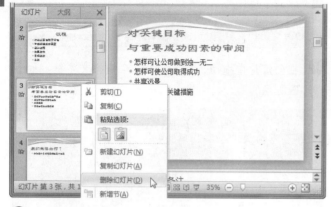

⑭ 根据幻灯片 3 中的议程内容，在幻灯片中创建、修改议程的各部分内容，结果如下图所示。

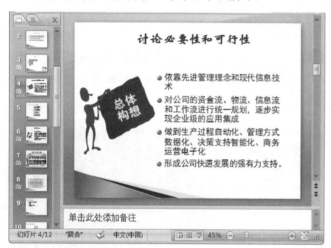

⑮ 在左侧窗格中单击【大纲】按钮，切换到大纲窗口，快速查看幻灯片中的文本内容，如下图所示。

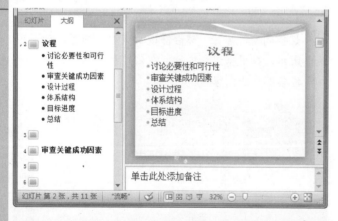

18.1.2 添加批注

如果用户想和其他用户共享演示文稿就需要对一些相对重要的演示文稿添加批注，批注的主要作用就是提供一些信息或者补充说明一些问题。

操 作 步 骤

❶ 切换到需要添加批注的幻灯片，然后单击【审阅】选项卡下【批注】组中的【新建批注】按钮，如下图所示。

❷ 在弹出的批注文本框中输入批注内容，如下图所示。

❸ 输入完批注内容后，单击幻灯片其他地方即可关闭批注窗口。

❹ 在【审阅】选项卡下的【批注】组中，单击【删除

巧定圆心：①在【插入】选项卡下的【插图】组中，单击【形状】按钮，从弹出的列表中选择【同心圆】选项；②幻灯片中拖动鼠标绘制一个适当大小的同心圆；③用鼠标按住内圆的黄色控点不放，向圆内拖动鼠标，使其成为一个点，然后释放鼠标便可巧妙地得到准确的圆心了。

按钮即可删除批注，如下图所示。

18.1.3　插入 Flash 动画

在 PowerPoint 中可以插入 Flash 动画，这样可以增加幻灯片的演示效果。

操作步骤

1. 切换到【文件】选项卡，并在打开的 Backstage 视图中选择【选项】命令，弹出【PowerPoint 选项】对话框。

2. 在左侧导航窗格中单击【自定义功能区】选项，然后在【自定义功能区】下拉列表框中选择【主选项卡】选项，接着在下方的列表框中选中【开发工具】复选框，再单击【确定】按钮，如下图所示。

3. 在【开发工具】选项卡下的【控件】组中，单击【其他控件】按钮，如下图所示。

4. 弹出【其他控件】对话框，选择 Shockwave Flash Object 选项，如下图所示，再单击【确定】按钮。

5. 在幻灯片中移动鼠标，插入 Flash 动画图标，然后拖动图标到合适的位置，右击图标，从弹出的快捷菜单中选择【属性】命令，如下图所示。

6. 弹出【属性】窗格，然后在【按字母序】选项卡中的 Movie 栏填写 Flash 文件的路径，如下图所示。最后关闭【属性】窗格，返回页面。

在 PowerPoint 中插入的 Flash 动漫必须在计算机中安装了 Flash 的播放器的情况下才能激活打开。若用户添加的是复杂的 Flash 动漫，用户也必须在计算机中安装较新版本的 Flash 播放器。

❷ 选中副标题，然后在【动画】选项卡下的【动画】组中，单击【动画样式】按钮，从打开的列表中选择【直线】选项，如下图所示。

提示

若要在显示幻灯片时自动播放文件，则应将 Playing 属性设置为 True。如果 Flash 文件内置有【开始/倒带】控件，则可将 Playing 属性设置为 False。

如果不希望重复播放动画，则应将 Loop 属性设置为 False。

若要嵌入 Flash 文件以便与其他人共享演示文稿，请将 EmbedMovie 属性设置为 True。

18.1.4 添加动画效果并快速预览

PowerPoint 的动画功能非常强大，使得 PowerPoint 在演示文稿的设计领域可谓是一枝独秀。

操作步骤

❶ 选中要添加动画效果的对象，然后在【动画】选项卡下的【动画】组中，单击【动画样式】按钮，从打开的列表中选择【轮子】选项，如下图所示。

❸ 这时会出现一个箭头，指向设置的运动轨迹，调整箭头，可以改变运动轨迹，如下图所示。

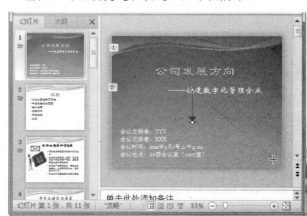

❹ 按照类似的步骤对其他需要设置动画效果的对象添加动画效果，如下图所示。

使用快捷键让幻灯片以窗口模式播放：在 PowerPoint 程序窗口中需要放映 PPTX 文档时，按 Alt+D+V 组合键即可窗口模式进行播放。

18.1.5　在每张幻灯片中添加返回至同一幻灯片的超链接

超链接是指向特定位置的幻灯片或者文件的一种链接方式，用户可以使用它来实现幻灯片的快速切换。

在 PowerPoint 中，超级链接可以连接到当前演示文稿的特定幻灯片、其他演示文稿的特定幻灯片、电子邮件地址、自定义放映、文件或者网页。

操 作 步 骤

❶ 在【插入】选项卡下的【插图】组中，单击【形状】按钮，从弹出的列表中选择【左箭头】选项，如下图所示。然后在幻灯片中拖动鼠标绘制左箭头形状。

❷ 右击插入的左箭头图形，从弹出的快捷菜单中选择【设置形状格式】命令，如下图所示。

❸ 弹出【设置形状格式】对话框，在左侧导航窗格中

单击【填充】选项，然后在右侧窗格中选中【渐变填充】单选按钮，接着单击【预设颜色】按钮，从弹出的下拉列表中选择【碧海青天】选项，如下图所示。

❹ 单击【线条颜色】选项，然后在右侧窗格中选中【实线】单选按钮，接着单击【颜色】按钮，从弹出的下拉列表中选择【橙色】选项，如下图所示。

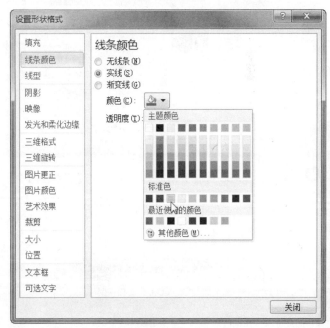

❺ 单击【线型】选项，然后在右侧窗格中设置线条样式及宽度，如下图所示。设置完成后，再单击【关闭】按钮。

必须在计算机上注册 Shockwave Flash Object 才能够在演示文稿中播放 Flash 文件。若要查看 Shockwave Flash Object 是否已注册，请在【开发工具】选项卡下的【控件】组中，单击【其他控件】按钮。如果 Shockwave Flash Object 显示在列表中，则表示它已在该计算机上注册。

⑥ 返回演示文稿窗口，右击左箭头图形，从弹出的快捷菜单中选择【超链接】命令，如下图所示。

⑦ 弹出【插入超链接】对话框，然后在【链接到】列表框中选择【本文档中的位置】选项，然后在【请选择文档中的位置】列表框中选择要链接到的幻灯片，如下图所示。

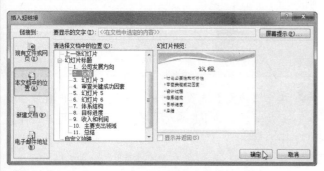

⑧ 单击【屏幕提示】按钮，弹出【设置超链接屏幕提示】对话框，在【屏幕提示文字】文本框中输入提示文字，如下图所示。

⑨ 单击【确定】按钮，返回【插入超链接】对话框，然后单击【确定】按钮，返回幻灯片。

⑩ 右击左箭头图形，从弹出的快捷菜单中选择【复制】命令，然后将其复制到其他幻灯片中。

18.1.6　加密演示文档

用户可以通过加密文档的方法来限制访问和修改演示文稿的权限。

操作步骤

① 切换到【文件】选项卡，并在打开的 Backstage 视图中选择【信息】命令，然后在中间窗格中单击【保护演示文稿】按钮，接着从打开的菜单中选择【用密码进行加密】命令，如下图所示。

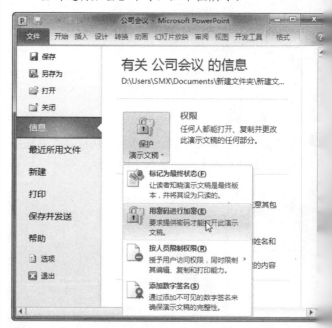

② 弹出【加密文档】对话框，然后在【密码】文本框中输入密码，如下图所示，再单击【确定】按钮。

播放时按标题定位到所需的幻灯片：播放演示文稿时，单击鼠标右键，在弹出的快捷菜单中选择【定位到幻灯片】命令，然后在弹出的下级菜单中选择要显示的幻灯片即可。

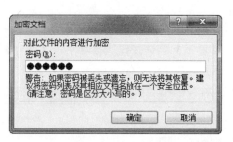

3 弹出【确认密码】对话框，在【重新输入密码】文本框中输入密码，如下图所示，再单击【确定】按钮。

单击此处再次输入密码

提示

在【重新输入密码】文本框中输入的密码和前面的密码必须相同，否则无法创建密码。

加密的文档再次打开时将会弹出对话框要求用户输入密码，因此请用户务必记住该密码。

18.2 制作动态产品销售分析演示文稿

本节主要是通过在演示文稿中插入 Excel 动态图表展示产品销售统计分析的，同时也介绍了怎样设置放映时间以及设置自动循环播放幻灯片。

18.2.1 选择母版并修改其背景颜色方案

母版是演示文稿中所有幻灯片或者页面格式的样版，它包含所有幻灯片的共同属性和信息，对母版进行修改会影响到每一张幻灯片。

操作步骤

1 新建一个名称为"销售分析"的演示文稿，然后在【设计】选项卡下的【主题】组中，单击【其他】按钮，从弹出的列表中选择需要的主题，如右上图所示。

2 在【视图】选项卡下的【母版视图】组中，单击【幻灯片母版】按钮，如下图所示。

3 单击标题幻灯片母版，并在幻灯片空白处右击，从弹出的快捷菜单中选择【设置背景格式】命令，如下图所示。

这是标题幻灯片母版

4 弹出【设置背景格式】对话框，并在左侧导航窗格中单击【填充】选项，然后在右侧窗格中选中【渐变填充】单选按钮，接着单击【预设颜色】按钮，从弹出的下拉列表中选择【孔雀开屏】选项，如下图所示。

学以致用系列丛书

用 VBA 制作互动式幻灯片时，发现设置的 VBA 代码完全正常，但在播放时却不能正常运行，这是由于将宏安全性设置高引起的。将"安全级"设置为"低"，VBA 即可正常运行了。

313

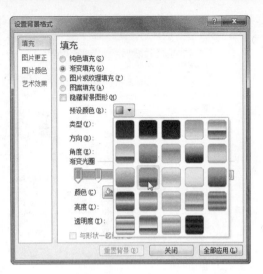

⑤ 单击【全部应用】按钮，返回幻灯片，效果如下图所示。

⑥ 在左侧窗格中右击标题和内容幻灯片母版，从弹出的快捷菜单中选择【设置背景格式】命令，如下图所示。

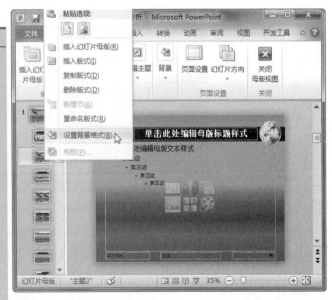

⑦ 弹出【设置背景格式】对话框，在左侧导航窗格中

单击【填充】选项，然后在右侧窗格中选中【图片或纹理填充】单选按钮，接着单击【文件】按钮，如下图所示。

⑧ 弹出【插入图片】对话框，选中要插入的图片，再单击【插入】按钮，如下图所示。

⑨ 返回【设置背景格式】对话框，单击【关闭】按钮设置的填充效果只应用于当前幻灯片，如下图所示

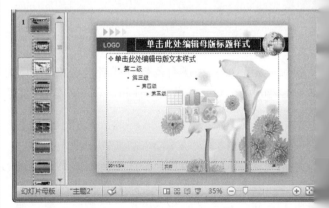

⑩ 用户可以选择其他版式，然后按照类似的步骤为设置背景格式，这里就不再赘述了。

将演示文稿保存为 Web 文件：切换到【文件】选项卡，从打开的菜单中选择【另存为】命令，然后在弹出的【另对话框中，设置【文件类型】为【Web 页】，再单击【确定】按钮即可。

⓫ 设置完毕后，在【幻灯片母版】选项卡下的【关闭】组中，单击【关闭母版视图】按钮。

18.2.2　制作标题幻灯片

修改幻灯片母版之后，下面就可以制作标题幻灯片了。

操 作 步 骤

❶ 单击标题占位符，然后输入"汽车销售分析"，将文字的格式设置为【华文新魏】、"54"、【加粗】、【黄色】，效果如下图所示。

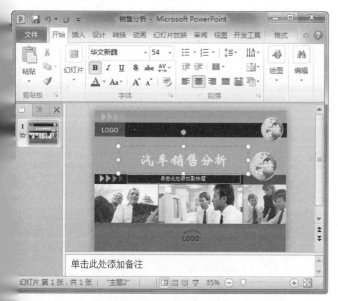

❷ 单击副标题占位符，输入副标题，并将文字格式设置为【楷体】、【加粗】、【白色】、"24"，效果如下图所示。

❸ 选中标题，然后在【动画】选项卡下的【动画】组中，单击【动画样式】按钮，从打开的列表中选择【飞入】选项，如下图所示。

❹ 接着在【动画】选项卡下的【计时】组中，设置动画参数，如下图所示。

❺ 使用类似的方法，为副标题添加动画效果。

18.2.3　制作销售区域地图幻灯片

本例是按销售区域来分别展示销售业绩的，因此必须先制作销售区域地图。

操 作 步 骤

❶ 在【开始】选项卡下的【幻灯片】组中，单击【新建幻灯片】按钮旁边的下三角按钮，从弹出的列表中单击【标题和内容】选项，如下图所示。

快速应用新设时间：在对演示文稿进行排练计时的过程中，按 T 键可以快速应用新设置的时间。快速应用预设时间：演示文稿进行排练计时的过程中，在使用了新设的时间后按 O 键可以快速应用预设的时间。

❷ 切换到插入的标题和内容幻灯片，然后在【插入】选项卡下的【插图】组中，单击【图片】按钮，弹出【插入图片】对话框，选择要插入的图片，再单击【插入】按钮，如下图所示。

❸ 返回幻灯片，然后调整图片的大小和位置，效果如下图所示。

❹ 单击标题占位符，输入"全国销售分布图"，然后

将文字格式设置为【楷体】、【加粗】，文字修饰后的效果如下图所示。

❺ 在普通视图中复制第二张幻灯片，然后在复制后的幻灯片中修改标题为"江苏省销售情况"，如下图所示。

❻ 切换到第二张幻灯片，然后在【插入】选项卡下【插图】组中，单击【形状】按钮，从弹出的列中选择【云形标注】选项，如下图所示。

设置幻灯片的切换效果，可以在【动画】选项卡下的【切换到此幻灯片】组中选择幻灯片的切换方式，将鼠标指今置到待选的切换方式时，不必单击选中也会有预览。

9 切换到第三张幻灯片，然后在【插入】选项卡下的【插图】组中，单击【形状】按钮，从弹出的列表中选择【太阳形】选项，然后在幻灯片中拖动鼠标，绘制太阳图形，并设置图形的填充颜色为【红色】，如下图所示。

10 再插入一个标题和内容版式的幻灯片，然后修改标题为"西藏自治区销售情况"，并在幻灯片中插入一个太阳图形，结果如下图所示。

18.2.4　为销售区域添加动画效果

销售分析包含大量的信息，为了能够给人更加形象的感觉，可以为销售区域中的一些对象添加动画效果。

操作步骤

1 切换到第三张幻灯片，然后在【插入】选项卡下的【文本】组中，单击【文本框】按钮，从打开的菜单中选择【横排文本框】命令，然后在幻灯片中绘制文本框，并输入字符"江苏省"，接着将文字格式设置为【楷体】、【红色】、"40"、【加粗】，如下图所示。

7 在幻灯片中拖动鼠标，绘制云形标注图形，然后在云形标注图形上输入"江苏"，并设置字体格式为【楷体】、"16"、【加粗】、【红色】，效果如下图所示。

8 右击图形，从弹出的快捷菜单中选择【超链接】命令，然后在弹出的【插入超链接】对话框中单击【本文档中的位置】选项，接着在【请选择文档中的位置】选项组中选择【下一张幻灯片】选项，如下图所示，最后单击【确定】按钮。

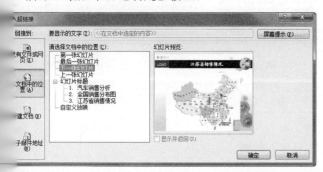

学以致用系列丛书

通过使用 PowerPoint 幻灯片库，可以轻松地重用存储在 Microsoft OfficeSharePointServer 支持的网站上的现有演示文稿幻灯片。这不仅可以缩短创建演示文稿所用的时间，而且从网站中插入的所有幻灯片都可与服务器版本保持同步，从而帮助确保内容都是最新的。

② 选中文本框，然后在【动画】选项卡下的【动画】组中，单击【动画样式】按钮，从打开的列表中选择【更多退出效果】选项，如下图所示。

③ 弹出【添加退出效果】按钮，在【华丽型】区域中选择【弹跳】选项，再单击【确定】按钮，如下图所示。

④ 选中太阳形图形，然后在【动画】选项卡下的【高级动画】组中，单击【添加动画】按钮，从打开的列表中选择【自定义路径】选项，如下图所示。

⑤ 拖动鼠标沿着"江苏"的边缘绘制一个封闭的多边形。

⑥ 按照类似的步骤为第四张幻灯片的"西藏自治区"设置相同的动画效果。

18.2.5　在幻灯片中插入 Excel 动态图表

　　本例我们使用在 Excel 中制作好的图表来显示数据信息。有多种方法可以实现将 Excel 图表插入 PowerPoint 中，本文介绍的是直接复制的方法，这样得到的是静态的、嵌入的图表副本，可以在 PowerPoint 中使用 Excel 工具进行编辑。

　　在 PowerPoint 中，可以轻松创建极具感染力的动态工作流、关系或层次结构图。甚至可以将项目符号列表转换为 SmartArt 图示，或修改和更新现有的图示。借助新的上下文图示菜单，就可以很方便地使用丰富的格式设置选项。

操作步骤

① 打开"图表.xlsx"工作簿，位置在"图书素材\第18
章"文件夹中，然后切换到"江苏省销售分析"工
作表，右击图表，从弹出的快捷菜单中选择【复制】
命令，如下图所示。

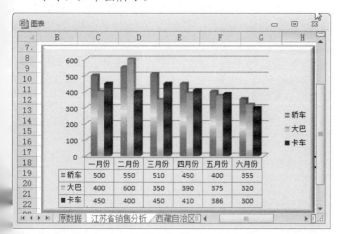

② 切换到"销售分析"演示文稿，然后在第三张幻灯
片的空白处右击，从弹出的快捷菜单中选择【粘贴】
命令，将图表插入幻灯片中，再调整图表的大小和
位置，如右上图所示。

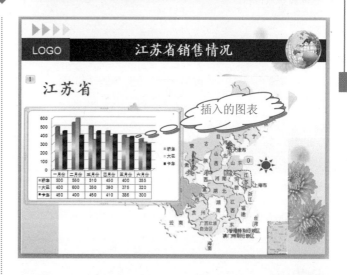

18.3 思考与练习

选择题

1. 在＿＿＿＿选项卡下可以找到【图表】命令。

   A. 【开始】   B. 【插入】

   C. 【设计】   D. 【转换】

2. 单击【文件】选项卡，然后在打开的 Backstage
视图中选择＿＿＿＿＿命令可以加密演示文稿。

   A. 【信息】   B. 【保存并发送】

   C. 【另存为】   D. 【选项】

操作题

1. 制作一个产品宣传演示文稿。

2. 将制作的产品宣传演示文稿打印出来。

在 PowerPoint 窗口中切换到【文件】选项卡，从打开的菜单中选择【打开】命令，然后在弹出的【打开】对话框中，
击【文件类型】右边的下三角按钮，选择【所有文件】命令。双击想要在 PowerPoint 中打开的 Word 文档，它就会像
开新的演示文稿一样被打开。

第 19 章

Word/Excel/PowerPoint 协同工作

学会使用 Office 的各个组件进行协同作业不仅可以大大提高工作效率，还会让您有一种酣畅淋漓的快感。本章将为大家演示如何将 Office 家族的成员都发动起来，满足不同的办公要求。

学习要点

- ❖ Word 2010 与其他组件的资源共享
- ❖ Excel 2010 与其他组件的资源共享
- ❖ PowerPoint 2010 与其他组件的资源共享

学习目标

通过对本章的学习，读者首先应该掌握通过复制与粘贴功能共享 Word/Excel/PowerPoint 资源的方法；其次要求掌握 Excel 2010 与其他组件的资源共享的方法；最后要求掌握 PowerPoint 2010 与其他组件的资源共享的方法。

19.1 Word 2010 与其他组件的资源共享

通过在 Office 组件之间相互调用资源，可以避免做重复的工作，也实现了 Office 组件间的资源共享，从而大大节省了工作时间，提高了工作效率。本节将介绍如何在 Word 文档中实现 Excel 和 PowerPoint 的资源共享。

19.1.1 在 Word 中调用 Excel 中的资源

Word 有自己的表格，但是如果涉及一些较为复杂的数据关系，最好还是使用在 Word 2010 中调用 Excel 的方法。各取所长，协同作业，这将使您的工作效率得到大大提高。下面以将 Excel 的工作表格复制并粘贴到 Word 文档中为例讲解其操作方法。

操 作 步 骤

❶ 打开要复制的 Excel 工作簿，选中要复制的表格，同时按下 Ctrl+C 组合键进行复制。

❷ 打开 Word 文档，在编辑区要插入表格的位置处单击鼠标，再按下 Ctrl+V 组合键进行粘贴。这样就把 Excel 的工作表粘贴到 Word 文档中了。

注意

在 Office 2010 的不同组件间复制与粘贴文本或表格等对象时，系统会尽量保持其原来的格式，但一些组件特有的格式会丢失，如为表格设置的底纹、单元格的内部边距和文字环绕方式等，因此在复制的格式简单或不需要保持原格式的内容时才使用此方法。

提示

如果使用这种方法在 Excel 工作表中调用 Word 文档中的对象，那么在粘贴对象后需要手动调节行高和列宽(因为在默认情况下，Excel 单元格的行高和列宽是相等的)。除此之外，若 Word 表格中的单元格合并的情况过多，复制并粘贴后，外观改变的会更多，因此应避免复制合并后的单元格。

19.1.2 在 Word 中调用 PowerPoint 中的资源

链接和嵌入对象都是通过选择性粘贴来实现的。但是，它们对嵌入对象的影响却是不同的，其区别如下。

❖ 采用链接对象方式时，当源文件的数据被更改后，链接对象的数据也会更新。而如果采用嵌入对象的方式则不会影响嵌入对象的数据。

❖ 采用链接对象方式时，目标文件仅存储源文件的地址，占用的磁盘空间比较少，而嵌入对象则将成为目标文件的一部分，不再是源文件的一部分，这样就会增大目标文件的体积。

下面将介绍如何采用链接方式在 Word 文档中调用 PowerPoint 中的幻灯片资源。

操 作 步 骤

❶ 在 PowerPoint 窗口中右击要复制的幻灯片，从弹出的快捷菜单中选择【复制】命令，如下图所示。

❷ 打开 Word 文档，把光标定位在编辑区要插入幻灯片的位置。单击【粘贴】按钮，在其下拉菜单中选择【选择性粘贴】命令。

❸ 弹出【选择性粘贴】对话框，选中【粘贴链接】单选按钮，并在【形式】列表框中选择【Microsoft PowerPoint 幻灯片对象】选项，如下图所示。

对于格式简单或者不需保持原格式的对象可以采用复制和粘贴的方法，但对于一些比较复杂的对象且需要保持原格式的对象最好使用嵌入与链接的方法。

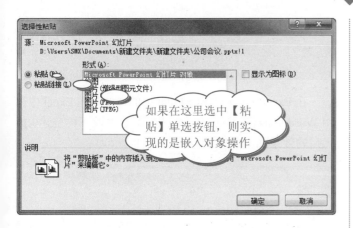

如果在这里选中【粘贴】单选按钮，则实现的是嵌入对象操作

4 单击【确定】按钮，就可以将选中的幻灯片以对象的形式链接到 Word 文档中，如下图所示。

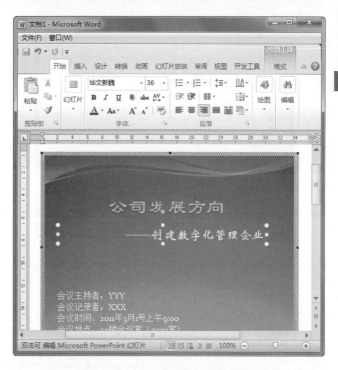

技巧

双击链接或嵌入后的对象，当前 Word 文档中的功能区会发生变化，变成 Power Point 文件的功能区，如下图所示，可以直接在该窗口中对该对象进行编辑、修改。

19.2　Excel 2010 与其他组件的资源共享

如果用户在 Excel 中创建电子表格时，需要用到 Word 中的文档，或者要用到 PowerPoint 中的幻灯片，这时该如何操作才能将文档或幻灯片放到电子表格中呢？本节就来为您解决这一问题。

19.2.1　在 Excel 中调用 Word 中的资源

在 Excel 中可以通过插入的方式调用整个 Word 文档。插入对象时可以插入新建的对象，也可以插入已有的对象。其操作方法如下。

操作步骤

1 在 Excel 工作表中将鼠标指针移至要插入的位置，然后在【插入】选项卡下的【文本】组中，单击【对象】按钮，弹出【对象】对话框；切换到【新建】选项卡，接着在【对象类型】列表框中选择【Microsoft Word 文档】选项，最后单击【确定】按钮，如下图所示。

学以致用系列丛书

采用链接对象方式进行共享时，对象并不存于目标文件中而是还在源文件中，因此当源文件的内容发生更新时，目标文件也会更新。

19.2.2 在 Excel 中调用 PowerPoint 中的资源

在 Excel 中调用 PowerPoint 中的资源与在 Excel 中调用 Word 中的资源的操作方法相同，这里就不再赘述。插入后的效果如下图所示。

技巧

在【由文件创建】选项卡中的【文件名】文本框中输入已有的 Word 文档的保存路径及文件名，再单击【确定】按钮，即可在 Excel 中插入选择的 Word 文档，如下图所示。

❷ 这时，在 Excel 工作表中会以对象方式插入一个空白的 Word 文档，同时窗口中的菜单栏与工具栏变为 Word 的菜单栏和工具栏，如下图所示。您就可以方便地在里面进行编辑了。

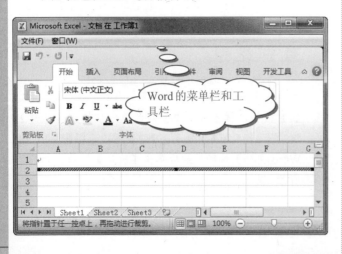

注意

插入的演示文稿对象如果包含多张幻灯片，退出编辑状态后将只显示其中的一张幻灯片。若要显示其他幻灯片，则需进入编辑状态，切换到要显示的幻灯片中，再单击幻灯片以外的区域，则退出编辑状态。

19.3 PowerPoint 2010 与其他组件的资源共享

超链接是从一个位置指向另一个目标位置的链接。它只需要在文件中用少量的文字或图片作为链接源，就可以快速转到链接指定的目标文件或一个文件中的具体位置，从而大大降低了文件的磁盘用量。下面将通过在 PowerPoint 中调用其他组件中的资源为例进行介绍。

在默认情况下，超链接文本将显示为带下划线的蓝色文字，当通过该超链接访问过链接目标之后，超链接的文本将显示为带下划线的紫色文字。

19.3.1　在 PowerPoint 中调用 Word 中的资源

现在就以在 PowerPoint 中超链接 Word 文档的例子来说明这种用法吧。

操作步骤

❶ 打开演示文稿，把光标定位在编辑区要插入的位置。然后在【插入】选项卡下的【链接】组中，单击【超链接】按钮。

❷ 弹出【插入超链接】对话框，在【查找范围】下拉列表框中找到要插入的对象，如下图所示。

❸ 单击【确定】按钮，其效果如下图所示。

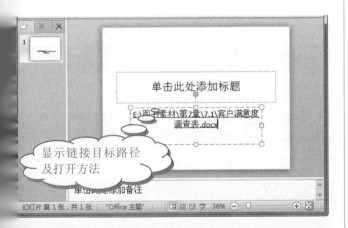

显示链接目标路径及打开方法

19.3.2　在 PowerPoint 中调用 Excel 中的资源

在 PowerPoint 中超链接 Excel 中的资源与在 PowerPoint 中超链接 Word 中的资源的操作方法一样，在这里就不再重复说明了，插入后的效果如右上图所示。

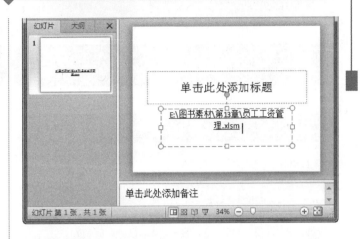

19.4　思考与练习

选择题

1.　下面＿＿＿＿＿＿操作不能使目标文件随源文件变化而变化。

　　A．嵌入对象　　　　　　B．插入对象

　　C．超链接　　　　　　　D．链接对象

2.　在下面几种方式中能够完好保持源文件格式但占用磁盘空间最大的是＿＿＿＿＿＿。

　　A．嵌入对象　　　　　　B．链接对象

　　C．插入对象　　　　　　D．超链接

3.　都是通过选择性粘贴来实现各组件间资源共享的方法是＿＿＿＿＿＿。

　　A．嵌入对象和链接对象

　　B．插入对象和超链接

　　C．嵌入对象和插入对象

　　D．链接对象和超链接

操作题

1.　尝试在 PowerPoint 中插入一个 Excel 的工作表，并使其在源工作表中的数据发生变化时，在 PowerPoint 中插入的 Excel 的工作表的数据也更新。

2.　在 Word 文档中嵌入 Excel 工作表，并尝试在改变源表格中的数据时，看看 Word 文档中嵌入的 Excel 工作表中的数据是如何变化的？

将鼠标指针移至预览窗口界面，当其变为放大镜样式时，单击鼠标可放大表格。

答　案

第1章

1. C　2. D　3. A

第2章

1. A　2. D　3. B　4. C　5. D

第3章

1. B　2. D　3. D　4. B
5. D　6. C　7. A

第4章

1. A　2. C　3. C　4. D

第5章

1. B　2. A　3. D　4. D

第6章

1. B　2. A

第7章

1. C　2. B　3. D

第8章

1. C　2. A　3. D　4. C　5. C　6. D

第9章

1. C　2. D　3. A　4. B　5. B　6. B

第10章

1. A　2. C　3. B　4. D　5. A

第11章

1. D　2. D　3. B　4. B

第12章

1. A　2. D　3. A　4. C

第13章

1. A　2. D

第14章

1. D　2. B　3. C　4. A　5. C　6. B

第15章

1. A　2. B　3. C　4. A

第16章

1. C　2. D　3. A

第17章

1. C　2. C　3. D　4. C　5. B

第18章

1. B　2. A

第19章

1. A　2. A　3. A

读者回执卡

欢迎您立即填妥回函

您好！感谢您购买本书，请您抽出宝贵的时间填写这份回执卡，并将此页剪下寄回我公司读者服务部。我们会在以后的工作中充分考虑您的意见和建议，并将您的信息加入公司的客户档案中，以便向您提供全程的一体化服务。您享有的权益：

★ 免费获得我公司的新书资料；　　　　　★ 免费参加我公司组织的技术交流会及讲座；

★ 寻求解答阅读中遇到的问题；　　　　　★ 可参加不定期的促销活动，免费获取赠品；

读者基本资料

姓　　名＿＿＿＿＿＿＿＿　性　别　□男　　□女　年　龄＿＿＿＿＿＿＿＿

电　　话＿＿＿＿＿＿＿＿　职　业＿＿＿＿＿＿＿＿　文化程度＿＿＿＿＿＿＿

E-mail＿＿＿＿＿＿＿＿　邮　编＿＿＿＿＿＿＿

通讯地址＿＿＿＿＿＿＿＿＿＿＿＿＿＿＿＿＿＿＿＿＿＿＿＿

请在您认可处打✓（6至10题可多选）

1、您购买的图书名称是什么：＿＿＿＿＿＿＿＿＿＿＿＿＿＿＿＿＿＿＿＿＿

2、您在何处购买的此书：＿＿＿＿＿＿＿＿＿＿＿＿＿＿＿＿＿＿＿＿＿＿＿

3、您对电脑的掌握程度：　　　　□不懂　　　　　□基本掌握　　　□熟练应用　　　□精通某一领域

4、您学习此书的主要目的是：　　□工作需要　　　□个人爱好　　　□获得证书

5、您希望通过学习达到何种程度：□基本掌握　　　□熟练应用　　　□专业水平

6、您想学习的其他电脑知识有：　□电脑入门　　　□操作系统　　　□办公软件　　　□多媒体设计

　　　　　　　　　　　　　　　□编程知识　　　□图像设计　　　□网页设计　　　□互联网知识

7、影响您购买图书的因素：　　　□书名　　　　　□作者　　　　　□出版机构　　　□印刷、装帧质量

　　　　　　　　　　　　　　　□内容简介　　　□网络宣传　　　□图书定价　　　□书店宣传

　　　　　　　　　　　　　　　□封面，插图及版式　□知名作家（学者）的推荐或书评　□其他

8、您比较喜欢哪些形式的学习方式：□看图书　　　□上网学习　　　□用教学光盘　　□参加培训班

9、您可以接受的图书的价格是：　□20元以内　　　□30元以内　　　□50元以内　　　□100元以内

10、您从何处获知本公司产品信息：□报纸、杂志　　□广播、电视　　□同事或朋友推荐　□网站

11、您对本书的满意度：　　　　　□很满意　　　　□较满意　　　　□一般　　　　　□不满意

12、您对我们的建议：＿＿＿＿＿＿＿＿＿＿＿＿＿＿＿＿＿＿＿＿＿＿＿＿＿＿＿

← 请剪下本页填写清楚，放入信封寄回，谢谢！

100084

北京100084—157信箱

读者服务部　　　　　收

贴邮票处

邮政编码：□□□□□□

技术支持与资源下载：http://www.tup.com.cn　http://www.wenyuan.com.cn

读 者 服 务 邮 箱：service@wenyuan.com.cn

邮　购　电　话：(010)62791865　(010)62791863　(010)62792097-220

组　稿　编　辑：章忆文

投　稿　电　话：(010)62770604

投　稿　邮　箱：bjyiwen@263.net